図説 都市空間の構想力

東京大学都市デザイン研究室　編

西村幸夫
中島直人
永瀬節治
中島　伸
野原　卓
窪田亜矢
阿部大輔

学芸出版社

表紙と扉(前ページ)の地図は国土地理院所蔵・五千分一東京図測量原図「東京府武蔵国本郷区本郷元富士町近傍」「東京府武蔵国小石川区小石川表町近傍」の本郷付近を貼り合わせたものです。

はじめに

西村幸夫

混乱した日本の都市空間

　日本の都市は見るからに乱雑で空間は何の脈絡もなくできあがっているようだとしばしば言われる。たしかにどこの駅前に降り立っても同じような商業ビルが出迎えてくれるし、通りの風景にもこれといって固有性が感じられないところがほとんどであると言わざるを得ない。

　しかし、振り返ってみると城下町や宿場町など、日本の都市の大半は計画的に建設された都市なので、それらが全く無秩序に生まれてきたわけではない。また、自然発生的に生成した小規模の聚落にしても、山や川、台地や谷地など地形の起伏が非常に細やかな日本において、聚落の立地や道の付け方など、全く無計画に現在に至っているとは考えがたい。さらに日本人の感性においても、八景を愛でるといった伝統や浮世絵に描かれた多くの風景を持つ日本人は、けっして景観の美に鈍感だったわけではない。

　ではなぜ、それなりの計画的意図に支えられているはずの日本の都市空間とそれを鑑賞する感性を持った日本人がこのように無秩序に見える都市風景をつくってしまったのか。——それにはいろいろな理由が挙げられる。

　第一に、うわものとしての建築物の改変の程度が大きかったため、建築物として表現される地域の個性がなかなか感受できないことがある。戦災や高度成長といった社会背景と建て替え圧力の高い木造建築物といった物理的な要因が相まって、建築物の記憶に乏しい都市風景が生産されていったと言わざるを得ない。

　特に、戦後に生まれた住宅などの建築物を商品として売り買いする習慣は、建物の寿命を短くし、いたずらに他と異なる姿形をした住宅を大量に生み出し、地域全体としての調和を生み出すことに成功しなかったと言えるだろう。

　第二に、そもそも木造でできた日本の都市は火災に弱く、かつ定期的な手入れが必要なため、変化に寛容であり、むしろ新しく清らかなものを尊重するという文化を育んできたという側面がある。石や煉瓦の文化であれば、建物のどこかに過去の痕跡を探ることは不可能ではないが、木造では多くの場合全てが一からつくり直されるため、過去の継承も容易ではない。

　確かに石と煉瓦の建物からなっている都市であれば、都市の歴史は建物に刻まれることによって後世にも容易に読み取れると言えるが、紙と

木でできた日本の都市では、建物に頼って都市の経歴を知ることは困難だと言える。

また、近世末まで馬車などの乗り物が発達しなかったため、都市が歩行者のスケールでできあがっており、近代における乗り物の導入とともに、大規模な街路改変が必要だったことも挙げることができよう。

これ以外にも日本の都市の無個性具合を例証する論拠には事欠かないだろう。

都市構造から見えてくる都市空間の「意図」

しかしながら、都市の建築物という表層に過度にとらわれず、建物を成り立たせている都市の構造というところに一歩踏み込んで、実際の都市空間を目を凝らして見つめ直してみると、わずかな街路の屈曲から大きな都市の軸線まで、様々なスケールにおいて都市空間が形成されてきた「意図」とでも言うべきものを見出すことができる。

とりわけ日本の国土は、あるいは小さな尾根や谷が入り交じり、あるいは海岸線が入り組むなど、細かで豊かな地形的な変化に富んでいる。気候のうえでも豪雪地帯から亜熱帯まで幅広い。さらには台風常襲地もあれば、津波を警戒しなければならないところまで多様である。それぞれの都市や集落は、その立地から細かな街路の線形に至るまで、こうした外部環境との応答の中でその姿かたちが規定されてきたのであるから、そこに都市空間の構想力、ビジョンというものを見出すことができるはずである。

そこまで下降して都市空間を見つめ直すことを通して、都市をデザインするということの初原的な姿に触れることができるのではないか、いやむしろ、日本の都市空間はデザインの「意図」にあふれているのではないか。表層的な乱雑さに目を奪われて、本来、日本の都市空間が持つ豊饒な構想力が見過ごされているのではないか。——これが私たち、東京大学都市デザイン研究室の一つの出発点であった。

ただし、都市にしろ集落にしろ、長い年月の中で多様な変容を蓄積して今日に至っているので、それを読み取るのは容易ではない。一見無個性になってしまったように見える都市を注意深い目と頑強な足とで巡り、地域の人々の声に耳を傾け、ハレとケの生活を体感することを通して、地域理解を深めていく必要がある。そうした経験を経て、目の前にある都市空間が持っている「意図」がある時、意味のあるつながりとして見えてくることになる。

都市デザインの出発点として

都市デザインの出発点として、巨大な土木インフラを構想するということも大事であるが、それと同じくらい、いやそれよりもさらに重要なこととして、現在に至る実際の都市空間が保有する空間の質を丁寧に読み解き、これを現代の視点で受け継ぎ、地域と共有し、次代へ向け

てその構想を受け継ぐことにあるのではないか。──こうした問題意識を持って全国各地のまちづくりを支援し、調査プロジェクトを進めていく中で、具体的な都市空間の部分部分が保持している空間デザイン上の様々な解法や意図に出会い、それらを読み解くことから地域の個性を抽出する作業を行ってきた。

　もとよりそうした作業に終わりはないが、現時点でこれまで携わってきたフィールドから得た都市空間の構想力という視点をひとまず地域にお返ししたいと考えた。こうしたものの見方を多くの方々と共有することによって地域を見る目にゆるやかな包絡線が引かれ、地域を束ねる一つの共通認識が生まれてくることにつながるのではないかと思うからである。多くの場合、都市デザインはこうした共通認識の延長上に思い描かれるべきものである。

　そして同時に本書の作業は、私たち都市デザイン研究室が長年行ってきた調査プロジェクトの実践に論理的・学問的支柱をうち立てる作業でもある。

　確かに都市デザインの作業はこの時点で終るべき性格のものではない。むしろこの地点はささやかな出発点に過ぎないと言える。このあとにクリエイティビティというジャンプが待っている。時代が変わっているのであるから、過去を越える構想力も必要とされる場面も少なくないだろう。

　ただ、少なくとも、原点から正しく出発したならば、どちら向きにどの角度で創造的なジャンプをすべきなのか、そのジャンプは場違いのものではないと言えるのか、などに関してある一定の感覚が共有されると思う。

共同作業の成果として

　本書に紹介されている固有の都市空間は、都市デザイン研究室として具体的に関わった場所のほか、個々の執筆者が体験してきたプランナーとしての経験の中で出会った空間である。ただ、それぞれの経験も長期にわたるグループワークの中で蓄積されてきたものも多く、読み取ることができた具体的な空間の意図の多くは個人のものであるというよりも共同作業の結果、共有されることになった共通認識である場合が多い。図面も含め多くのメンバーの集合的な作業の成果として本書がある。調査成果の初出やその時々の作業メンバーの一覧は巻末に記している。

　調査にあたり、それぞれの現場で親身になって応対してくださった地元の方々や自治体の担当者にこの場を借りて感謝の意を表したい。また、長期にわたる執筆作業を見守ってくれた学芸出版社の前田裕資社長をはじめとするスタッフの方々にもお礼申し上げる。ありがとうございました。

目次

はじめに　3

序章　都市空間の構想力とは何か ──── 11

1　都市空間の構成の背後にある構想力を読み解く　12

1・1　匿名の風景にも「意図」がある　12
1・2　都市空間の奥にひそむ構想力　13
1・3　都市空間から都市デザインへ　14

2　構想力を読み解くための六つの視点　15

2・1　大地に構える（第1章）　15
2・2　街路を配する（第2章）　16
2・3　細部に依る（第3章）　18
2・4　全体を統べる（第4章）　21
2・5　ものごとを動かす（第5章）　23
2・6　時を刻む（第6章）　25

第1章　大地に構える ──── 27

1　地形が都市を呼び寄せる　28

1・1　都市を地形に納める　28
1・2　地形が都市の起点となる　32

2　地形を生活に取り込む　35

2・1　山との付き合い　35
2・2　尾根や谷あいの風景　38

3　地形が領域を生み出す　44

3・1　領域を異化する地形　44

3・2　微地形と人為的基盤　51

第2章　街路を配する ———————— 55

1　都市を編み上げる　56

1・1　地形や歴史を折り込む　56

1・2　目抜き通りを設える　59

1・3　グリッドを布置する　64

2　街路を場所として設える　69

2・1　辻に力を蓄える　69

2・2　道の形が界隈を演出する　73

2・3　道が多様な界隈となる　76

第3章　細部に依る ———————— 81

1　個のうちに全体を込める　82

1・1　全体性を担保する「部分」　82

1・2　世界を映し込む個　83

1・3　風景をつかみとる建築　85

2　個を都市に開く　88

2・1　視線の授受　88

2・2　都市の挿入　91

2・3　未完結の建築　94

3　細部に都市を纏う　97

3・1　意匠の中の都市　97

3・2　まちを練り込んだ素材　98

第4章　全体を統べる —————— 99

1　都市に大きな物語を配する　100
- 1・1　分割・分節から生まれる秩序　100
- 1・2　都市に「芯」をつくる　103
- 1・3　都市のツボで全体を押さえる　107

2　小さな物語を重ねて大きな物語を紡ぐ　112
- 2・1　個性を織り込んだ協調　112
- 2・2　類比や対比の仕掛け　116
- 2・3　超界隈の創出　119

3　背景に隠された物語に乗じる　121
- 3・1　制度・思想のカタチに乗じる　121
- 3・2　モノの流れがまちを結ぶ　124
- 3・3　自然の「統制力」に身を任せる　126

第5章　ものごとを動かす —————— 131

1　地形への特化が行為を固有化する　132
- 1・1　自己相似的な空間構造　132
- 1・2　物理的な最低点という立地特性　132
- 1・3　坂と施設立地と回遊性　136

2　ハレの場を演じる　137
- 2・1　ハレの日の空間の読み替え　137
- 2・2　祝祭のあり様の伝播　138

3　空間の様式が継承を支える　140
- 3・1　潜んでいる計画意図　140
- 3・2　集落が共有する空間の価値　142
- 3・3　避難を助ける集落デザイン　143
- 3・4　時間を経たものの継承　144

4　構想力が「今」を歴史的な時間にする　　146
　4・1　街路空間の恢復　146
　4・2　遺制の転用　148

第6章　時を刻む　　151

1　移ろいを映し出す　152
　1・1　時の輝き・移ろいを生け捕る　152
　1・2　季節の変化を都市に刻印する　154
　1・3　一瞬の情景を印象づける　156

2　記憶を重ねる　157
　2・1　樹木と地域の歩み　157
　2・2　都市形成の刻印　161
　2・3　災禍と創造　164
　2・4　「地」が孕む時間　169

索引　174

初出一覧　180

協力者一覧　181

あとがき　182

執筆者紹介　183

序章
都市空間の構想力とは何か

　いったい、都市空間という三次元に広がる物理的実体が構想力といった意識を持つようなことがあり得るのか。「都市空間の構想力」という表題を見て、大方の読者はいぶかしく思うに違いない。

　これを都市空間に投影された何者かの構想力、と考えたとしても、長い歴史の中にある都市の空間を固有の何者かの構想の結果だと考えるのは常軌を逸しているように見える。

　もちろん、都市の中には明快な計画意図を持って形成された空間もなくはないが、例外的だろう。

　しかし、わたしたちは本書で、あえて「都市空間の構想力」というものが存在するということを示したいと思う。

　都市空間とは、無数の主体によって歴史の中で蓄積されたものとして現在に伝えられた、その場所における空間的関与の総体である。

　それぞれの場所は、どこであったとしても、地勢的な特質のように固有の性質を有しているので、個々の主体のそれぞれの空間的関与は一定の方向性を持っていると言える。

　都市空間をおおきく規定している地形や市街化の歴史、地区の広がり、都市生活を演出するための細部の工夫といった共通の課題に対して、それぞれの時代の人々が個別に下した判断が、ある種の共通性を持っているのは不思議ではない。

　都市空間に自然発生というものはない。いかに自然発生的に見える空間でも、仔細に見ると、小さな意図の積み重ねでできているのである。

　その集積を集合的な「意図」と見なすことはあながち突飛な空想ではないはずだ。そしてその根底に、今日の都市空間を成るべくして成らしめた構想力がある。都市空間において表現された構想力に光をあてたいと思う。

1 都市空間の構成の背後にある構想力を読み解く

どんなに乱雑に見える都市空間においても、その場に固有な空間の文法というものがある。多くの人が都市と関わり合う中でそうした文法は読み取りにくくなってしまっているだけである。そして、さらに注意深く都市空間を探ると、その文法によって表現しようとしている空間の「意図」というべきものが見えてくる。都市空間に備わったこうした構想力を読解することによって、今後の都市の姿が見えてくる。

1・1 匿名の風景にも「意図」がある

図0-1の俯瞰写真を見てほしい。どこにでもあるような都会の混乱したスカイラインである。奥には東京ドームといった特別の構造物も見えるが、ここで注目してほしいのは手前の当たり前の建物群である。

自然発生的に蝟集した建物群、とりたてて特徴のない密集市街地、匿名性の高い無秩序な住宅地の一典型、モニュメンタリティの欠落した平板で雑然とした都市風景——こうした表現のどれもがぴったりと当てはまる風景ではないか。

この写真はたまたま東京都文京区のものであるが、それは本書の執筆グループがいつも目にしている風景だからであって、それ以上の意図はない。こうした匿名の風景は、密度の差こそあれ、日本の都市のどこにでも見ることができる。

これをアジア的多様性、モンスーン的猥雑性など様々に前向きの表現でオブラートに包んで評価することもできなくはない。

しかし、いずれの立場に立ったとしても、この風景は結果として生起したものであり、ここに積極的な意図など存在しないという意味では、この風景の解釈は共通していると言える。

しかし、本書で明らかにしたいのはそれとは全く逆の「事実」である。つまり、この無名の風景にも意志があり、企図があり、物語があるという「事実」なのである。そしてその「事実」を元手に風景の蘇生をはかることが可能だという道筋を示したい。

考えてもみてほしい、一つひとつの建物は戸建ての木造住宅であれ、RC造のマンションであれ、自分の懐具合と相談しながら、与えられた敷地の中でそれぞれの小さな夢を実現しようとして建てられたはずである。

建て売りの住宅であったとしても、そこには販売の論理があったに違いない。妥協の産物としての建物だったとしても、妥協をしなければならないそれ相応の理由があっただろう。

異なった時代背景と異なった経済事情を抱えながらも、おのおのの建物は土地の地勢や時代の趨勢の中でそれぞれの小さな解決を図ってきた。

一つひとつの窓にともる団欒の灯りがそれぞれの家庭の異なったドラマを照らし出しているように、一つひとつの建物にも、いかにささやかであったとしても、それなりの物語が宿っている。

個々の建物が内在させているそれぞれの物語の間には明晰な脈絡はないかもしれないが、それらが全体として奏でるコーラスには時代の精神というものが宿っているのではないだろうか。

少なくとも地形への応答の仕方や周辺の社会環境の変化に対処する姿勢に関しては、ある特定の傾向を見出すことはそれほど突飛な思いつきだとは言えないだろう。

さらにいうと、道の一本一本にも語るべき事情があるはずだ。

自然発生的なものであれ、計画されたものであれ、道路にはそれぞれ生み出された個別の事情がある。屈曲したり、ゆるやかにカーブしたりする道路の線形にも、地形や従前の土地利用の影響など、それなりの理由があるに違いない。

図0-1 本郷5丁目の周辺
東大都市デザイン研究室の窓から見た本郷5、6丁目の風景。手前に広がる建物群は何の脈絡もなく、無秩序に広がっているように見える。しかし、個々の建物にはそこに建つだけのそれなりの理由があり、道路網も江戸の城下町をその時代ごとの意図を持って改変してきたという物語を持っている。それを集合的な「意図」と見なすと、ここにも一定の構想力を持って結果的に形成されてきた都市空間というものを見ることができる。

　全く偶然に、なんの脈絡もなくひかれた道路などあるはずがない。それぞれの時代にそれぞれ固有の事情から拓かれた道路が時代ごとに重層し、影響し合いながらネットワークを形成し、それをさらに発達させていく。その一断面——現代という時代で切り取った一つの断面が、いま私たちの目の前に広がっている道路網なのである。

　自然発生的であるとされる道路網であったとしても、そこには道路網形成の物語があるはずだ。あまりに多くの事情が錯綜して、風景の物語が読み取りにくくなっているだけなのである。

　普段、私たちは現代以外の断面で道路網を見ることはない。目の前の道路網を所与のものとして考える以外の選択肢は通常はあり得ない。

　しかし、この見慣れた道すじを、たとえば計画者や建設者の側から見てみると、全く異なった様相があらわれてくる。

　それが時代ごとに重層しているということは、道路網というものが構想された空間の時間的な集積と見なせるということを意味している。

　そう考えるとそこに土地の奥深い「意図」を読み取ることができるのではないか。土地の「意図」が理解できれば、そこをどのように活かすかといった戦略も読めてくるというものだ。

　さきに、「事実」とカギカッコ付きで表現したが、これは見慣れた風景の背後に「意図」と見なすことができるものが存在するという私たちの主張を伝えるためのカギカッコだった。

　こうした「事実」の背後に存在する「意図」という形で、カギカッコ付きの意図——結果として物語を形成し、その文脈の中で読み取ることができる都市そのものの構想力——という語を用いることにする。

1・2　都市空間の奥にひそむ構想力

　都市空間そのものの中に積層された「意図」が

織り込まれ、あたかも共同の意志のように読める、そうした意志があることを示したいと思う。

それは空間の修辞（シンタックス）と言えるようなものである。都市空間には文法と呼べるある種の法則があり、その文法の中にそれぞれの都市空間は「意図」を持って布置されているのだ。

都市は自然地形の上に形成された器、それも人間の群れを容れる器でもあるので、おのずとそこに文法がある。人間の体やその動きに合致しない空間ではあり得ないからである。

一定の文法によって語られた空間の言語には「意図」が籠められる。そうした「意図」は間違いなく地形や歴史、そこでの生活風景と密接に関わり合っている。

都市空間自体が構想力を持っているのだ。

私たちの作業は都市空間の奥に潜んでいるこのような構想力をえぐり出し、都市空間の多様な物語群として読者の前に提起することである。そのことを通して、ここで言う「事実」の積み重ねによって都市空間ができていること、つまり細部から都市空間の構造を読み取ることができることを示したいと思う。

こうした作業を通して、あたかも都市空間は固有の構想力を持っているように見えることになるだろう。そうした構想力のあり方の全体像を垣間見ることができるとすると、それはまさしく都市空間の博物誌のようなものとなる。

それはたんなる「事実」の集積であることを超えて、ある種の文法と、その文法の下に固有の文脈を持って我々に迫ってくるはずである。

したがって本書における私たちの目標は、都市空間を博物的に見渡し、その文法を追究することによって、その根底に都市空間を構想する力とでも言うべきものを明らかにすることにある。

1・3　都市空間から都市デザインへ

都市空間自体に構想力を見出すことができるとしても、この「事実」をもとにわざわざ一書を編むことのねらいは何か。著者たちのたんなる思い過ごしではないのか。——都市空間に内在している構想力を明文化することによって都市空間の構成をより良く理解するだけでなく、都市空間を良い方向へ変えていく契機と可能性を見出すことができるのではないかというのがその理由である。

都市空間に何らかの介入をする際に、ここでいうところの都市空間の構想力を正しく理解することによって、個人の意志を超えた潮流としての都市デザインが可能となるのではないか。

そうした行為が蓄積することによって、都市空間の構想力は自己実現を果たすことになる。

かつて原広司氏は自然発生的な集落の持つおそるべき思慮深いデザインの「意図」を次のように指摘している。

「集落は、自然発生的につくられているとしばしば説明されているが、集落の諸要素と、それらの配列によって決定される基本的な形態から始まって、たまたまそうなったとしか思えないような細部に至るまで、実際にはむしろ高度に計画されていると考えることができる。」（原広司『集落の教え100』）

ここで私たちが試みようとしているのは、近代の影響を受けていない伝統的な集落で読み取ることができたデザインの「意図」の視点を、近現代の日本にまで広げて、混迷を極めているように見える日本の都市において、都市のダイナミズムの中で見えにくくなっている空間の「意図」、空間の修辞（シンタックス）を拾いおこそうということである。

土地の声に真摯に耳を傾け、場所の光を実感することから、もういちど日本の都市空間の構想の根源に迫りたい。

都市空間の構想力の読み取り方を明示することはおのずと都市空間のこれからのあるべき方向性を示すことにつながるだろう。こうした作業は新しい時代における日本の都市計画の基本作業となり、都市デザインの依って立つ指標となると信じるからである。

2 構想力を読み解くための六つの視点

本書は二つずつ対になった合計六つの章からなっている。

「第1章 大地に構える」と「第2章 街路を配する」は、都市の立地や構成を構想する際に、外的要因と内的要因を対に捉えたものである。「第3章 細部に依る」と「第4章 全体を統べる」は、個と全体の関係に関して論じている。ここまでの章が都市を静態的なものとして捉えているのに対して、「第5章 ものごとを動かす」と「第6章 時を刻む」は、都市とはことがらを仕掛け、もしくはことがらを収める容器であるという動態的視点から都市を論じる章である。

2・1 大地に構える（第1章）

◆都市の立地を規定する大きな地形

都市は地図の上に描かれているような抽象的でフラットな平面に立地しているわけではない。都市は土や岩でできたほこりっぽい土地のうえに築かれた。

そして多くの場合、そこには小高い丘があり、鬱蒼とした森がひかえ、川が流れ、低地が広がる。そしてほとんどいつも山が近い。山がちで平地の少ない日本では、古来こうした地形を拠り所にしながら都市や集落が形づくられてきた。

東京も西側から張り出している舌状台地の一つ、麹町台地の尖端に江戸城が縄張りされたことはよく知られている（図0-2）。

現在の皇居周辺を見ても、東側の丸の内と西側の番町・麹町とでは高低差は約30m近くにまで及んでいる。ここは武蔵野の洪積台地と利根川の沖積低地の接点である。両者をつなぐように北側には九段坂、南側には三宅坂が位置する。つまり、九段坂や三宅坂は東京の立地の「意図」を間接的に表現している坂道なのだ。

同時に富士山や筑波山、さらには向丘などの丘陵の尖端部への見通し、そうしたところに立地することの多い社寺への眺望などが街路の軸線を決める際の重要な手がかりになったことも知られている。地形が都市形態の大枠を規定している。

こうした事情は当然ながら東京以外の城下町にも、宿場町や寺内町のようなほかの計画都市にも当てはまる。さらにいうと、自然発生的にできた在郷町やその他の集落においても、その立地が地形に依存しているという事情は変わらない。

尾根道や谷道、山の辺道の存在も普遍的なものである。たとえば、集落が河川の自然堤防のような微高地に立地していることは災害から安全なところを求める昔からの住民の智恵である。水や資源が豊富で、敵からも身を守りやすい場所を見つけ出すためには、周辺環境を微細に読みとり、過去の記憶を繙く必要があっただろう。

地形の起伏の多い日本では、閉鎖的な空間が多いため、広がりのある眺望が得られることはたんに防衛の意味を超えて、政治的さらには宗教的な意味を持つ場合が多かったことは想像に難くない。

また、遠望できる目印となる山の姿を大切にして集落を形づくってきた。神の依り代となる地形

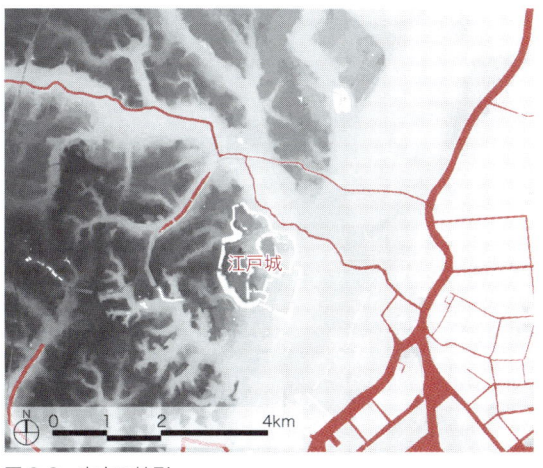

図0-2 東京の地形
東京の地形の中に江戸城の内濠と外濠を置いてみると、城が岬のような麹町台地の尖端に立地していることがわかる。東側の低地部分の大半は16世紀末以降に埋めたてられた。首都の重要部分がかつて海面だったというのは、世界の重要国でもアムステルダムと東京くらいだろう。

地物が都市の構造に意味を与える。

こうしたことを通して、日本の都市は地形の襞を巧みに活かす都市空間の構成法を究めていったのである。

◆部分の集合としての都市と部分を根拠づける微地形

日本の都市の多くは、しかしながら、単一の構想で全体が均一にデザインされたような都市ではない。市壁で囲われ、内部は中心核と広場とブールバールからなるような単一の構成原理が支配するようにはできていない。単一の「意図」で都市が形成されているわけではないのである。

そのうえ、日本の都市には市壁がないため都市と農村との境目が容易に変動することができる。また、都市内部も、多くの場合、地形に即応したいくつもの部分からなっている。それが日本の都市をわかりにくくしている。

しかしそれは混沌とは異なっている。上田篤氏が「ブドウの都市」（上田篤『都市と日本人』、同『日本人の心と建築の歴史』）と名づけたような独立した小領域の集合体として房状をなしている。

「ブドウの粒」にあたる小さな独立単位が個々の町内である。町内は都市の管理・統治の単位であり、同時に自治の最小単位であった。そうした町内の単位は、多くの場合、微高地や微低地、谷戸の地形など、微地形の襞の中に収まっている。

日本の都市は小さな町内の集合からなり、各町内は微地形の中に布置されている。近世においては、夜になると木戸が閉ざされ、各町内は文字どおり孤立した島のようであっただろう。

逆に言うならば、近代とはまさしくこうした閉じた構造を直線的で幅の広い道路によって切り裂いていく過程であった。

こんにち、たしかに切り裂かれてしまった「ブドウの房」も、細かく見ていくと、小さな自立した地区単位を辿ることができる。微地形を綿密に読み解くことは、分散自立型の日本の都市の構造を解明することにつながる。槇文彦らが『見えがくれする都市』において行った作業も、こうしたものだった。

◆微地形をもとに都市空間の意図を読む

ただし、大半が細分化された住宅に覆い尽くされた現代都市において、こうした微地形は実感することすら困難になっている。坂道や丘のかすかな存在や川の蛇行から地形の変化を感じ、そこから周辺の景色の微妙な変容を次第に際だたせることを試みよう。

また、土地の履歴を振り返ることにより、いまは見えにくくなった空間の文脈をたぐり直すこともできるかもしれない。

こうした作業を通して、地形が都市のミクロコスモスを枠づけているということを示したい。

また、坂の線形、谷戸や丘陵地の土地利用のあり方にもそれぞれの場所なりの工夫が見られ、それが固有の地域景観の基盤となっている場合が少なくない。ブドウの都市が依って立つ微地形はたんにあらかじめ与えられた既存の条件というよりも、そのもとで都市の空間が生成されることになる重要な触媒であり、同時に都市の構成要素そのものなのである。

地形によって規定されるミクロコスモスが「ブドウの房」のように集まって日本的な都市をつくりだしている。

都市の立地を規定する大地のあり様としての地勢と、都市を小さな単位に分かつ微地形の事情とが相まって、都市空間の大枠が決定される。

このように都市は大地に構えているのである。

2・2　街路を配する（第2章）

◆都市を構造づける街路の「意図」

地形はただ単に土地の勾配としてあるのではない。そこに尾根道が通され、谷道が配されることによって、おおきな地形がひとびとに認知されるようになる。街路によって地形が構造化されるからである。街路を巨視的に見ると、都市内の各地区を構造づけ、都市に文脈を生み出す役割を果たしていることがわかる。そして構造化のあり方そのものがある種の「意図」を持っているのである。

たとえば、目抜き通りをどのように通すか、か

つては札の辻ともよばれたような主要な交差点をどこに配置するか、さらには既存の都市に新たにどのような街路を挿入していくか、駅や主要な広場と街路との取り合わせをどうするかなどである。

これらの設計行為を通して、道行きのシークエンスをどのように演出するか、シンボルをどのようにシンボルたらしめるかなどといったより高次の工夫がなされることになる。

◆グリッドパタンが伝える空間構想の「思想」

ギリシア・ローマの古代都市の時代から世界には様々な格子状の道路網がある。古代中国の都城もスペインの植民都市もグリッドでできている。アメリカ近代都市の徹底したグリッドパタンは日本人にもなじみがあるだろう。

グリッドパタンが都市の街路パタンとして古今東西を通して最も普遍的なものであるわけは誰でも容易に想像できる。測量が容易であり、見た目もわかりやすい。方位をひろく指し示すこともできる。土地取引上の技術的な簡便さからもグリッドは優位である。

他方、グリッドはいかにも無思想無節操に、機械的に単一の道路パタンを土地の基盤とは無関係に引いていったかのような印象を与えるのもたしかである。

しかし、グリッドが意味するものは都市建設上の技法だけではない。ましてや都市建設の安直さなどではない。――グリッドは一つの「思想」の伝達手段なのである。

平安京の坊条制や条里制の田圃を思い浮かべると明らかなように、こうしたグリッドは時の権力の支配が貫徹していることを示す政治的な装置であった。

また一方で、バルセロナの新市街やアメリカ開拓地のグリッドのように自由と平等の「思想」を物理的に表現した道路パタンもあった。グリッドは封建制あるいは「街路の制圧」（ル・コルビュジェ著坂倉準三訳『輝く都市』）からの解放を意味してもいた。

印象的なバルセロナのグリッドパタンをデザインした土木技師イルデフォンソ・セルダはまた、

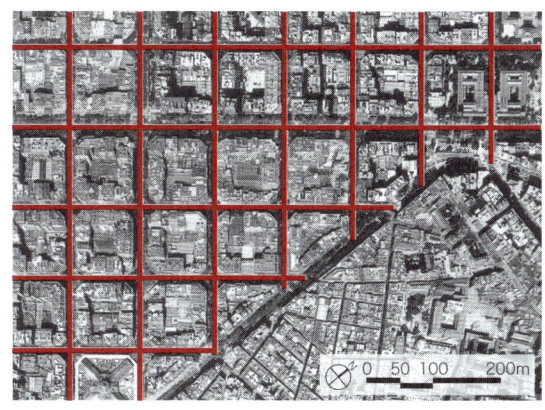

図 0-3　バルセロナのグリッド
セルダが構想し、実現したバルセロナのグリッド。旧市街（右下）を取り囲み、別世界を現出している。道路は幅員20m、街区は1辺110m強。隅切りを持った街区が連続している。セルダは街区の2辺のみに建物が建つプランを想定していたが、現実には建物が口の字型に街区を囲み込む形になっている。
（出典：Magrinyà, Francesc; Tarragó, Salvador(eds). *Mostra Cerdà. Urbs i territorio. Una visió al futur*, Barcelona: Electa, 1994）

「都市計画」という用語の生みの親でもあった。

都市開発・都市計画をあらわすスペイン語 urbanización はセルダの著書『都市計画の一般理論』（1867年）においてはじめて用いられた。この語がフランスに渡り urbanisme となり、世界へ広がることになった。都市計画という思想が、グリッドパタンを構想した土木技師の脳裏に胚胎したという事実は示唆的である（図0-3）。

一方でグリッドはそのスケールによって意味するものが異なってくる。直交する街路が切り取る街区の大きさは、主要街路の配置の結果であると同時に、一つひとつの敷地単位を想定し、それを積み重ねていった結果でもある。個々の敷地単位にはどのような建物が建ち並ぶかに関してはおそらくあらかじめ想定しておかれたことだろう。

つまり、街区の規模はそこにどのような都市建築が集積するかという都市空間の構想の「意図」を表出したものでもある。セルダはバルセロナのグリッドに建つべき住戸群の独自な配置も計画していた。

グリッドは空間を開き、均質化するために用いられるばかりではない。場合によっては場所を区切り、異質化するための手法としてグリッドが用いられることもある。

たとえば全国に広がる花街や夜の盛り場のグ

リッドはそのように「意図」されていると言える。花街の中にはグリッドでできているものの、一般的な都市空間と距離を置き、入り口を絞り、軸線を違えるなどの操作によって異次元の空間を同一都市内に並存させることを可能にしていたものが目立つ（加藤政洋『花街―異空間の都市史』）。

◆街路形成の歴史が地域を構造化する

ただし、幾何学的に地域を画定するだけが街路のあり方ではない。歴史的な街路形成の経緯も同様に読み取ることが可能である。

たとえば、尾根道と谷道、旧道と新道、幹線とバイパス、表通りと裏通り、本線と横丁、男坂と女坂などのように、対となる街路の様態そのものが地区の地形的な条件や歴史的な変遷過程を示している例には事欠かない。そこには自然発生的に形成されてきた街路網というだけではない、地区の構造化を結果的にもたらしている街路網の持つ構想力を読み取ることができる。

◆つくられるものとしての街路空間

ここまでの議論は大空間に街路を割りつけることに端を発する発想から出発しているが、他方で、街路によって一つの空間が生まれ、その連続と蓄積によって一つの都市が成り立つという見方もできる。街路に立つものの視点から通り空間を表現することばとしてstreetという語がある。streetが生み出す構想力について語りたい。

streetはラテン語のstrata（舗装された道）から来ている。都市の中の道、すなわち街路のことである。streetは、したがって、多くの場合舗装され、建物が建ち並び、それがストリートエッジを形成している。つまり建物と路面とで囲まれた三次元の空間である。

これにたいしてroadは、より広い意味で用いられ、多くの場合、都市間をつなぐ道を意味している。ここには明確な三次元の空間イメージはない。日本語の道、道路である。

streetすなわち街路はそこに建つ建物なしには成立しない。一本の街路を計画するということは立体的に延びる三次元の街路空間を構想することである。また、建物には当然正面があり、側面があり、裏がある。したがって街路にも表通りがあり、横町があり、裏道がある。街路は必然的に都市の構造を反映しているのである。

2・3　細部に依る（第3章）

◆大きな構図と小さな意図

奈良や京都の古代の道や中世からの鎌倉の若宮大路、札幌などの近代の一部の例外的な道路を除いて、日本には都心を貫く直線の道は存在しない。おそらくは中世以降、そのような求心性を都市が必要としなかったからであろう。直線の道を受け止めるほどの強力な王権もなかった。

他方、この事実を政治から離れて見てみると、日本では都市空間の論理が襞のようにそれぞれの地点で充足し、それぞれが重なり合って存在しているという物理的空間のあり様を示しているということができる。

山がちのこの国では、一目瞭然に全体を統べるような広大な平地は限られている。むしろ、ゆるやかな谷間や曲がりくねった河原沿いに、自律的な小宇宙が随所に存在し、それらが連なりあって一つの都市空間となっていることが一般的である。むしろこうした地形的特質が政治を規定していたのもかもしれない。──全体を眺望するにはこちらが動くしかないのである。

城下町においては、天守や山頂へのビスタを目指した道路パタンの存在が数多く知られているが、これとても視対象までまっすぐ直線で到達している例は皆無だろう。途中で街路は回り込み、迂回し、幾層もの襞を乗り越えて進む。大きな構図を支える細部が重要なのである。

西欧の都市図が全体を鳥瞰したような都市の肖像画として総体のスカイラインを描くことに力点が置かれたのと対照的に、日本の都市図は名所図として部分の集成として描かれているところに象徴的にあらわれている。都市全体を描いたとしても、洛中洛外図のように場面ごとに視点を動かしながら、細部を重ねている。

地区レベルの小さな「意図」は、個々の地区が重畳する大きな構図の中で分節化され、全体の構造を構築する方向よりも小さな部分を細かくつくり込み、それを併置させるという方向へと向うことになる。

◆部分から組み立てる遠近法

このことは東西の遠近法の違いにも如実にあらわれている。西欧ではルネサンス期にいわゆる近代的な透視図法を案出したのに対して、日本では近代の揺籃期まで、多かれ少なかれ中国的な高遠（山を下から見上げたときのように遠くのものを高いところに描く技法）、深遠（手前の山の谷間から奥を見るときのように中央部の奥に小さくうしろのものを描く技法）、平遠（近い山から遠い山を遠望するように遠くのものを平行して順に描く技法）という三遠の遠近法的な世界に止まっていた。三遠法ではいずれも対象は層状に存在するとされ、対象相互の関係はその重ね方の問題として単純化されてしまう。また、これらを望観する主体との関係も切断されている。

こうした空間の認識構造はおおきな都市構造の捉え方そのものを規定してしまうのではないか。

つまり、三遠法に象徴されるような構成要素の配置として空間論の影響のもと、都市の空間構造そのものが重層化され、部分化されることになる。それぞれの空間は細部にその意図を貫徹させようとして、地区相互はよりおおきな、主として地形的な枠組みの中で組み合わされ、ゆるやかにつながることになる。

大半の日本の都市空間が、細部の論理はそれなりにわかりやすいのに較べて、全体像が見えにくいのは、このような理由によるのだろう。全体像がおおやけに描かれる前に、部分を重ねる幾重もの襞を強調するところに日本の都市空間の特徴がある。

たとえば、近世においては木戸や門がそれぞれの部分を閉じる装置としてあった。これらの仕掛けの総体が都市空間の全体像なのであった。

こうした都市空間の修辞学（シンタックス）から明日の都市空間を思い描くとするならば、わたしたちはもう一度、今日において確固とした部分とは何かと自問することからはじめなければならないことになる。

部分の姿が見えにくいとするならば、それを再構築する論理をつくりだすことからはじめなければならない。その先に地域をつなぐ仕掛けを想定しつつ、地域という部分に降りていかなければならないのである。

◆全体の構図を内在させる個

ひとの住まない都市などないのだから、個々の住宅や仕事場などの単体建築物が都市の基本的な構成単位であるということは自明である。

しかし個々の建築物が蝟集しただけでは巨大なゲットーはできても都市は生まれない。建築物の集合体が都市となるためには、空間全体が中心と周縁とそれらを結びつけるネットワークによって構造づけられる必要がある。建築物単体という個と、都市という全体の間には明らかに質的なジャンプがある。

考えてみると住宅のような個別の建築物であっても、そこに込められた機能は多様であり、それらを統合して一つの空間システムを生み出すプロセスには類似のジャンプを経なければならないということが言える。

こうしたことはすでに古くから言われてきた。15世紀イタリア・ルネサンスが生んだ万能の天才アルベルティは、死後にまとめられた『建築論』（1485年）の中で、「家は小さな都市であり、都市は大きな家である」と述べている（L.B.アルベルティ著、相川浩訳『建築論』）。

今日では一見ありきたりに見えるこの表現の真意は、個が全体の相似形であるということにある。たとえば、都市全体が自律的であるように、建築物単体も自律的である。そして建築単体が自律的であることによって、建築物単体を集合させて街区をつくり、都市の安定した構成要素とすることができることになる。

具体的には、中庭を持った都市型建築にその典型を見ることができる。中庭型住宅は洋の東西を問わず、世界各地に存在する。いずれも中庭側に向けて居室が開き、外部に対しては閉鎖的な構え

図0-4　京都の町家と中庭の関係（『図集日本都市史』に基づき作図） 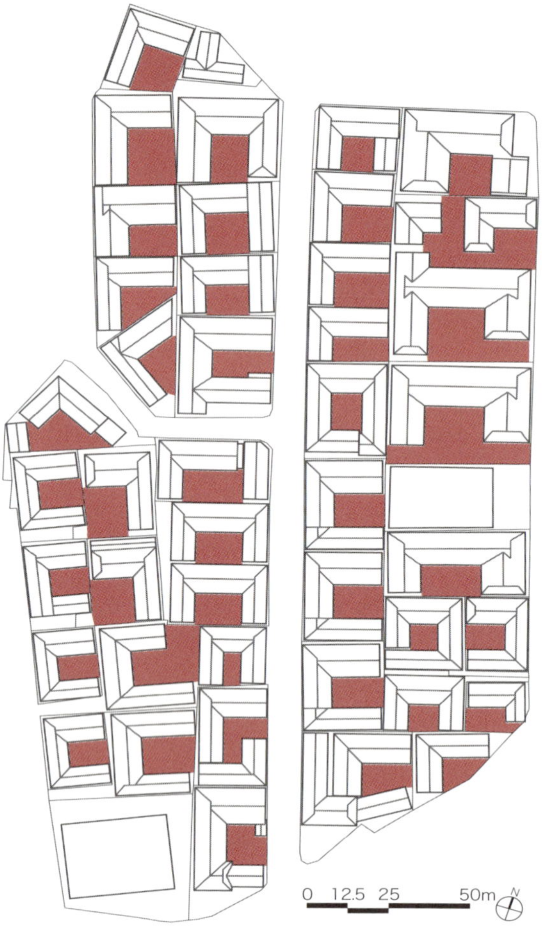　　　　図0-5　ソウル・北村の韓屋（ソウル市庁資料に基づき作図）
どちらも中庭が都市住宅の環境を保障する機能を果たしているが、日本の町屋（左）では中庭は私的空間として通り沿いの公的空間
と対比をなしているが、ソウルの韓屋（右）では、主要な開口部は全て中庭に開いている。

をとる。これによって住戸としての自律性を確保するとともに、方位に依存せず、集住のための集積にも耐える都市型住宅として機能することになる。周囲に対して個として閉じることが、かえって全体性を保つことにつながるのである（図0-4、図0-5、図0-6）。

◆個と全体の幸福な関係の近代における破綻

　しかしこうした個がそのまま全体に連なることができるというある意味で幸せな両者の関係は近代以降、破綻の岐路に立たされることになる。
　建築材料が多様化し、建築物の平面に無数のバラエティが可能となり、さらには生活様式も激変した近代以降、個体間にある種の予定調和的な均質性を求めることは困難になってしまった。その

図0-6　ソウル・北村の韓屋がならぶ街路
日本の町家が並ぶ街路とは異なり、通りには閉鎖的な表情を見せている。同じ中庭を持つ安定した都市型住宅であっても街路の風景は日本とはおおきく異なっている。

ような状況のもとでは、それぞれの建築物が敷地内での効率の極大化を目指すと、全体の姿は混乱したものになってしまう。そのうえ、個々の建築物は自らの個性や独創性を主張するようにもなってきた。

他方、全体の側も、「大きな家」とひとくくりにしてしまうには都市機能があまりに多様化してしまった。——このような時代にふたたび議論するに足る個と全体の関係を構築し得るのだろうか。全体の構想を宿す個というものが今日でも存在可能なのだろうか。あり得るとしても、それを私たちの日常的な都市空間の中に見出すことができるのだろうか。

◆ふたたび個と全体の関係性を構築する

建築物の側から都市全体へと通じる視点を今日的な日本の文脈で探ると、まずは比較的規模の大きな開発での対応を挙げることができる。大規模敷地を都市の文脈の中に埋め込むためにはいかにヴォイドの空間を周囲とつなげていくかが重要になると言える。

ただし、大規模開発がそのような問題意識から出発しているとは限らない。むしろ、大きな敷地全体を建築空間として技術的な大架構やアトリウムとして解決しようとしている例も少なくない。超高層の足もとの大アトリウムというのが20世紀後半の都心部の建築プロトタイプとして一般化しているというのが現状であろう。

つまり個としての単体建築物を都市化、すなわち全体化してしまうことによって大規模であることの意味を見出そうという回答が通例だった。

しかし、今日、私たちが求める解法は、そうではないだろう。個を個として、都市の中に参加させること、それによって全体に寄与することが必要なのではないか。そうした行為を通して個と全体の関係性を再構築することに寄与すべきなのである。

たとえば、内部に通り抜けの動線のような個を超えた地区的な空間装置を持つことや建築物の出隅や正面を強調することによって場所に方位性を持たせることなどのデザインは個を超えた意識のあらわれである。同質の建築物であっても特徴的な空間ボキャブラリーを共有し、反復することによって空間的もしくは時間的な連続性を生み出すことができる。建築物単体においても都市や地区的な意味を表現することはできるのだ。

アルベルティが15世紀のイタリア都市を目の前にして沈思した建築物単体と都市との関係を、現代に翻案して、薄っぺらでしかし多様な個と、無定型に広がっていく全体との間にひとつながりのある種の論理を見出すことができるのだろうか。

一つの言語には無数のボキャブラリーがあるけれども、それらを配置して一つのまとまった文脈を形成することが可能なのだから、同様のことは都市空間においても可能だと信じたい。無数の単体建築物を配置して、一つのまとまった文脈を持つ都市を形成することは可能なはずである。

そこにこそ修辞（シンタックス）の役割がある。都市空間においても個体を束ねる「意図」としての物語に可能性を開く鍵がある。

2・4　全体を統べる（第4章）

◆全体から発想する都市像

いかに日本の都市は個別の自律的地区の集合体であるといったところで、日本の都市に全体のビジョンがないわけではない。

たとえば江戸時代の藩のようにある統治単位を一つの限られた世界として、その中で物質の循環を完結させるような閉じられた世界においては、都市を一つの独立した単位として、その全体像から全ての議論がはじまるような文化のあり方は容易に想像できる。また、宗教上の世界観に依拠した都市の姿も考えられたに違いない。そのもとに都市が構成されているという解釈が存在したからである。そのとき、どのようにして都市空間を構想することになるか。

◆宿場町を例にとる

街道沿いに一筋、連なって成立する宿場町は、その空間構造上、どこから宿場町がはじまるのか、

どこが宿場の中心なのか、細長い通りの空間をどのように管理していくのか、通りと裏との関係をどのように組み立てるのか、といった共通の課題に答えなければならない。そして日本各地に残る幾多の宿場町の姿が、それぞれのまちで試みられた回答の集成なのである。

宿場町の出入り口に設けられる枡形は、防衛や遠見遮断のためであると同時に、宿場町の空間を画定するための空間装置でもあるだろう。宿場の中心部は街道幅を広げたり、直線にしたり、屈曲したり、祠や社を置いたり、姿が映えるような場所に本陣を配置したり、様々な空間技法を用いることによって、中心らしく見せる工夫がこらされている。

宿場町の規模が大きい場合は、町組織を二分三分して、それぞれが産土社を祀り、祭礼を競い合うような仕掛けを見ることもできる。

たとえば、品川宿は目黒川を境に北品川と南品川とからなっている。現在、北品川は品川神社の氏子、南品川は荏原神社の氏子である。目黒川に架かる境橋（現品川橋）は北品川と南品川の境界であると同時に品川宿の中心でもある（図0-7）。東海道も境橋を境に北側と南側では軸線が異なっている（図0-8）。かつての町名も境橋を基点に遠ざかるにつれて北側は北品川一丁目、二丁目、三丁目と北へ延び、一方南側は南品川一丁目、二丁目、三丁目と南へ延びている。境橋が北と南の接点であったことが町名からも読み取れる。

後に周辺がすっかり市街化されてしまったため、現在の品川区一帯において宿場町の空間構成の「意図」を読み取ることは困難である。街道筋から一つはずれてしまうと、そうした「意図」の存在はほとんど感知できない。

しかし、ひとたび品川宿の歴史を知り、東海道の道筋を注意深く歩いていくと、目黒川に架かる現在の品川橋のあたりに、都市空間の一つの構想が活かされていることを実感することができる。いまは周辺開発に隠れてしまったこのような都市空間の構想力にこそ、今後のここの土地を考える手がかりがあるに違いない。

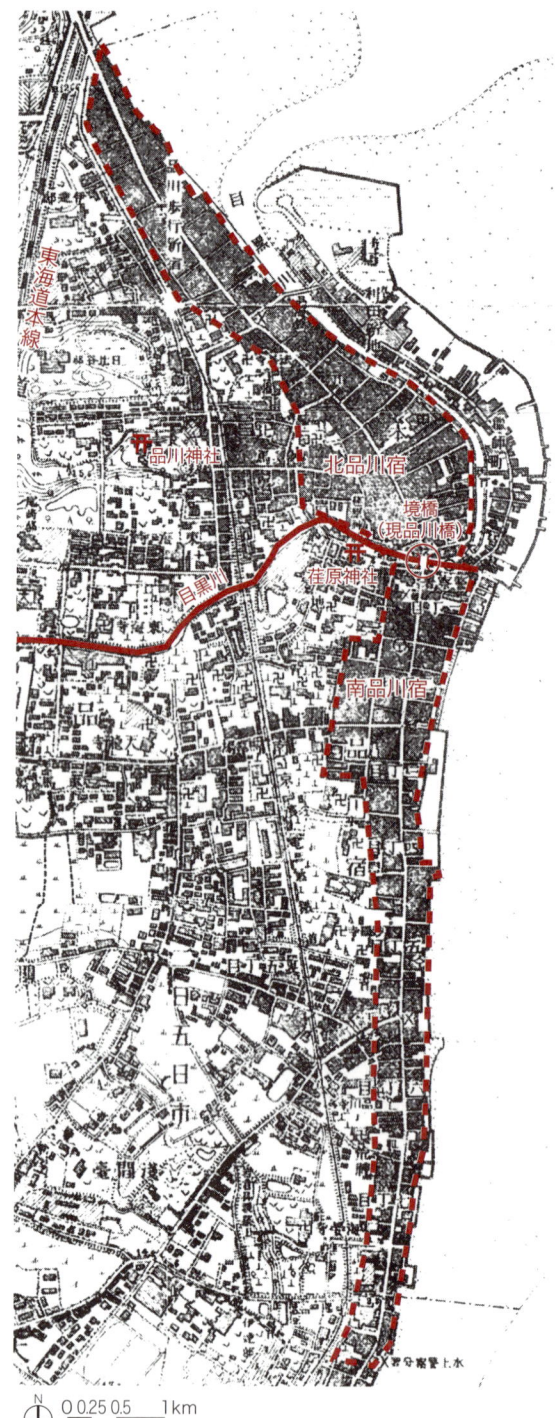

図0-7　1909年（明治42年）の品川宿の地図（『M42 測図・品川、1万分の1』）

目黒川を境に北品川と南品川に截然と分かれる。橋をはさんで北と南ではコミュニティが異なっているのみならず、都市空間上でも、街路の軸線も曲がり具合も異なっている。近代の開発をそぎ落とした古地図はこうした土地の読み解きに貴重な手がかりを与えてくれる。

図 0-8　品川宿の中心を流れる目黒川にかかる品川橋（旧境橋）
ここで東海道ははっきりと屈折する。北と南の差違を空間のうえで表現している。

◆都市の構造化

　全体から都市を構想するということは、都市を一つの視点から構造化していくことを意味している。そのときの関心事は、いかに都市の中心性を演出するかということであり、もう一つの関心事は、いかに都市を分節化していくかということであるだろう。両者を併せて、いかに都市を都市たらしめる仕組みをつくれるかということが問われている。

　さらにまた、都市の構造化はたんに物理的な空間操作だけでなく、風水や宗教的な世界観や民俗的な自然観を反映させた都市施設の配置や軸線の設定、対比や連携の工夫などによってももたらされる。

2・5　ものごとを動かす（第5章）

◆都市の中の時間・時間の中の都市

　ここまで私たちは主として都市の部分に着目し、そこに空間を構成してきた都市の構想力を探ってきた。それは都市の中に凝縮された過去の時間を見出す作業であったとも言える。

　たとえば囲碁の終局があるルールに基づいた土地囲い込みの一つの結果を示しているとすると、一見白と黒の乱雑なまだら模様でしかないように見える碁盤の風景も、ある一つの布石からはじまっているのである。数多くの碁石に紛れてしまって最後には見えなくなってしまった序盤中盤の布置の構想をもう一度読み直すというのがこれまでの作業であった。

　つまり、都市の中に時間を見ようとしていたのである。

　ただし、こうした作業の前提として、都市がその過去を蓄積させてきているという、いわば都市を時間が積み重なった器として、静態的に捉える見方があった。

　残りの二つの章では次のステップに進もうと思う。それは、都市を物語を生み出す場として捉え、あるいはものごとの成り行きを誘発する装置として捉え、そうした動きに舞台を与えるものとして都市が育んできた動態的な構想力を明らかにすることである。

　つまり、時間の中に都市を置こうというのである。

◆人間の行動を誘発する街路

　街路には建物が建っているのであるから、そこには必ず人間の生活があり、行動がある。街路は車の通行だけに貢献しているわけではない。そして、人間の活動は比較的幅の狭い街路、小さな街区で多く誘発される。なぜならそこには車の交通から安全で自由な環境があり、出会いと発見が保障されているから。

　逆に言うと都市の側には、そのような街路をうまく地区に配置し、人間の動きにある種の磁場をつくろうとするというベクトルが働くことになる。それが意図されたものであっても、はからずもそうした意図を持つことになったとしても、街路空間はそうした界隈の視点で読まれる必要がある。

　「街路を配する」（第2章）では、街路は配置されるものとして物的・静態的に捉えられたが、ここでは行動を誘発するものとしての街路という機能的・動態的な街路の姿から発想をはじめたい。

◆祝祭の舞台として

　時間の中の都市の落差を顕著に示す例として祝祭を挙げることができる。日常の場いわゆるケと非日常の場いわゆるハレの場における都市空間の使い方の変化には文字どおり劇的なものがある。

目立たないケの日々の中にハレの場へのエネルギーが蓄積されるのだ。

したがって祝祭の場に居合わせない限り、その都市を十全に理解したとは言えないことになる。祝祭とは日々に蓄積されたエネルギー発露の場であり、そこにこそ固有の都市の物語が現出するからである。

そして宮や社だけでなく、街路や広場などの都市空間そのものが磁場を持った祝祭の舞台となる。いやむしろ都市空間そのものが祭礼の具体的なプロットを規定し、演出してきたと言える。

神社や寺院の配置は都市と周辺地形の中で選択されたものであるし、曳山の大きさは街路空間に収まる最大の大きさにまで膨張してきたことはよく知られている。屋台の曳き揃えや転回、衝突、御輿の宮入りなど、それぞれの祭礼に特徴的なクライマックスの場には、辻や広場、食い違いや坂道など、それぞれの都市に固有の見せ場となる特徴のある都市空間が意図的に選ばれてきた（図0-9）。

都市空間という器にしたがって、祝祭のプロットそのものも育まれてきたのだろう。

◆アクティビティの容器としての都市

このように祝祭の物語の容れ物として都市を見直すことによって都市の構想力の奥深さに対する理解がより一段と深まることになるが、このことは祭礼のみでなく、都市のアクティビティ一般にも当てはまる。

ほんらい、都市の公共的な空間はこうした個々人をやさしく迎え入れ、一人ひとりが人間としての尊厳を大切にされていると実感できるような場として構築されなければならない。

たとえば街路に豊かな並木が求められ、公共空間に高い天井や典雅な階段が求められるのはそうした理由による。尊敬に値する都市は個々人を尊重する立派な空間を積み重ねているものである。

都市は活量を持って動きまわる原子・アトムのたんなる集合体ではない。都市とは個の尊厳を大事にする民主主義の学校であり、都市空間はその思い出深い教室となるべきなのだ。

図0-9　高山祭りの山車と町並み
この瞬間、街路は祝祭の舞台であると同時に、祭りに物語を与える前提にもなっている。

2・6　時を刻む（第6章）

◆季節と「意図」

　時間と共に変化する都市のあり様を最もわかりやすく示すものとして、朝夕の変化と並んで四季の変化を挙げることができる。

　桜の開花やキンモクセイの香りが、日常では気がつかなかった都市の潜在的な資源や可能性を気づかせてくれることは少なくない。季節の訪れを咲く花や鳴く鳥によって気づかされることも多いだろう。

　彼岸花は東京都心部ではほとんど見ることはできなくなったが、かろうじて三宅坂あたりの皇居のお堀端の斜面に花を咲かせているのを見ることができる。毎年、皇居の土手にその赤い花を見つけると、都心の堀端の風景と草深い野辺の畦道の曼珠沙華の情景とが一瞬にして交錯し、かろうじてつながる日本人としての生活感のルーツを実感することができる。

　聞くところによると、彼岸花は中国からの帰化植物で、おそらくは穀物の種などとともに伝わってきたという。彼岸花は実を結ばないので、株分けでしか広がる手立てがない。したがってこの花の株は田んぼの畦道のような人の手の入った土地に多く自生する。上古の生活と密着した物語が皇居の土手にまでつらなるのである。

◆風景の八景的認識

　日本にあまたある「八景」のルーツは11、12世紀の北宋の瀟湘八景であり、日本へ伝わって近江八景として翻案され、それが江戸時代に浮世絵の名画とともに各地で花咲いたことはよく知られている（西村幸夫「都市計画における風景の思想―百景的都市計画試論」、西村幸夫・伊藤毅・中井佑編『風景の思想』）。

　湖南省にある洞庭湖周辺の景勝地を詠んだ八景は次のようなものである。

　　瀟湘夜雨　　煙寺晩鐘
　　遠浦帰帆　　山市青嵐
　　洞庭秋月　　平沙落雁
　　漁村夕照　　江天暮雪

　ここで注目すべき点は二つある。一つは、これらの風景が季節と時刻とともに謳われている点である。つまりこの時代の感性として、風景を、快晴順光といったいわば絵はがき的な固定した条件の中で捉えるのではなく、時の移ろいの中で認識しているというところに特色がある。

　そしてそのことはこれらの観照の背後に、当然ながら、生活者の営みがあるということを示唆している。こうしたものの見方が日本近世の風景観におおきな影響を及ぼした。

　もう一つは、この瀟湘八景がこうした個別的瞬間的な視点を有するというきわだった個性を持ちながら、そしてそれぞれの景勝地はそれなりに同

図 0-10　近江八景のうち「堅田落雁」の図（歌川広重『近江八景』（1834頃））
堅田の浮御堂周辺の具体的な風景が、ある特定の季節と時刻に、雁がねぐらへ急ぐという物語とともに描かれている。

定される場所としての固有性を持つにも関わらず、歌として挙げられた地名は平沙や遠浦、山市や漁村など、つとめて一般化した場所となっていることである。こうした普遍化への憧憬は中国的な感性のあり方と言えるのかもしれない。

これが日本に移植されるとどうなったか。初期の代表例であり、その後も最も有名な八景となった近江八景は次のように八つの景を謳っている（図 0-10）。

　唐崎夜雨　三井晩鐘
　矢橋帰帆　粟津青嵐
　石山秋月　堅田落雁
　勢多（瀬田）夕照　比良暮雪

瀟湘八景とほぼ同様の構図であり、浮世絵もそのように描かれる。しかし、両者の間には決定的な差異があることに気づく。近江八景には固有の地名が例外なく謳い込まれているのである。

オリジナルな画題を最もよく体現している風景を琵琶湖南岸で探すという作業を行う中で固有名詞が浮かぶのはごく自然なことだろう。しかしそれが近江八景として定着していく中で、風景を観賞する物語を与えられた場所としてこれらの景が認識されるようになるというのは別の話である。

この時、琵琶湖岸の固有な風景は「見頃」を与えられ、「見たて」としてオリジナルと対比させられることになる。──つまりこの風景は見者という主体に見られ、観賞される風景なのである。

◆時間を捉える主体のいる風景

思えば詩歌などの文学から和食の飾り付けに至るまで、日本の文化の多くは季節の気配などの時間の変化を捉えることに深い関心を払ってきた。

風景の捉え方も例外ではない。風景を空間の構成としてだけではなく、瞬間を生け捕る時間の移ろいとして捉えること、そしてそれが生活者の情景とともにあること、同時にそのような全体を受感する主体が常に配されていること、ここに日本の都市空間の構想力の一つのルーツがある。

こう考えると浮世絵をはじめとして日本の風景画のほとんどに日々活動する人の面影が描かれているのも合点がいく。この風景の見者が感情移入できる点景としての生活者が必要だからである。

では、そのような感性を今日においてどう理解し、どう活かすことができるのか。

風景が「見頃」を持つということは、見頃を感じる主体がいるということである。一日の変化や四季の移ろいの中に物語を見出し、これを賞でる感性を鍛えなければならない。と同時に、こうした瞬間の情景に形を与えるような都市空間の演出が求められる。移りゆく時間の中にある都市空間に実在するものとしての形を与える構想力が必要である。

◆一瞬を生け捕り、封じ込める

季節の移ろいを映し出す植物の風情や朝夕の変化の中にある都市空間の情景、あるいは特別の一瞬の視角や場面を称揚する風景など、時の動きを実感することができるような都市空間の場がある。

変化するものを一瞬生け捕ることを通して、永遠を実感する契機が与えられるのである。見者の眼を通して、刹那の物語は久遠の都市空間の中に封じ込められることになる。

このとき、主体としての見者の意識も結晶化することになる。都市空間の構想力は、都市の物理的な空間に具体的な形を与えるのみならず、時間の関与を通して、その場所を経験する人間の意識にまで固有の形を与えることになる。

第1章 大地に構える

　大地にどう向き合うのか。これまでも都市はその地勢を巧みに読み込みながら建設されてきた。そして、日常の生活空間に地形の力を含みとり、深い関係を結んできた。また、多くの都市では、地域という領域そのものが地形によって形づくられてきた。こうした大地との経験的な応答の中に、都市空間の構想力が宿っている。

　大地と都市との関係を、「大地に構える」と表現してみよう。「構える」とは、まだ人の手の入っていない大地と対峙する人間の意志、あるいは都市そのものを主語とすれば、都市が自然と向き合う、やや緊張した関係を連想させるだろうか。

　本章では、むしろ両者のより親和的な関係を、以下の三つの視点で捉えていきたい。一つ目は、立地論の範疇で、都市の存立基盤としての地形を問う視点である。ある都市がなぜ、そこに存在しているのか、それを地勢の読み取りの結果として捉えようというものである。近年、問われはじめているランドスケープ・リテラシー（環境を読む力）と直接、関係する。二つ目は、必ずしも立地という一時点に限定せず、より継続的、経過的な時間軸の中での地形と人間の生み出す都市空間に着目する視点である。地形が日常の生活の中でどのような役割を果たしているのかから思考して、その意図を探る、生活論的なまなざしである。そして、三つ目が、立地論と生活論との間に展開される、地形が生み出す界隈や地域の特性を見つめる視点である。地形がどのように都市を領域に分かつか、もしくはどのように場の集合としての領域を生み出していくのか、について見ていく。

　人と自然との交互作用は、大地に「構える」というよりも、「溶け込む」と表現した方が適当ではないかという逡巡がある。大地は都市にとって他者ではないということを断っておきたい。

1 地形が都市を呼び寄せる

「図」と「地」という見方がある。眼前に広がる都市空間は、一見すると建物などの「図」の集積でできているように思えるが、実際はその背景となる「地」のあり様こそが、最も深いところで都市風景を支えている。そして「地」の中でも、特に自然地形、つまり大地の形が都市そのものの存在を根拠づけていることが多い。地形と都市の立地にまつわる構想力を見ていくことからはじめよう。

1・1　都市を地形に納める

◆盆地のミクロコスモス

京都のまちを歩く際に古社寺や町家の並びに目を奪われるのは当然であるが、後で振り返ってみると、それらの背景に常に見え隠れしていた山々の姿が強く思い出されるということがある。

日本人の自然観を主観と客観の二元論を超える「通態」性という概念で捉えた地理学者のオギュスタン・ベルグは、京都の郊外、桂川沿いの堤防の上からの京都盆地を囲む山々への眺めに、生態象徴的な力を感じると述べている。京都ではまちなか＝洛中とその周辺、三方の山々＝洛外が、不

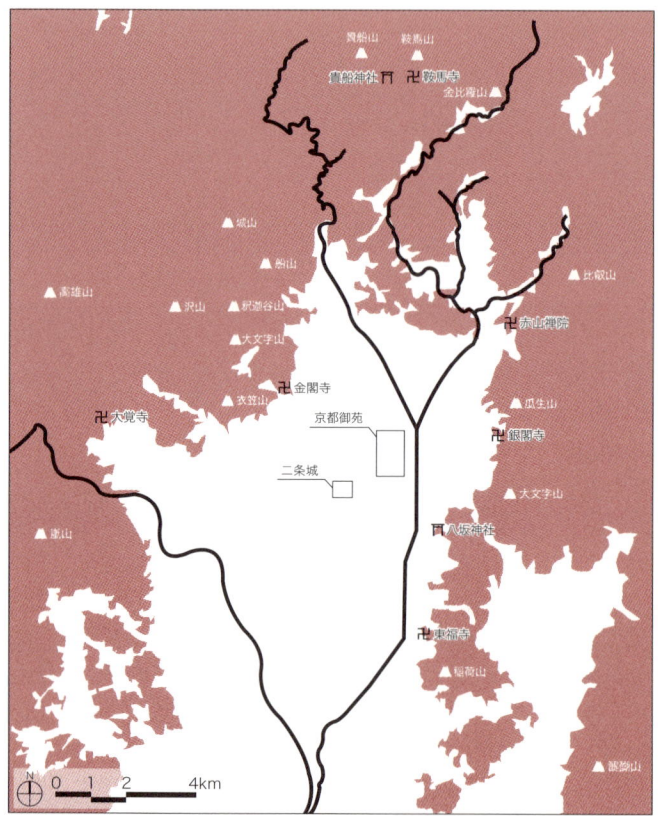
京都

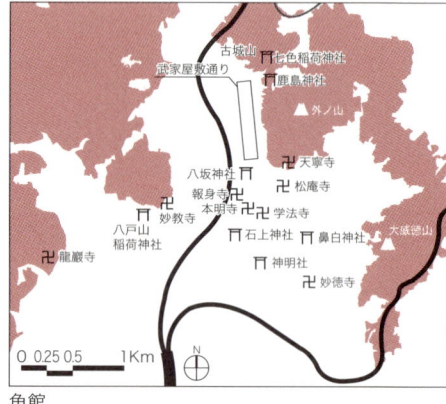
角館

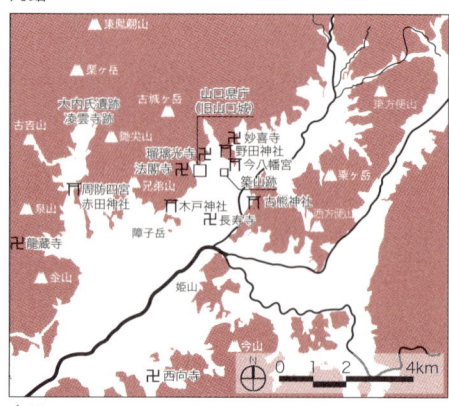
山口

図 1-1　京都と小京都の盆地小宇宙
「小京都」都市群については、近年の観光的マーケティングとの関係は無視できないが、我が国固有の「うつしの文化」の文脈、ないしは戦国時代に成立した領国文化との関係を問うべきである。なお、全国の小京都都市が加盟する「全国京都会議」では、加盟基準の三条件のうちの第一条件として、「京都に似た自然景観、町並み、たたずまいがある」ことを挙げている。

可分の関係を結んでいる。大文字の送り火や東山の紅葉狩り、山裾の社寺や庭園への散策など、人々の生活の中で密接な関係が生き続けている。

こうした関係を生み出しているのは、三方の山々が生み出すU字型の盆地にすっぽりと収まるという京都の立地の特性そのものである。そうした京都の立地は偶然にそうなっているのではなく、往時の構想力の一つの発現として理解することができる。

京都では、まちなかと東山、西山、北山との間の密接な関係が維持されてきたが、特に市街地との距離が近かった東山については、寺社仏閣を舞台とした「東山文化」にはじまり、近代以降も京都の景観保護、観光振興の施策の中心地として、常にその大きな存在感を示してきた。京都の盆地小宇宙は、さらに個別の地域からの山への眺望や山裾の細やかな界隈に何重にも小宇宙を生み出している（図1-1）。

我が国の都市の系譜において、藤原京以降、平安京に至るまでの歴代の都城は、およそ脊梁山脈の中の平坦な盆地に築かれてきた。その立地には、政治上、防衛上の様々な思惑があっただろうし、当時の建設技術からして、とにかくそこが平坦地であるということが非常に重要であったと思われる。

しかし、平安京遷都の詔において「山川も麗しく、…山川襟帯、自然に城を作す」と記されていることからもわかるように、山脈に囲まれた囲繞地という地勢が、都城が必要とするミクロコスモス（小宇宙）を自ずと生み出す、という現象を強く意識してその立地を決定していたと見ることもできる。

欧州の伝統的な都市や中国の都城のように人工的な城壁によって周囲の自然と切り離すように囲繞するのではなく、自然の地形である山々を活かし、先のベルクの言葉を借りれば、その山々と「通態」的な関係性を結びながら都を囲んだのである。

こうした立地は京都に、あるいは古代の都城に特殊なものなのだろうか。

そもそも我が国の都市の系譜において都城は数少ないし、そのほとんどは現代まで引き継がれることなく、痕跡を残すのみである。

しかし、こうした盆地小宇宙とも呼ぶべき立地特性を持つ都市は数多い。たとえば、角館（秋田）、高山（岐阜）、津和野（島根）、山口（山口）といった「小京都」と呼ばれるような、京都と似た地勢のもとに展開している都市群の多くで、こうした立地の構想力を見出すことができる。

これらのまちに共通する風景の落ち着きは、古くからの町並みや緩やかに流れる河川の風情とともに、まちを囲繞する山並みという地勢によってもたらされているのである。

◆山と海に包まれた港町の風景

都城に限らず、ほとんどの都市の立地には、地勢への応答を見て取ることができるが、中でもそれが際立つのが港町である。文字どおり、全国津々浦々、港湾都市として成長を遂げたものから漁村集落に落着いたものまで多種多様な港町であるが、それらの立地条件は、まず何よりも船の停泊の安全性を確保する空間を提供する海岸地形を備えているかどうかであったことは想像に難くない。

そして、そうした条件を満たすための地形がどのようなものであったのかは、たとえば、瀬戸内海の中世や近世以来の港町を巡れば自ずと見えてくる。それは海岸線が湾曲して入江を形成しており、それを比較的急峻な丘陵、山と、海上に浮かぶ前島で挟み込むような地形である。山と前島が南北からの風を防ぎ、外海の潮流から外れる入江が安定した停泊を可能としたのであろう。

しかし、このような港町の地形は、風景として、単にそこが安全であるということ以上の印象を人々に与える。

真鶴（神奈川県）、鞆の浦（広島県）、など、中世来の港町の構造、風景を今に伝えると言われている港町の中心の水際に立ち、周囲をぐるりと見渡せば、まちを取り囲む大きな地形、つまり馬てい形の海岸線と、背後にせまる深い緑の山、豊かな青い水面という自然の地勢が卓越した空間構造が感知できる。

たとえば、真鶴（図1-2）では、湾に山裾が迫っ

ており、その間に斜面に市街地が形成されている。中腹の高台の先端には、山を背後に従えた津島神社をはじめとする寺社が立地しており、現在でも、海からもその本堂の甍が視認できる。

万葉集でもその風光明媚さを唄われた鞆の浦の港湾は、中世以降、段階的に埋め立てを進めてき

図 1-2　真鶴の港湾の風景
真鶴のまちづくりの指針である「美の基準」の中では、たとえば「斜面に沿う形」というキーワードで、「真鶴町全域の大地は斜面地である。それらの大地は、半島の形、山の形が認識できるほどの大きさでもある。これら大地の形の印象は高い建物を許さないように思われる」とし、建物を斜面地に逆らわないように計画することが求められている。

図 1-3　鞆の浦の地形と港湾風景の形成
海岸線が描く円弧に加えて、まちをとり囲む山とその際にある寺社が湾をつつみこんでいる。

た（図1-3）。しかし、円弧を描く基本的な形は大きくは変わっていない。

　この港に海からアプローチすると、海、港周りの賑わい、その背後の山すその寺社、そして急峻で深い山々とが一体となったランドスケープが出迎えてくれる。

　つまり、これらの港町に海からアクセスすることができれば、その山と裾野の寺社、そして海岸線に向かうなだらかな斜面に密に集まる町が迎え入れるさまが、単に船舶の安全な停泊地ということ以上の、原質的な迎賓の風景であることに気づかされる。

　緩やかにカーブを描く湾の形は、船で到着した人々を迎え入れると同時に、その沿岸に立つ人々、その周囲の山裾の寺社の境内から見はらす人々の互いの視線を自然と交わらせ、それらの視線の集合として、港湾がまちの核となる公共空間となっているのである。

　つまり、港湾は円環として完全に内向きに閉じているわけではなく、外海へ向かって開かれていること、そして、水際の蔵や町家、山腹の寺社やその境内、それらから下る坂道や階段などが次々と港湾に向かって表情を見せることによって、求心性と開放性を両立させた港町の中心の広場かつゲートが生み出されている。

◆台地上での都市の展開

　山や海に囲まれた凹状の大地への立地とは対照的に、水害などの天災や防衛上の理由から、都市を領域が限定された凸台状の台地に立地させたと考えられる例も多い。

　たとえば、夏の終わりの風物詩、おわら風の盆で全国にその名を知られる富山県の八尾町は、「坂のまち」としても知られているが、それは井田川沿いの細長い河岸段丘上に古くからの市街地（旧町）が展開されているからである（図1-4）。

　井田川が削り取った河岸段丘の端に、八尾の旧町の起源である古刹、聞名寺があり、その聞名寺の門前、幅わずか250mに満たないほどの細長い段丘上の平坦部に、まず1637年までに双子の

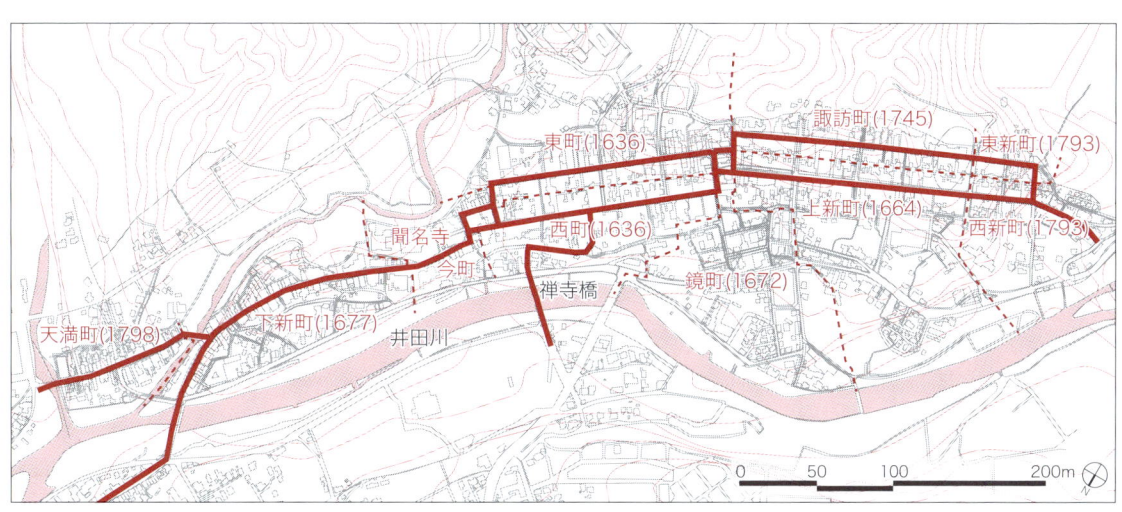

図1-4　八尾の地形と都市構造

図1-5　河岸段丘上に展開する八尾の町並み
井田川沿いの段丘は崖上になっており、旧町から下る坂道では、広々とした眺望が得られる箇所が多い。

図1-6 水戸・偕楽園からの眺め
偕楽園は水戸の上町の外堀よりも西側、千波湖に臨む七面山を切り拓く形で築造された。そこで展開される風景美は、水戸という都市の立地特性を象徴的に取り込んだものである

まち、東町と西町が町建てされた。さらにその後、二つのまちの先、ないし聞名寺の後背地へ、上新町（1664年、南新町として町建て）、鏡町（1672年）、下新町（1677年）、諏訪町（1745年）、西新町（1793年）、東新町（1793年）、天満町（1798年、川窪新町として町建て）という順で、次々と町が開かれていった。

これらの町が乗る台地の縁から井田川方向への眺めは、富山平野全体が視野におさまり、このまちの大きな魅力となっている。さらに、八尾の旧町で特徴的なのは、実は段丘を降りた井田川沿いからの眺めである。段丘を象徴する石積みと狭い丘上に狭小な間口で櫛比している町家、そしてひときわ大きな聞名寺の屋根と境内樹とが一体となった八尾ならではの迫力のある風景が望めるのである（図1-5）。

しかも禅寺橋という、かつて禅寺の渡しがあった、町建て時以来の八尾旧町の入口となる附近からが最もダイナミックにそのような風景が展開している。

なるほど、聞名寺がこの地に移転し、町建てがされた当初から、ここでも単に防災や防衛上の理由から台地上にまちを納めるというだけでなく、宗教都市としての一つのまとまりを形成することを強く意識し、しかも訪れる人をその地形とまちが一体となった圧倒的な迫力で迎え、強さを感じさせる、といったところまでもが構想されていたのではないか、とも想像される。

八尾町と同様に、幅がある程度限定された台地上の領域感を巧みに活用してつくられた代表的な都市としては、ほかにも水戸が挙げられる。

水戸の偕楽園は日本三名園のうちの一つに数えられるが、庭園内の美しさもさることながら、千波湖方面へ開けた広大な借景（図1-6）、は、伝統的な美を感じさせるとともに、いつまでも清々しい印象を残すものである。

水戸という都市の魅力は、この偕楽園の借景を筆頭に、他の都市ではなかなか得られないような広大な眺めを享受できる視点場が上町と呼ばれる旧武家地を中心とした市街地を縁取っているということである。

千波湖方面のみならず、那珂川方面でも、神社の境内や坂道の途中から眺望が得られる。それは、もともとの桜川の洪積台地という地形がこの都市にもたらしたものである。俗に「馬の背」と呼ばれる、二つの川に挟まれた洪積台地は、低地と違い稲作には向いていなかったが、天然の要害を持つ地として水戸城が立地し、その城下町として拓かれていったのである。

しかし、その台地に城下町の主要部分を納めるという都市づくりは、ここでも単に防衛上の理由だけではなかったように思われる。台地の突端にある城と、台地を縁取る斜面緑地とで、城下町に必要な城を中心とした強固な領域感、まとまりと、1842年（天保13年）の大借景園である偕楽園造成を一つの到達点とする文化醸成の源としての眺めを手に入れる、という都市の構想力がそこに見てとれるのである。

1・2　地形が都市の起点となる

◆城山が宿す求心力

近世に全国各地で誕生した城下町は、現在の日本の主要都市の原型である。その城下町の象徴としては、そびえ立つ天守（天主）が強くイメージされる。

江戸期の失火、大火、明治維新期の人為的な破壊、戦災による喪失などで、一度、天守を失って

しまったようなところでも、その後、天守を復元しているところも多い。しかし、あらためて城下町起源のまちを歩いて気づくのは、天守の有無に関わらず、城跡が都市の中で非常に強い求心性を保ち続けているということである。

中世以来、国人領主・戦国大名たちは防衛上の理由、そして築造の期間短縮といった理由から、険しい山上に本拠としての城館を構え、山下に家臣団の屋敷を配置したが、次第に兵農分離を前提とした計画的な城下町の整備という広がりの中で城の位置も決められるようになった。

平地の中央に位置する丘陵や、海際などの自然の要害となる突端の台地などが選ばれ、堀を巡らせるとともに、堅固な土塁、石垣が築かれた。また、同時に規模が大きくなっていった城内、城下の状況を把握し、かつ領主としての権威を象徴するための天守が、その土塁、石垣の上に設けられるようになった。

以上のような城の立地、さらに天守の位置の決定（地選地取）がいかに行われたかについては、これまでも多くの研究者から様々な研究成果が報告されているが、とりわけ城下町の街路設計において、中心となる城郭へのヴィスタ設計と、周辺の山への山あて手法が、単なる測量技術という以上の、地形に応答した設計や美的な感動を生む設計という側面から適用されていたことが明らかになってきている。

つまり、城郭ないし天守を中心として、それらを景観的にも核とするような都市の設計が行われたということである。

現在、城下町起源のまちを歩く中で感じることのできる城跡の求心性は、天守のある場合にその独特の建築意匠が大いに人の目を引き、ランドマークとなっているということだけでなく、上述の天嶮や丘陵、台地といった周囲の平地からは一段と高い位置を確保するという自然の地形の活用と、それをランドマークとして活かす街路網とが相まって生み出されていると考えられる。

たとえば、松山城の城山は標高 130 m 以上あり、それを取り囲むように市街地が広がっている（図 1-7）。

図 1-7　松山城への眺望
松山市の景観計画では、松山城への眺望景観を保全する目的で、市役所前榎町通り景観計画区域を設定している。

地選地取の段階で、城、天守に都市設計への起点となる力を与えたのは地形であり、天守をはじめ、多くの建造物が失われてしまっても、それを呼び寄せた地形、すなわち城山やその緑陰がまちなかのランドマークとして存在し続けていることも多い。時代が変わり、建造物が変転を遂げても、地形はそう容易には改変されず、地選地取の際の構想力が生き続けているのである。

◆地形が強める宗教的象徴性

古来、神社や寺院が自然地形との応答の中で立地してきたことは、都市そのものの立地よりも明解で、共通の原風景の中でそのさまを思い浮かべることができる。

樋口忠彦氏は、山から山麓の緩傾斜の地にうつる山側の丘陵の端に神社が位置し、神社に向かって奥まりながら囲む山、傾斜地の田圃、さらに神社と田圃の間にある川からなる「昔懐かしい風景」を「水分神社型」として、日本における典型的な地形空間の一つに挙げている（樋口忠彦『景観の構造』）。

自然を信仰の対象とする我が国において、地形は宗教空間と直接結びついて、風景をなしてきたのである。そして、そうした寺社の門前に発達した都市は、必然的に山側の丘陵から緩傾斜地に向かう地勢の上に成立している。

たとえば、善光寺の門前町として発達してきた長野では、善光寺は善光寺平の端部、つまり高台に立地しており、その北方と西方を山で囲い、南、

南東方向には城山と呼ばれる段丘があるものの、基本的に緩やかに傾斜して平地に降りていく。そして、段丘を降りきった場所に門前町が広がっているのである。

長野の地形は、風水で言うところの西道東流北丘南池という「四神相応」の地勢にも叶っており、善光寺がこうした地勢を十分に読み込んだうえで建立され、それを起点として都市が形成されていったと考えられる。

五代将軍徳川綱吉によって、1681年（天和元年）に音羽の地に建立された護国寺とその門前の町も同様に地勢との応答関係の中で立地を選択したと考えられる。護国寺は、大きな凹型の断面を持つ地形の中に、境内のみならず、門前まで含めた宗教空間を全て埋め込み、既存の地形の特性を宗教的な象徴性へと転換している。

音羽には、もともと関口台地と小日向台地に挟まれた、神田川に注ぐ二本の小河川が走る細い谷があり、その谷の北方は雑司ヶ谷台地によって封をされた形になっている。

護国寺の本堂はこの雑司ヶ谷台地上に設けられ、幅100m、延長1kmに及ぶ細長い谷あいに、中央に幅15間の大規格の参道と、その両側に奥行き20間という江戸の典型的な町の街区がおさめられた。自然地形がヴィスタを効かす参道から見れば、アイストップに高台にある本堂が見え、それに向かって次第に高みを上っていく象徴的な都市空間が生み出されているのである。

護国寺の参道では、沿道の建物は次第に高層化し、片側の河川は高速道路の敷地となり、もう片方の河川は暗渠化され、原地形そのものは参道の視野からは消えつつある。

しかし、それでも護国寺を焦点とするスケールの大きなヴィスタの景観は、確かに現在でも十分に谷と台地からなる地勢を聖域に転換させるという構想の源を伝えている。（図1-8、図1-9）。

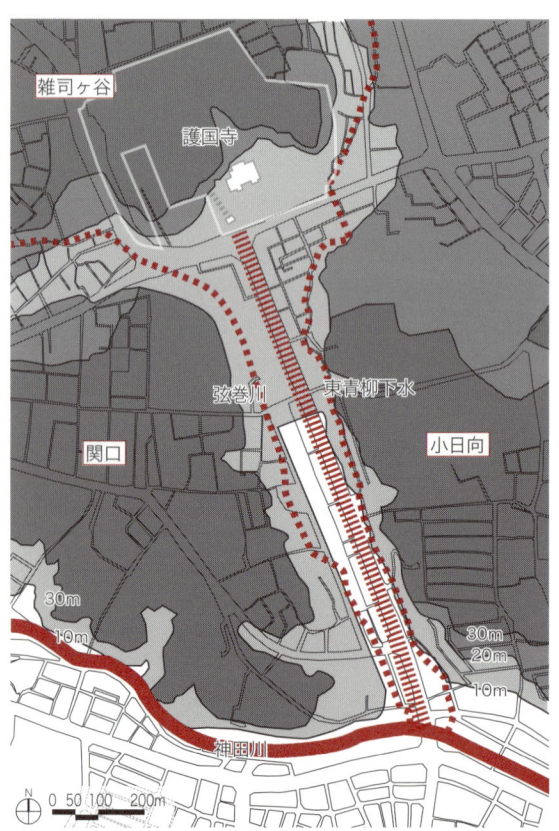

図1-8　護国寺周辺の地形とまちの構造
図1-9　護国寺参道の風景の変化（写真、上：明治末期（『東京名所図会小石川区』より）、下：現在）
関口、小日向台地は、ともに崖状の斜面が続き、それらに挟まれる形で護国寺の参道が伸びている。

2 地形を生活に取り込む

近代の造成技術が発達する以前、地形は所与の条件であって、そう容易に改変できるものではなかった。いや、むしろ都市の中の丘陵などは、積極的に生活に取り込み、活かすべき資源と考えられていたのではないだろうか。それは眺められる対象でもあり、眺める場でもあった。そして、そうした視線は都市内に留まらずに、都市の外へと伸びていた。ここでは、丘陵をはじめ、坂道、谷地、窪地といった身近な地形を、生活資源へと転換する構想力について見ていくことにする。

2・1 山との付き合い

◆近傍の山、遠方の山

金沢、富山、福井、これら北陸三県の県庁所在都市は、互いに適度な距離にあり、それぞれの個性を保ちつつも、景観の構造という点ではよく似ている。この三つの都市に共通する特徴の一つに、山と都市との関係がある。

北陸の三県の県庁所在都市には、都心からそう遠くない位置に、人々が気軽に足を運べる山がある（図1-10）。金沢の卯辰山、富山の呉羽山、福井の足羽山の三山であり、それぞれの山頂からその都市の全体を視野におさめることができる。

これらの山は近代以前から名勝地として市民に親しまれてきたが、近代に入っても、保健、レクリエーションの場として、そして夜の明かりが灯るまちを眼下に眺められる夜景スポットとしても人気を呼び、今でも多様な年代の人々の足が向かう。これらの都市では、自分たちの都市を俯瞰する体験が、他都市に比べても非常に身近に、つまりこれらの都市の生活の中に組み込まれている。

また、この三都市の山との関係のもう一つの共通点は、金沢、福井の白山、富山の立山連峰といった、市内の各所から展望可能な高峰を有しているということである（図1-10）。

これらの山々は市街地に包含、ないし近接している身近な山とは違い、人を容易には寄せつけない自然の厳しさを感じさせ、信仰の対象ともなっている山々である。この聖なる山々への眺めは、そこに人々が住みはじめたとき以来、ずっと変わらぬものとしてあり続けている。そうした意味で、遠方の山はこうした地域の空間的、時間的基軸であり、眼前の都市の変容、その刹那を超えた、都市と大地との変わらぬ結びつきを人々に感じさせる。

つまり、都市と山との関係は、都市の内にあって親しまれ、その頂きからの眺望を持って都市への理解を促すものと、都市の外にあって、都市の時間や空間を定位するより長い時間、広い空間を表象するものがある。何れも、それぞれの都市のイメージアビリティを高め、市民の都市に対する関わりや思いの持ちように強く影響を与え得る。

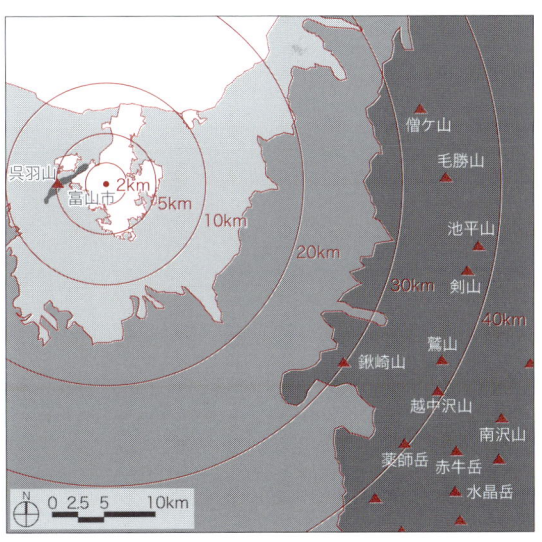

図1-10　富山における都市と山との関係
北陸三都市は近傍の山、遠方の山とそれぞれ密接な関係を結んできた。また、近傍の山と遠方の山との間にも関係が構築された。富山の呉羽山の天文台登り口にある大伴家持の歌碑には、「立山に降りおける雪を常夏に見れともあかす神からならし」という歌が刻まれている。つまり、呉羽山は立山を眺める特等席であった。それは今も変わらない。

これらの都市は、このような都市の内、外の山々を都市生活に取り込むことで、都市への理解と愛着を育ててきた、そのこと自体が、これらの都市の存在を支える奥深い構想力として読み取ることができるだろう。

◆生活の中の日和山

ところで、山は人間が都市をつくる以前からそこにあり続けてきたものである、このことは本当だろうか。周囲から高く盛り上がった地形そのものは確かに古来から変わらぬものだとしても、それが「山」として認識され、名づけられてはじめて、山が生まれたとも考えられるだろう。

つまり、山の存在そのものが、人々の地形への眼差し、地形に対する構想力の賜物である。北陸三都市の例でも述べたように、登頂するには険しく、容易に人を寄せつけないような山岳は人々にとっては親しみやすい存在というわけではなく、常に畏怖や憧憬の対象とされ、山岳信仰という形で関係を結んできた。

その一方で丘陵というのが相応しい比較的身近な距離にあり、そこまでの苦労なく登れるような山々とは、単に登頂の対象、眺望の対象、信仰の対象というだけではない、日常生活の様々な場面、行為の中で紐帯関係を築いてきたのである。

全国各地の都市、特に港町の地図を眺めていると、かなりの割合で「日和山（ひよりやま）」と名づけられた山を発見することができる。

日和山とは、千石船時代に文字どおり主に日和見（天気の変化を読む）に使われた小高い丘陵である。船頭たちは、日和山に登り、雲の様子を掴み、風の方向をそこに置かれた方角石を使って確認し、天気を予測し、出港の判断を行ったのである。そうした山の特徴は船頭が登るのに苦にならない程よい高さで、港内にあり、かつ港から外海までを見渡せる眺望の得られる場所であった。

日和山の多くは、日和見だけではなく、出船の見送り、入船の望見、連絡の場、また港の目印としての役割を果たし、さらにその眺望の良さから遊覧場所として親しまれることもしばしばであり、また場合によっては唐船見張番所が設置されたり、砲台が築造されたりもした。

その後の埋め立てなどにより海岸線を離れ、周囲に高さのある建物が立ち、またそもそも船頭たちの経験に根差した日和見に頼る必要がなくなったことで、多くの日和山は次第に周囲の風景の中に埋没していったが、少し小高い地形は変わらず、そこにある。

港を利用する人々、港町に住まう人々の行動がそのまま刻まれた名称に気をつけて、こちらが認識する眼さえ備えていれば、その隆起地形が港町の発展の歴史を伝える重要なモニュメントであり、

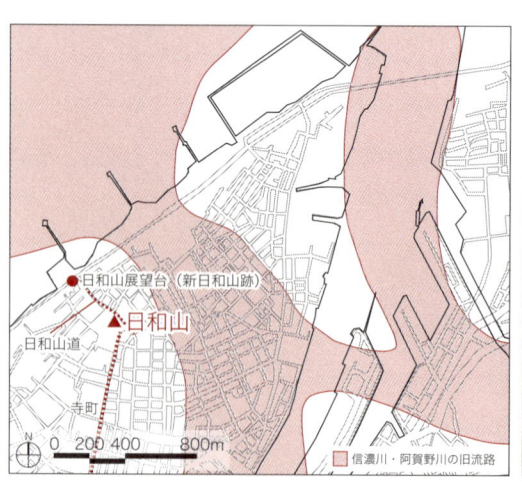

図1-11　新潟・日和山の立地と現状
新潟の日和山は江戸時代末期までは新潟のまちなかで最も標高の高い場所であり、新潟のランドマークであった。この日和山から浜辺へ向かう道も「日和山道」として知られ、現在では新日和山のあったあたりの海水浴場へ向かう海へのアプローチである。比較的平坦な新潟市内では珍しい坂道として親しまれている。

そのまちを個性づける文化的な景観としての「日和山」が健在であることを見てとれるだろう。

たとえば、信濃川の河口港として発達してきた新潟港の、信濃川河口付近には、「日和山」「新日和山」と呼ばれる二つの地名がある。前者は新潟港附近唯一の自然の小高い丘陵であり、水先案内人「水戸教」がここで日和見を行った場所である（図1-11）。頂上に住吉大社が鎮座している。

享保年間の信濃川の河口の位置の移動に伴い、この日和山は河口から遠ざかり、明治中ごろには罹災して荒廃に帰したこともあり、新たに海岸沿いに築造された人工の山が「新日和山」である。

日和の地というよりも、料亭や茶店が並ぶ新潟の新名所として賑わった「新日和山」の方は海からの浸食が激しく、1945年（昭和20年）頃に決壊してすでにその地形は失われているが、もともとの「日和山」の方は、現在でも住吉神社があり、平坦な新潟下町の中の展望の地として健在であるし、子供たちの遊び場や散歩の際に立ち寄る場として、まちの生活に密着した存在であり続けている。

また、まちなかからは、現在でもかなりの距離があっても視認可能である。新潟下町の都市軸、街路網がこの「日和山」に当てる形で引かれた可能性も示唆されている。

もともとこの地にあった小高い隆起は、そこにまちを築き、そのまちで暮らし、訪れた人々によって、まちと分かち難い関係を結び、そこでの暮らし、都市体験をささやかながらも確実に豊かにすることに貢献しているのである。

◆築山の役割

新潟の「新日和山」のような新たに人工的に生み出された山、すなわち築山も都市の生活の中で様々な役割を果してきた。富士信仰に基づく富士塚が代表的であろう。

関東地方の各地で、新たに人工的に築いた山や自然のわずかな隆起地が富士山に見立てられ、そこに浅間神社が勧請された。

たとえば、東京の浅草寺の裏手、観音裏と呼ばれる地区の奥に浅草浅間神社、通称「お富士さん」がある。浅草寺境内と浅間神社は富士通りと呼ばれるまっすぐな参道で結ばれている。その参道が交差点でわずかに屈折することで生み出された突き当りに、周囲の全く平坦な土地の中では異質な階段と鳥居がアイストップとしてある（図1-12）。

この小高いかつての富士塚を中心に、小学校や警察署といった施設が囲み、交差点も少し膨らみを持っていて、ここがまちの中心地となっている。

さらに毎年の山開きの日には植木市が開催され、まち全体がこのお富士さんを中心として、緑一色に染まるのである（図1-13）。

つまり、ここでは富士塚という築山が、今でもこのまちの生活に溶け込み、風景を司る役割を担い続けているのである。

また、こうした小山は必ずしも信仰に基づいて築かれるというわけでもない。

たとえば、新宿の戸山公園の中の箱根山は、山

図1-12　現在の浅草浅間神社

図1-13　浅草浅間神社の周辺で開かれる植木市
浅草のお宮さんの植木市はかつて東京一の規模を誇った。現在でも、初夏の到来を告げる地域の風物詩として、親しまれている。

2　地形を生活に取り込む　37

図1-14　現在の箱根山（戸山公園内）
かつての藩邸内の築山は、現在では一般の人々に開放されて親しまれている。大した標高ではないが、十分に存在感を持つ地形である。こうした都市の中の特異点は、今後の風景づくりの手がかりを提供してくれている。

手線内の最高標高地点として知られているが、その起源は、尾張徳川家の下屋敷「戸山荘」時代に遡る。「戸山荘」は、実存の風景を尺度を縮めて模写する「縮景」という伝統的手法でつくられた庭園を有していたが、その東海道五十三次の縮景は、宿場町一つを丸ごと庭園内に再現するという極端な虚構性で知られていた。

そして、虚構の宿場町＝偽小田原宿に対応して築かれたのが、この箱根山であった。つまり、それは大名屋敷の唯一の遺構であり、それが後に公園として整備され、一般に開放され、共有されるようになったものである。古い写真では、この箱根山の山頂から新宿のまちのパノラマ景観が見渡せたことが確認できるが、現在は、山を覆う桜などの樹林と戸山ハイツ団地が二重にその眺めを遮っており、意外と見えるものは近く、少ない。しかし、エレベーターで昇る展望台とは違い、頂きの眺めを期待しながら一歩一歩確かめながら登るその過程こそが、都市における眺望文化創造の経験を直に身体に伝えているし、視点場としての公共性、開放性は、今後の風景づくりの起点となり得る大きな資質である（図1-14）。

東京だけではない。大阪では、こうした築山の代表格として、大阪港近くの天保山が挙げられる。天保期の安治川河口浚渫の際に、そこで組み上げられた土砂によって築かれた小さな築山である。

築造当初、名所として親しまれ、その後、城塞として使用されたり、公園となって以降も地下水くみ上げによる地盤沈下が起きるなど、隆起地形は次第に削られていったが、河口付近のゲート、シンボルとして、常に「山」は守られてきた。

通常であれば、大ざっぱで単調になりがちなウォーターフロントの風景に、歴史、時間の感覚や貴重な緑、そして眺望することの愉しみを与え続けている。

2・2　尾根や谷あいの風景

◆尾の道の美

広く開放的な眺望は、何も突出した山の頂きに登らなければ得られないというわけではない。都市の中には豊かに地形が織り込まれており、そこかしこに視点場が生まれている。

「都市展望の丘。展望台を設けよ。尾の道に美あり」とは、稀代の都市計画家・石川栄耀の言葉である。石川は東京の戦災復興計画立案の責任者であったが、その立案にあたって焦土の東京を巡った際に、普段は建物に遮られ、あるいは目を奪われ、忘れられがちであった幾つもの丘陵と谷地が織りなす東京の原地形に向き合うことになった。

東京のまちの特徴は、天恵としての地形の豊かさであった。まだまだ沿道の建物もまばらであった尾根道からは、至るところで、遠く東京の市街地が美しく展望されたのだろう。石川はこの眺望の価値に感じ入り、こうした尾根道沿いの視点場を積極的に「都市展望の丘」として確保し、眺めを公共のものとすることを目論んだのである。

石川は目白に住んでいたので、おそらく目白通りを毎日行き来する際に、上記の美を発見したのではないだろうか。目白台の尾根を走る目白通りを歩けば、現在でも「尾の道に美あり」が実感される。目白通り沿いから神田川早稲田方面へ下る坂道から、思いがけない遠景が次々と目に入ってくる（図1-15）。斜面、そして谷地には既にマンションが立ち並び、見通しの距離は年々、縮まってきている。たとえば、目白通りから下っていく富士見坂―つまり、かつて富士山まで届く見通し

図1-15 目白通り沿いの坂道からの眺め（上：富士見坂と日無坂の分岐点、左：のぞき坂、右上：宿坂、右中：稲荷坂、右下：小布施坂）
石川が陣頭指揮をとった東京の戦災復興計画では、山手線内をいくつかの地域のまとまりの集合とするために、それらのまとまりの境界をグリーンベルトという形で担保していた。しかし、このグリーンベルトはほとんど実現できず、「尾の道の美」もこうした坂道等で垣間見たり、登り降りの最中に歩きながら味わう以外の手立てがない状況であった。その後、目白通り付近では、2009年になって、旧田中角栄邸宅の一部が相続に伴って物納され、目白台運動公園となり、公共に開放された。この公園の南斜面は、まさに石川が構想した「都市展望の丘」である。

2 地形を生活に取り込む

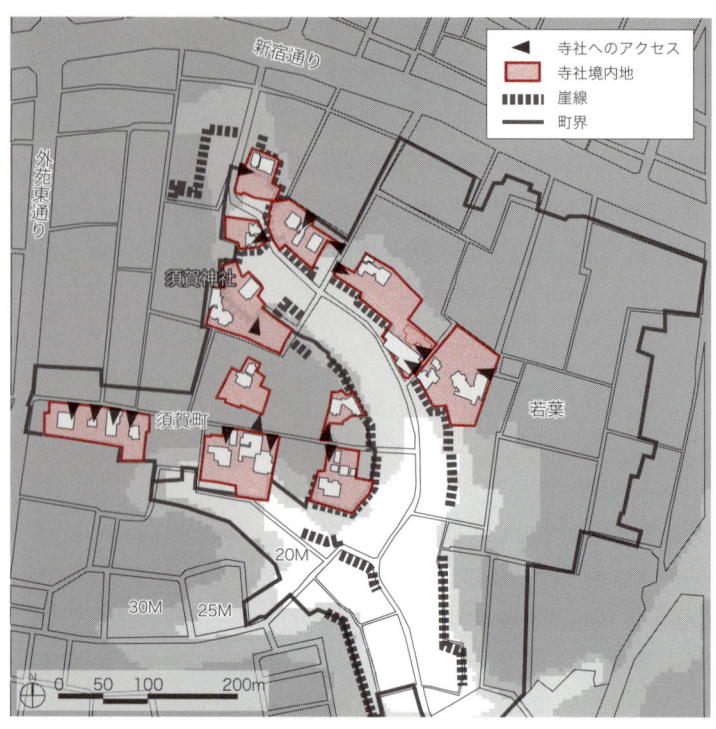

図 1-16　若葉・須賀町周辺の地形と寺社の立地（左）
図 1-17　若葉・須賀町の谷筋の街路（右上）と台地際の寺社境内（右中）と共棲関係（右下）
四谷・麹町台地に湾曲した谷筋が切れ込み、谷地と高台の地形をつくりだしている。谷あいには住宅や商店を中心とした低密市街地が、高台には寺社を中心とした比較的低密度の市街地が広がっている。高台の際に立地する墓地や緑地によって生み出される空隙が、谷地の住環境の維持に貢献している。

を持った坂道でも、現在では視線が届くのは新宿の高層ビル群あたりが精々で、そこで遮られてしまう。それでもなお、高密で窮屈な東京のまちなかでは、その眺めは何にも代え難く晴れ晴れしい。原地形が与えてくれる天然の展望台は、それは尾根にそって道が引かれた際にすでに都市の構想に組み込まれていたとも言えるのである。

◆谷地と台地との共棲関係

東京の山の手は地形による住み分けが最も鮮明にあらわれた地域である。山の手を歩いていると、そのアップダウンの多さがまちの風景の変化をもたらしていると感じるが、それは単に高い、低い、という視点の位置の差の変化ではなく、実際にまち自体が、台地と谷地とでは異なった様相を呈しているのである。

特に江戸期には、台地は大規模な大名屋敷や寺社が立地し、その間を計画的な街区割りの旗本屋敷や組屋敷、寺社群が埋めていた一方で、谷地にはまとまった規模の町人地が配されていた。各種の武家屋敷、町人地の町家とでは町割り、つまり敷地の形と規模が大きく異なっていた。

こうしたもともとの身分制を反映した住み分けがその後のまちの姿にも影響し、台地は比較的低密度の緑の多い住宅地となっているのに対し、谷地は密に家屋が立ち並ぶ地域となっていることが多い。

しかし、個別の界隈を見ていくと、実はこうした台地と谷地、あるいは高地と低地との関係は、住み分けの言葉にあらわされているような分離した関係にあるのではなく、むしろ、特にその際、接点の部分では、有機的に結びついていると理解する方が適切な場合が多いことに気づく。東京のような地形都市における都市空間の構想力は、そうした両者の共棲のあり様の中に見出されることが多い。

たとえば、東京の四谷に近い谷地の若葉、台地の須賀町の関係を例にとろう。

若葉は舌状に台地に切り込む谷地、須賀町は台地上のまちである。かつて、若葉は町人地、須賀町は武家地であり、また台地の際には寺社が並んでいた。明治以降、武家地や町人地は更新を繰り返してきた。しかし、寺社地だけは、建造物はもちろん、墓地や寺社林といった境内自体も聖域としての強い意味づけを有していたことで、都市の中の貴重なオープンスペースとして現在までほとんど姿を変えることなく引き継がれてきた（図1-16）。

こうした台地の際にある空地は、台地側にとっては谷方向への開けた眺望を得られる視点場として貴重な存在であるが、谷地にとってはどうだろうか。

若葉の蛇行する谷筋の街路からは、しばしば谷地の密な町並みの背景やアイストップとして、台地上の寺社が顔を覗かせる。こうした寺社境内の姿は、家屋で埋め尽くされた感があり、樹木を植えるのに十分な余裕のない谷地に、一瞬の清涼感、慰楽感を与えている。

しかし、それはこうした視角的な効果だけではない。仮に谷筋から見えなくても、空地としての寺社境内がそこに存在していること自体が重要である。

というのも、台地の際の建物の谷地からの「見え」の高さには谷の深さが加算されるので、それらの建物は谷地に対して、通常はかなりの圧迫感を持つことになり、谷地の閉鎖感を強めることになる。

しかし、際の寺社が、谷地からは「見えない」空地として存在していることで、谷地のまちが閉鎖性を高めるのを未然に防いでいる。市街化が進めば進むほど、この際にある寺社が持つ「見えない」ことによる力が働くのである。若葉と須賀町との共棲関係は、その際のありかたが担保しているのである（図1-17）。

◆賑わいを生む坂

尾根と谷筋、台地と谷地との間を結ぶのは坂道である。我が国ではほとんど全ての坂道が名前を持っていることからもわかるように、この坂道と

図1-18 江ノ島神社の参道
参道の場合、坂道の持つ上りと下りの体験の違いも重視される。

いう地形の特異点は都市の認識において重要な標として親しまれてきている。特に尾根側、つまり坂道の頂きからは視線が遠くに抜けるため、その眺望自体が人々を引きよせてきた。

たとえば、江戸名所図会の中に、目黒の行人坂の姿が描かれているが、そこでは富士山を望む好立地の茶屋が設けられており、人々が楽しそうに休憩している様子が見て取れる。そして、この茶屋の周辺に賑わいが感じられる。人々は坂道を一気呵成に駆け登ったり、駆け降りたりするのではなく、ときにゆっくりと休憩し、この地形を味わっていたものと考えられる。

寺社の門前の場合、寺社そのものが高台に立地していることもあり、参道はしばしば坂道となっていることが多い。京都の清水寺の門前の清水坂、そして産寧坂は、少し折れ曲がりつつ、清水寺に上っていく坂道で、参詣客を対象とした店舗が軒を連ねている。

江の島神社の参道も、まっすぐな坂道であり、ここに土産物屋や飲食店が軒を連ねている。だいぶ先の方までを埋め尽くす人々の賑わいを視認し

つつ、さらにその先に見える神社に向かって坂道を上っていく体験が印象的である（図1-18）。

寺社門前でなくとも、繁華街、盛り場の中には、こうした坂道という地形が特徴となっているところがある。特に東京の場合、山の手の台地からもともと町人地や集落があった下町へと下る坂道に、新興の商店街、盛り場が生まれている。

明治中ごろから下町銀座と呼ばれるようになった神楽坂、近郊の盛り場としての渋谷を牽引した道玄坂などがそうした坂道の盛り場の代表例であろう。また、渋谷のスペイン坂のように、坂道という地形をより意識的に賑わいの要素に取り込むこともある。表参道ヒルズでは、商業施設内にスロープという形で坂道を取り込んでいる。

坂道が賑わいを生むというときの空間的な特質は、二通りある。一つは、坂道であることで先まで見通せて、店舗の連なりや群衆の様がより賑やかに感じられるというものである。もう一つは、むしろ坂道という地形と若干の折れ曲がりなどを合せて、見通しを分節することであろう。

◆窪みと異界

一方で、何本もの坂道を持つ谷地、つまり「窪み」と表現してもいいような周囲から急に落ち込むような凹地形は、周囲との共棲関係を築くよりもむしろその異界性を最大限に発揮して、独特の界隈を生み出してきた。

特に「窪み」の底では水が湧き出ていることが多く、周囲の坂道、傾斜地を、異界性を印象づける境界線としつつ、その池を囲んで景勝地や行楽地、歓楽地が形成されていた。

たとえば、旧松平摂津守の屋敷地であった荒木町（新宿区）は、こうした窪みに展開する異界の代表例である。屋敷地の庭園の名残であるすり鉢状の底部にある策の池と弁財天を中心として、そこに三方から落ち込むようにまちが形成されている。明治期以降、茶屋や料亭が並ぶ花街として繁栄したが、非日常的な界隈に必要な周囲の日常から切り離された領域感は、すり鉢状の特異な地形が生み出したものである（図1-19）。

このまちを歩くと、その底部へ蛇行しながら降

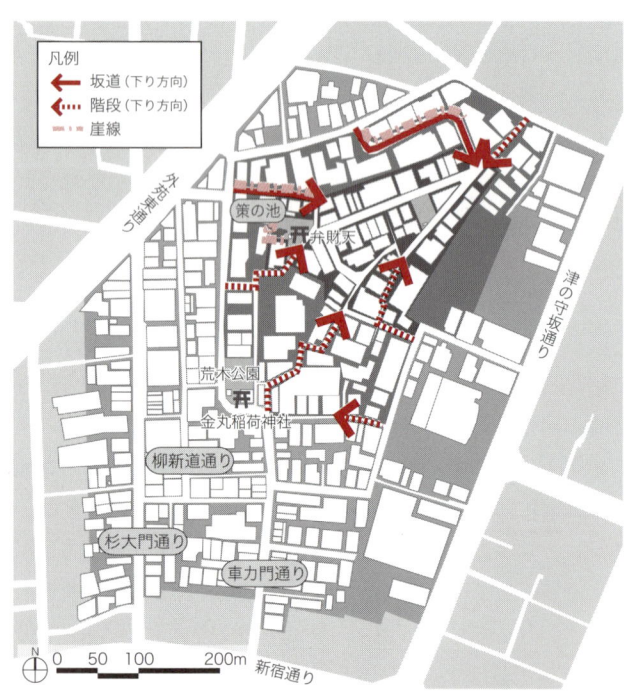

図1-19　新宿・荒木町の窪み地形と策の池へのアプローチ（左）
図1-20　新宿・荒木町の窪地にアプローチする階段からの眺め（右）
窪みの底にある策の池に向かって、三方向から坂道がアプローチしているのが見て取れる。階段自体もまっすぐに降りていくのではなく、地形に沿って折れ曲がっているため、異界性がさらに高まっている。

りていく見通しを遮ったアプローチ街路やその途中にある境界装置としての階段などが大きな地形の中に組み込まれており、領域感を強めていることがわかる（図1-20）。

現在、策の池から周囲を見上げた際に感じる強烈な囲まれ感は、高層化した崖上の建物たちがこのすり鉢の地形を強調していることによっている。

つまり、こうした異界は、もともとの地形とともに、その地形を強調する街路や建物によって成立しているのである。そして、そうした異界は、都市的な魅力の重要な要素なのである。

荒木町と同じ新宿区内で、現在は新宿西口の超高層ビル街の裏手となっている十二社の街も、やはりこうした地形の特徴を持った場所であった。

もともとこの地に屋敷を構えた伊丹播磨守によって、1606年（慶長11年）に造成された十二社池を中心として、享保年間には料亭・茶屋が池の周りを取り囲む景勝地、行楽地として知られるようになった地区であった。

明治以降、池の面積は徐々に小さくなっていき、1960年代の淀橋浄水場の超高層ビル街への転換に伴って実施された街路の拡幅、その後の埋め立てにより、現在では全くその姿を消してしまった。

しかし、かつての池底に向かって降りていく何本もの坂道や階段、崖、わずかに残るかつての趣を継承した建物や路地たちが異界の存在を今でもかろうじて感じさせている（図1-21）。とはいえ、地形を敏感に感じ取って生活の中に取り込むという構想力自体は次第に消えつつある。建物のデザインによる差異化以前に、足元の大地の微妙な変移に耳を傾けることで、土地、地域の個性は自ずと見出されるはずである。

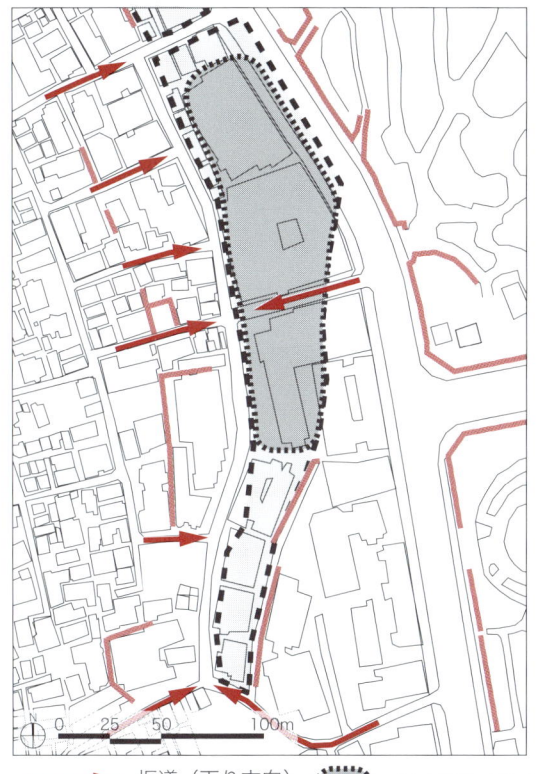

図1-21　新宿・十二社池跡周辺の地形
十二社池跡を横断する唯一の街路は、かつての池底に向かって左右両方から坂道が下ってくる形になっている。

3 地形が領域を生み出す

地形は、地域を規定する大きな構造と、その上に織りなされる細やかな起伏によって、土地に豊かな表情を与えている。その地に営みの場を見出した人々は、地形に対する感性を働かせながら、一定のまとまりを持った生活領域を築き上げてきた。地形から導かれる領域のまとまりは、地域空間の基本的な単位となり、そのあり様は、地域の空間的アイデンティティに骨格を付与する。地形によって区切られ、あるいは共通の地勢のもとで括られた領域の特質を積極的に活かすことで、個性ある地区や界隈が育まれる。地形は領域の苗床である。

3・1　領域を異化する地形

◆起伏と斜面への順応

かつて都市計画家のケビン・リンチは、都市の輪郭を想起させる線的要素を「エッジ（縁）」と呼び、人々が都市に対して抱くイメージの典型的要素の一つとして抽出した（『都市のイメージ』）。

多様で細やかな地形が連なる日本列島では、山並みや水際線などの「大きな地形」が都市のエッジとして機能しているが、それらによって区切られたマクロな領域のまとまりの内部にも、水系が織りなす土地の起伏や高低差に応じて、多様な小領域が形成されてきた。

江戸の土地利用が、広大な武家屋敷や寺社を中心とした丘陵地の「山の手」と、水路が張り巡らされ商業や生産活動が営まれた「下町」に大きく分けられることはよく知られている。この地域に典型的に見られるように、舌状の台地が複雑に入り組む江戸のまちでは、武家地と寺社地、町人地、それらを取り巻く農村が、高台と谷地、その間に刻まれた微地形にそれぞれの適地を読み込んで配された。

名づけられた坂道がこれほどまで多く存在するのは、それらを相互につなぐ坂道の存在が領域把握の重要な手がかりとなってきたためである。

坂道の名は、近代以降に都市計画で整備された幅員の広い道にも与えられ、今でも交差点やバス停には「坂上」「坂下」といった名称が見られるなど、市民の生活の中に息づいている。なかには意識せずに通り過ぎてしまうような、極めて緩やかな坂までもが名を持っていることは、わずかな高低差に異なる場所性が見出されてきたことを示唆している。そのような細かな地形がまとめ上

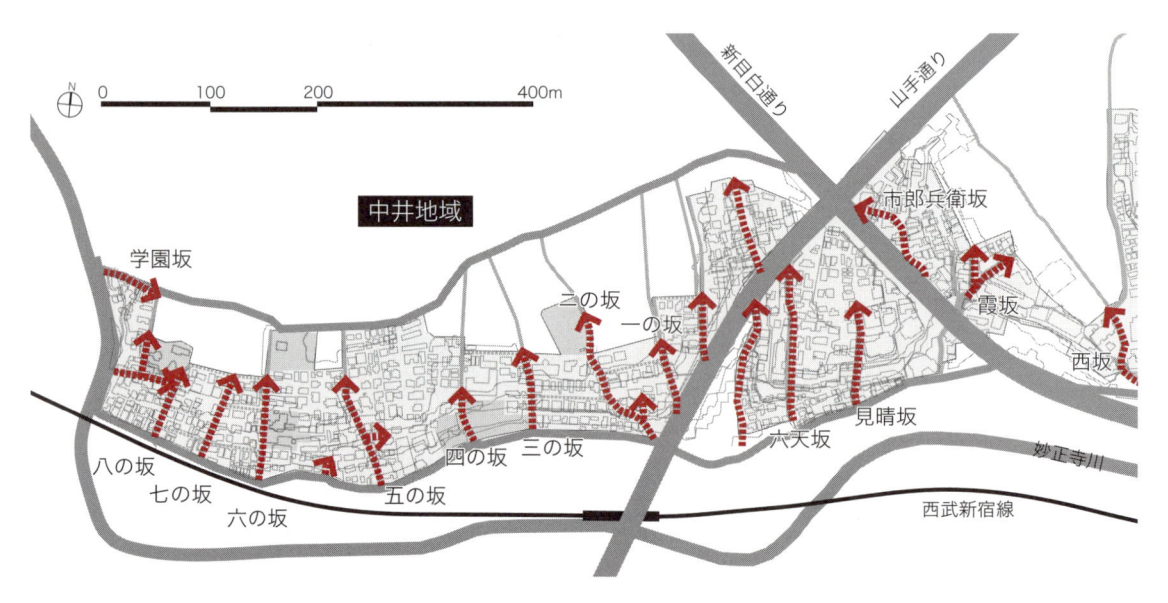

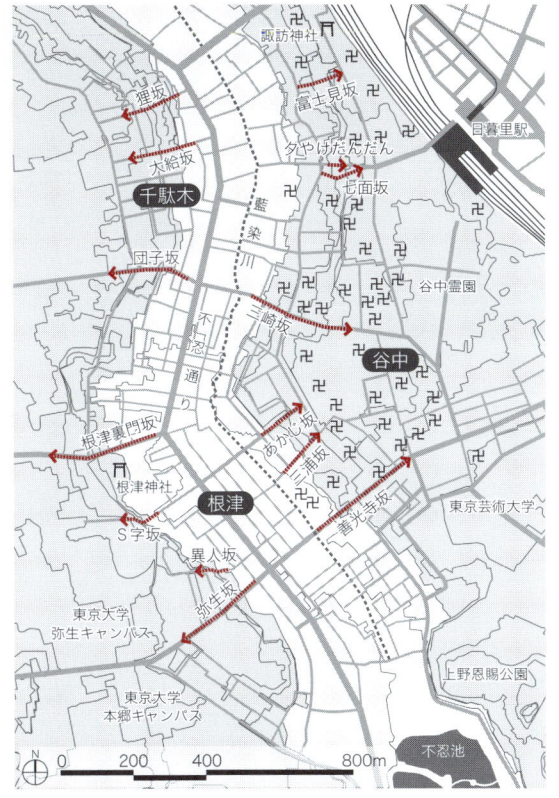

図1-22 谷地を介して接する谷中と根津・千駄木

通称「谷根千」と呼ばれるこれらの地区は、現在は不忍通りを中心に両側に広がるように見えるが、地形を読み解くと、谷地を走る藍染川（現在は暗渠化され、通称「へび道」と呼ばれる）が骨格となり、現在も台東区と文京区の境界となっている。藍染川から東側に広がる台地には寺院群が集積する谷中、南西には根津神社の門前町を中心とする根津、北西にはかつて武家地と農村が接していた千駄木が連なり、谷地の両側に形成された個性的な坂道がこれらの界隈を束ねている。

る領域の単位は、生活者にとっても親しみやすいものとなる（図1-22）。

高低差のある土地をつなぐ坂道は、それ自体が斜面地の領域を束ねる存在にもなり得る。その具体的なあり様は、坂道が通された時代や土地の文脈により多様である。

新宿区の目白崖線は、江戸の郊外を流れる妙正寺川・神田川の左岸（北側）に沿って形成された連続的な急斜面地であり、かつては川沿いの低地部には農地が広がり、台地上には街道筋を中心に町場が形成されていた。

現在の地図で低地と台地をつなぐ坂道を見ると、山手通り東側の落合地域では折れ曲がりの多い不規則な線形の坂道、西側の中井地域では直線的な坂道が多いことに気づくだろう。

前者は近世の農村の時代からの道であり、現在も斜面に樹林地を擁するなど、台地上と低地との「結界」としての性格を読み取ることができる。一方、後者の坂道の多くは、関東大震災後の郊外化の中で、南斜面の近代住宅地としての潜在的価値が見出される中で切り開かれた。東西方向に並行するように配された八本の坂道には、東から順に「一の坂」から「八の坂」まで、いわば合理的に番号が割り振られている。

これらの坂の大半は、近代の造成技術による斜面の宅地開発に伴って整備され、直線の坂道と

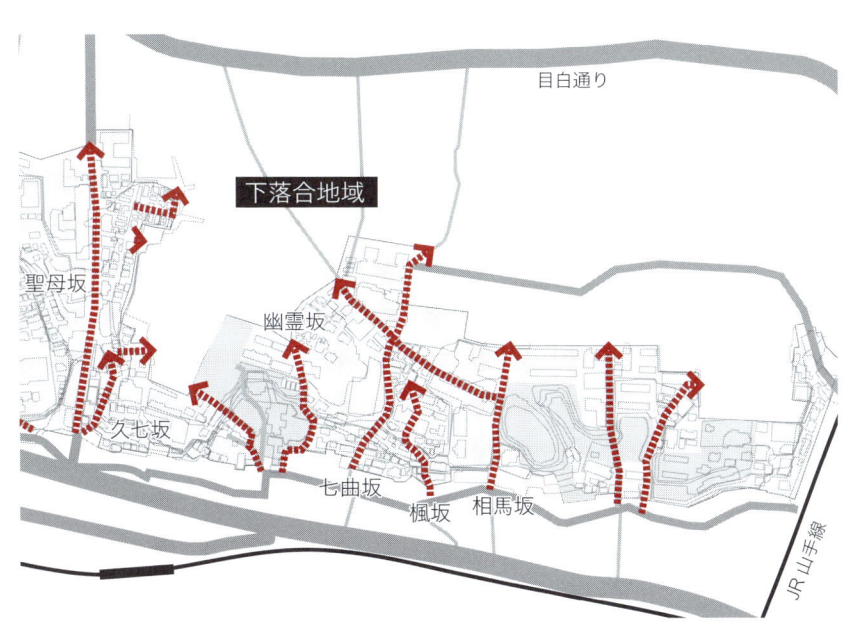

図1-23 落合の坂道

妙正寺川に沿って東西に走る新宿区落合付近の目白崖線には、川沿いの低地と北側の高台を結ぶ幾筋もの坂道が通されているが、山手通りの東側と西側で線形が異なる。江戸時代の農村の名残をとどめる東側の坂道が、傾斜に応じて不規則に折れ曲がり、その場所に固有の名前がつけられているのに対し、近代の住宅地開発に際して整備された西側の坂道は直線的であり、名前には1から8までの番号が機能的に割り振られている。

3 地形が領域を生み出す

図1-24　函館の坂道（左から日和坂、八幡坂、基坂）
函館山を背にした函館のまちを歩くと、近代の発展を映し出す斜面地の町並みとともに、坂道の北側前面に広がる函館湾と亀田半島への眺望が、この界隈の固有の立地環境を印象づける。

なっているが、このことが示すように、中井地域の崖線は、単に台地と低地を隔てる「結界」である以上に、一体的に宅地化された「領域」をなす斜面地であると言える（図1-23）。

斜面地における密度高い居住地の形成は、谷間や河岸段丘の限られた土地の上に古くから集落や都市を発達させてきた多くの地域に共通するものであるが、一つの典型は港町であろう。

古くからの港町では、中世から近世・近代へと時代が移り変わる中で、交易の拡大と、海水面の変化にも応じながら、港を宿した湾を取り巻く地形の中に、密度高く領域が織り込まれている。信仰の拠点として比較的高所に据えられた寺社と、物流の拠点である港を結ぶ方向性に加え、町の多機能化とともに海岸線（等高線）に沿って領域が重層し、斜面地に市街地が拡充していった（岡本哲志『港町のかたち　その形成と変容』）。

北の開港地として近代以降大きく発展した函館の礎は、近世に箱館山の麓に築かれた。海岸から山側に向かって、港、商人町、職人町、花街、神社が層をなすように連なる基本構造は、明治11年、12年の大火を経て街区が碁盤目状に整えられ、社寺の移転や新たな用途の受容を伴いながらも継承されている。

現在でも市電通り（旧亀田街道）を基軸に、等高線に並行する道に沿った領域のまとまりが見られる一方で、それに直交する坂道には、「船見坂」「幸坂」「基坂」「日和坂」など、それぞれの坂の由来や特色に基づく名前が与えられ、坂を軸とし

た領域のアイデンティティも見出される。両者の軸のもとにそれぞれの界隈が位置づけられるとともに、北東へ向かって下る坂道の正面には、いずれも函館湾・亀田半島と背後の山並みを望むことができる。こうした眺望の共通性は、斜面地に広がる「坂のまち」に個性と一体感を与えている（図1-24）。

◆焦点を生む微高地

比較的平坦な地形の中に居住地を構築する際にも、土地のわずかな高低差を機能的・象徴的に利用する術が培われてきた。稲作農耕を営むため河川の氾濫原に住みついた人々は、洪水の被害を最小化しながら水の恵みを享受するため、河川が形成した小高い自然堤防の上に集落を営んだ。弥生時代の集落の遺構が見つかるのは、しばしばこのような場所であり、近世以前に形成された平野部の集落の立地にも共通するものがある。

石川県手取川の扇状地には、微高地を利用した「島集落」と呼ばれる散村が残され、当初の形態を伝えているが、河川改修と都市化が進むなかで、こうした場所は市街地の中にすっかり埋もれてしまったものも多い。それでも、わずかな高低差をつなぐ坂道の存在によってかろうじて気づかされる場合や、特徴的な地名にその名残を見出せる例もあるだろう（図1-25）。

周囲より高く盛り上がった土地は、統治者が居を構える場所としても利用されてきた。東北・関東地方には「館（舘）」のつく地名が見られるが、

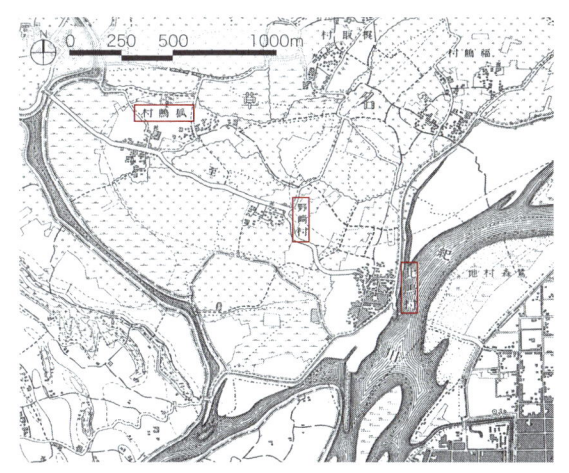

図1-25　紀の川沿いの氾濫源集落（明治期の2万分の1仮製地形図より）
和歌山市の紀の川右岸（北側）には、氾濫時に島状に浮かび上がったことを伝える「北島」「孤島」や、かつて岸辺であったことを示す「貫志」、陸地の端部であったことに由来する「野崎」など、河川の氾濫源であったことの名残を示す地名が見られ、微高地に集落が築かれていたことを伝える。

図1-26　足助陣屋跡
中馬街道沿いの宿駅として発展した足助は、17世紀に旗本・本多氏の知行地となり、街道が鉤型に折れ曲がる町の中心の山寄りに陣屋が置かれていた。跡地には明治期に東加茂郡役所が設置され、現在は県の施設（写真正面の建物）が立地している。

多くは中世に一帯を支配した豪族の居館に由来すると言われる。

　それらの館はしばしば平野部を望む小高い山や丘陵などの上に築かれ、戦国期から近世にかけての丘城・平山城や平城の原型ともなった。近世に築かれた城郭は、遠方からも視認される天守を小高い城山の上に戴き、領国のランドマークとしての存在感が演出されたが、それらに次ぐ統治の拠点として、藩領内には陣屋が、幕府直轄地には代官所などが設けられた。

　地域の要所に配されたこれらの屋敷地は、繁華な町場からやや距離を置いた小高い場所に立地し、近代以降は役所や学校等の公共用地へと転用され、地域空間における象徴性が少なからず継承されている例もある（図1-26）。

　微高地は古くから聖域として見出され、神社や寺院が立地する例が各地に見られるが、出雲大社の手前に位置する「勢溜」は聖域の正面玄関としての象徴性が付与された事例である。海岸から続く砂丘地形の一角をなし、周辺から浮き立つこの微高地は、島根半島の北側に連なる山並みを背に南面する出雲大社からさらに500mほど南下した場所に位置する（図1-27）。

　出雲大社への参詣道は、その南西方向に形成さ

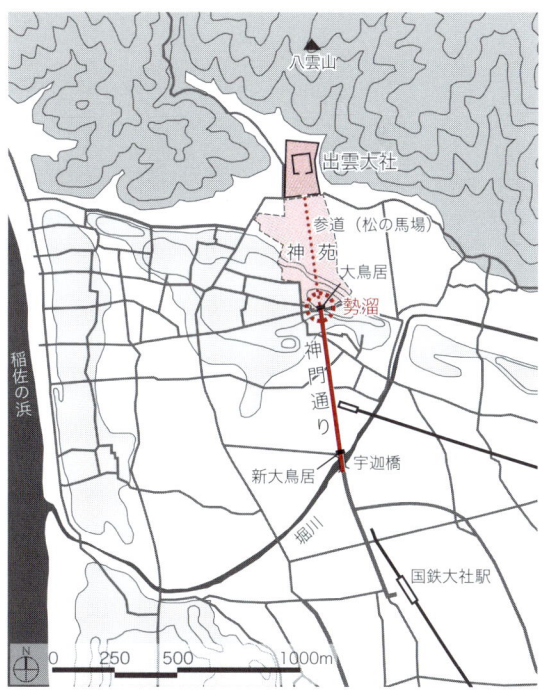

図1-27　出雲大社の参詣道と勢溜
出雲大社神苑の南限にあたる勢溜は、近世後期に築かれた鳥居下の広場であるが、小高い丘には聖域の正面玄関に相応しい象徴性が備わっており、その潜在力を強化するように、近代には勢溜を焦点とする一直線の参詣道（神門通り）が整備された。

れた古くからの門前町を経由するルートが主であったが、近世後期に至り、この微高地から大社へ向かう新たな参道（松の馬場）が整備され、聖域の新たな入口となった。勢溜には、門前のハレの賑わいを象徴する広場状の空間が生み出され、芝居や富籤が行われた。やがて東側から勢溜に至

る参詣道も開かれ、新たな門前町が形成されるなど、この場所には四方から道が集まるようになるが、さらに近代に至り、この地形の象徴性を視覚化する空間整備が行われる。

明治末年の鉄道（国鉄大社線）の開通により、勢溜から約1km南に設けられた大社駅からの新たな参詣道が整備されるが、これは松の馬場の軸線を、さらに600m南を流れる堀川まで一直線に引き延ばすこととなった。

川には擬宝珠を備えた宇迦橋が架けられ、篤志家の寄進により、北詰には鉄筋コンクリートの大鳥居が建ち上がる。直線道の両側には松並木が添えられることで、大正期にかけて小高い勢溜をアイストップする近代のヴィスタがもたらされた。

「神門通り」と名づけられた新たな表参道は、やがて沿道に旅館や店舗、さらには新たな電鉄の駅を引き寄せ、大社門前のシンボルストリートとなっていくが、遠方から出雲大社を訪れる人々に、古来の聖域の広がりを想像させる壮大な演出は、その焦点に据えられた微高地を手がかりに構想されている。

◆水際の斥力と引力

古来、幾多の都市が川沿いや河口部に発展してきたことで、川や水路は必然的に、都市や地域内外の領域を区分する。川は地形の起伏に比べてより強固な障壁であり、隅田川を介して武蔵と下総にまたがることから名づけられた「両国橋」の例に見られるように、陸上の行き来を限定する川は、古くから地域の境界線となってきた。

より細やかなスケールでも、住民以外は通らないような、幅員が狭く不規則に折れ曲がる道が、行政区域の境になっている場合がある。これらの多くは、地形の等高線や、その最低位を走る水流に定められた近代以前からの村や町の境界である。

文京区根津の不忍通りの裏側を、細かく幾度も折れ曲がりながら走る通称「へび道」は、本郷台と上野台の谷間を不忍池へと下る藍染川が暗渠化したものである。この細い流路は、根津と谷中という二つの界隈を区分し、現在は文京区と台東区の行政界にもなっている。

前者は谷地に計画的に町割りされた根津神社の門前町、後者は斜面地から台地上にかけて配された寺院群を取り巻く寺町として、敷地の細分化が進んだ今も異なる雰囲気を持つが、その境界がへび道にあるということにも納得がいく。こうした事実からは、土地に住みついてきた先人たちが、地形をなぞる水流にいかに注意を払いながら、互いの生活領域を画してきたかが理解される（図1-22）。

近世までに河口部に発達した多くの都市では、海・川から舟運ルートを引き込んで堀や運河を張り巡らし、それらの水路網を跨ぐように市街地を拡張させていった。水の流れは、都市を構成する地区や界隈を細やかに区分け、橋がそれらを結節する役割を果たした。

上町台地の西側に広がる低地に商業地を発達させた大坂の城下町では、大川（旧淀川）の流れをもとに縦横に開削された、15本もの堀が「水の都」を体現していた。現在は道頓堀川や東横堀川に名残をとどめるのみだが、船場界隈に受け継がれる「橋」や「堀」の名のつく通りや「島之内」といった地区の名称には、かつての水路に囲まれた領域性が刻印されている。

川や水路が有する、領域を「区切る」という役割に着目するならば、それらによって明確に区切

図1-28　中之島の俯瞰写真

明治中期に大阪初の都市公園として中之島公園が整備されて以降、大正期には中央公会堂や市庁舎、銀行や新聞社等の近代建築が集積し、御堂筋が開通する昭和初期にかけて、淀屋橋をはじめとする近代橋梁が架けられることで、水辺に囲まれた領域の個性を最大限に活かした近代都市のシビックセンターとして発展した。

られた都市の一郭には、ときに特別な性格を備えた界隈が成立する。

　大阪においては、現在も水の都としてのアイデンティティを強く印象づける「中之島」の存在は、一つの象徴的な例であろう（図 1-28）。堂島川と土佐堀川に挟まれ、近世に蔵屋敷が建ち並んだこの地区は、近代の土地利用の転換の中で場所の固有性が見出され、公園、図書館、公会堂、市役所などの公共施設を集積させた個性あるシビック・センターとして確立した。

　同様に、福岡の繁華街として知られる「中洲」も、文字どおり那珂川に形成された中州の上に広がる地区である。この地区の場合は、もともと那珂川を隔てて相克してきた港町・博多と城下町・福岡という二つのまちの、いわば緩衝地帯に成立している。両地区を媒介する界隈であるとともに、互いの周縁性が重なりあうこの場所は、水辺に囲われた異界としての条件を備えていたことで、今日の歓楽街へと発展していった（図 1-29）。

　一方で、都市の発展と密接な関わりを持つ川は、両岸の領域を「引き寄せる」存在にもなり得る。

　吉野川のデルタ地帯に位置する城下町・徳島は、水系と領域形成との関わりがより顕著に見られる都市である。徳島城を中心とした領域は、新町川と助任川によってぐるりと取り囲まれ、その形状から、近年は「ひょうたん島」の愛称で親しまれている。

　その点に着目し、前述のような完結した領域性を捉えることも可能であるが、外濠の役割を果た

図 1-29　中洲の水辺
文字どおり那珂川の中州に築かれた中の島町を中心とする界隈は、藩政期に城下町・福岡と町人地・博多の境界に位置する繁華街として整備され、明治期以降、芝居小屋や検番、料亭、映画館などが集積し、歓楽街の基礎が築かれた。夜の水辺に映し出されるネオンの光は、現代の異界性を表象する。

図 1-30　徳島市・新町川周辺
新町川の親水公園とともに整備されたボードウォークは、川に背を向けた都市生活のあり方に対し、水辺を舞台とした賑わいを再生する場となることで、都市の魅力を創出する役目を果たしている。水系に取り囲まれた中心市街地は「ひょうたん島」と名づけられ、様々なイベントや周遊船運航など、水辺をまちのアイデンティティとして活かすまちづくりが展開されている。

3　地形が領域を生み出す　49

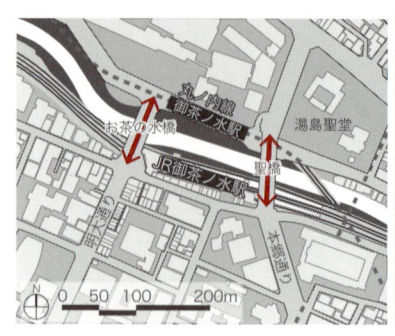

図1-31 お茶の水周辺
江戸時代に開削された深い渓谷は、鉄道をはじめとする交通結節点を内在させることで、地形と交通インフラが一体となった特徴的な風景を生みながら、お茶の水界隈を束ねる中心的な場所となっている。

した新町川は、藩政期には徳島産出の藍を載せた多くの舟が行き交う物流拠点でもあった。近代から戦後へと、舟運が衰退し、高度成長期の都市化の中で、一度は市街地を区分する水流としか見なされなくなった新町川が、水辺の潤いを取り戻すまちづくりの展開により再生された物語は有名である。

新町橋から両国橋にかけて、左岸には水際公園が、右岸にはボードウォークが、中間地点にはふれあい橋が整備され、マルシェ等のイベント時には両岸が一体的に利用されるなど、都市の賑わいを呼び寄せる中心軸としての潜在力を発揮している（図1-30）。

一方、隔絶された両岸を結びあわせる例として挙げられるのが、東京・お茶の水付近の神田川である。この区間は、江戸の治水と舟運のため、隅田川へ向けて本郷台地を開削して築かれた人工の渓谷である。大地に深く刻まれた渓谷は、両岸を隔てる強固な障壁であったとも言えるが、近代に至り、右岸の空間を利用して甲武鉄道(現中央線)が敷設され、御茶の水の駅が設置されるとともに、お茶ノ水橋、聖橋が架けられる。戦後には対岸に地下鉄丸ノ内線の駅も開設され、地形に組み込まれた交通インフラが両岸の往来を活発化させることで、機能・イメージの両面において、お茶の水の渓谷は両岸をつなぎあわせる地域の核となっている（図1-31）。

同様に、中流域で仙台市の中心部付近を流れる広瀬川も、都市と接する渓谷地形を有する。築城に際し、広瀬川を挟んで右岸の青葉山が城郭、左

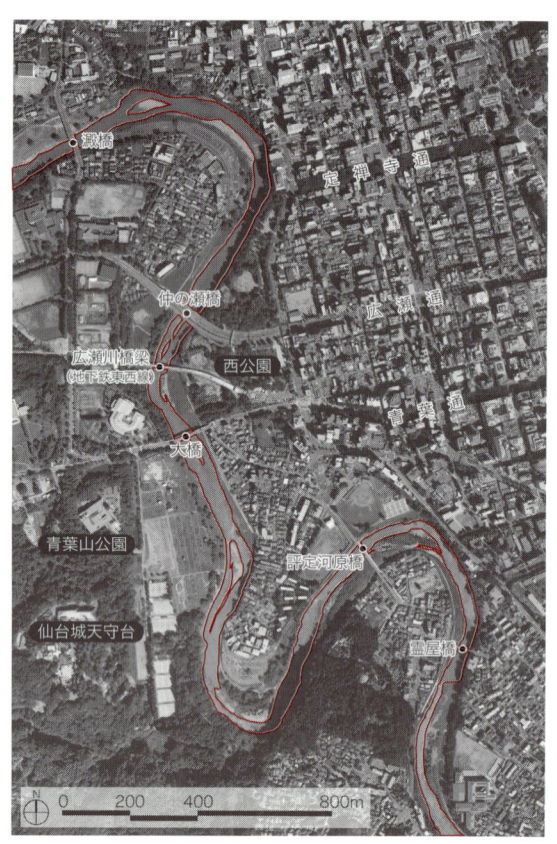

図1-32 仙台市の中心部を流れる広瀬川
仙台市では、市街地と青葉山を結ぶ地下鉄の建設工事に伴って、西公園を含む広瀬川の両岸では公共空間の再整備が進められている。都市（城下町）と森（自然・城郭）を隔ててきた広瀬川の両岸が、多くの市民や来訪者が憩い、集えるような緑豊かな連続的な公共空間となるならば、一帯は「杜の都」を象徴する場所の一つとして再生されるであろう。

岸の河岸段丘上に城下町が築かれ、城を防御する外堀として見出された広瀬川は、都市との境界を示す天然の障壁であった。

明治に至り、城郭は軍用地へと転用されるが、

戦後には大学キャンパスや美術館、会議場等の公共施設が集まり、市民にも開放される空間となった。まもなく両岸は新たな交通路（地下鉄）で結ばれることとなるが、渓谷を介した個性豊かな風景は、両岸の行き来が活発化することで多くの人々の目に留まり、杜の都のイメージの拠り所の一つとなる可能性がある（図1-32）。

3・2　微地形と人為的基盤

◆領域の囲繞

　人々の生活領域を物理的に囲い込む手法は、古くからある都市・集落の基本的な構成技法である。外敵の侵入に備えるため、欧州や中国の歴史的都市では、堅牢な城壁で市街地を取り囲む形態が、歴史的に確立されてきた。

　我が国においては、軍事施設としての城郭や城下の一定の領域を、堀（濠）や石垣、土塁などで取り囲む手法が近世にかけて発達し、「総構（惣構）」「総曲輪」などと呼ばれた。前節でも触れたように、丘陵や微高地といった自然地形は、築城の際の重要な基盤となり、その上に石垣などの人工物が加えられた。

　その外側を囲繞する堀も、自然河川を巧みに利用し、そこからさらに水路を引き込むなど、当時の土木技術の粋を集め、人為的に構築された地形的基盤である。旧城下町では、近代化の過程で外堀や内堀が埋め立てられ、かつての遺構が失われる一方で、残された掘割が、現在も都市の領域を区分ける境界として受け継がれている場合も多い（図1-33）。

　特徴的な土塁を築いた例として、弘前の禅林街を挙げることができる。弘前城下の裏鬼門となる南西の守りを固めるために配された長勝寺のもとには、その山門へ向かう一直線の道に沿って曹洞

図1-34　弘前・長勝寺構の土塁
弘前城下の惣構の一角（外曲輪）として位置づけられた長勝寺構では、寺町を取り囲む土塁や入口の枡形など、藩政期に築かれた防御施設の形態を現在も見ることができる。

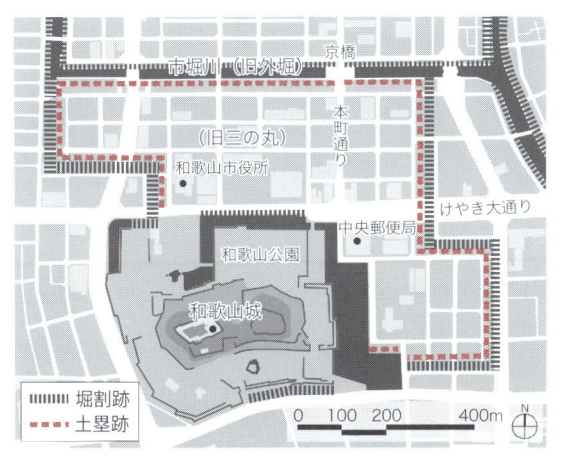

図1-33　和歌山・市堀川
城下町和歌山には、紀の川と和歌川との間に外濠として開削された堀川（現・市堀川）を中心に、城郭を取り巻く掘割が枝分かれしていた。大正期から昭和初期にかけて埋め立てが進んだが、現在も市堀川や真田堀川が城下の水系を伝えている。

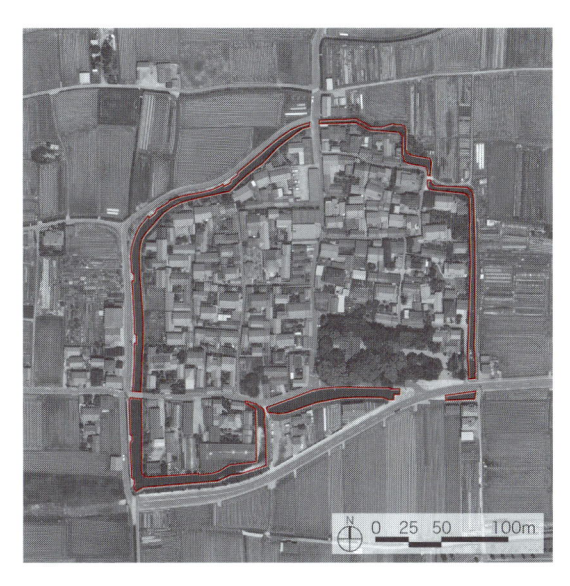

図1-35　稗田環濠集落
かつて大和平野に多く見られた環濠は、中世に集落の自衛のために築かれたとされるが、江戸時代以降は灌漑用の水路・貯水池として利用されてきた。稗田環濠集落は現在もその形態と機能を維持している数少ない例である。

図1-36 富田林寺内町の土居（左）と街路景観（右）
石川の河岸段丘上を利用して戦国末期に開かれた富田林寺内町は、高台に築かれた町割の周囲に土居（土塁）や堀を巡らして自治的な都市を形成し、後に在郷町として発展した。現在も土居の遺構を伝える石垣が残り、寺内町の内部には「当て曲げ」と呼ばれる街路の食い違いが多く見られる。

宗の寺院が集められた。「長勝寺構」と呼ばれる防衛拠点は、もともとここにあった茂森山を崩して築かれたものであり、今も寺町を囲むように、高さ3mほどの土塁が連なり、北側の住宅地との間を隔てている（図1-34）。

中世に発達した「環濠」を有する集落や都市は、濠の内側に塀が巡らされ、欧州の都市のような防御的形態を有する（図1-35）。

長大な環濠を築き、戦国期に自治都市として独自の発展を遂げた堺のほか、西日本に多く発達した寺内町も、今井（橿原市）のように環濠を備えたものや、富田林のように丘陵や段丘地形を利用しながら、石垣や土塁で居住地を取り囲むものが多い。内側の領域には、細かな敷地割りや、枡形や屈曲により視覚的に閉ざされた通りなどによって、密度高い都市空間が構築された（図1-36）。明示的な囲繞装置の存在は、その中に暮らす人々の間に強い連帯意識を育んだと言えよう。

囲繞された領域には、聖域や遊里などの「異界」の例も見られる。日常世界と区別するため、これらの領域の周りにも、堀などの境界要素が構築された。

水辺で囲まれた神社境内や古墳、あるいは先に触れた福岡の中洲のように、島状の自然地形を利用した異界もあるが、かつての洲崎遊郭や、長崎の出島など、水際に人工的な基盤を造成することで、非日常世界を囲い込むことも行われた（図

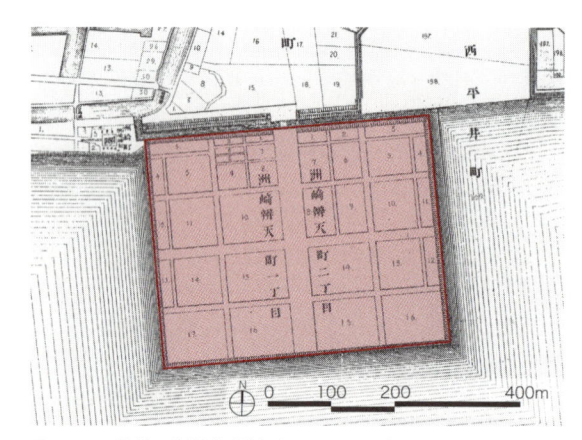

図1-37 戦前の洲崎遊郭付近（明治28年『東京実測全図』）
東京湾に面するこの地は、江戸時代には景勝地であり、明治半ばに根津から移転してきた遊郭を受け入れるため、洲崎弁天の周囲に広がる湿地に区画が造成された。遊郭は水路（洲崎川）によって隔てられ、洲崎橋を渡った先には遊里の入口を象徴する大門が設けられていた。

1-37）。現代の人工島を利用したテーマパーク等の娯楽施設も、そうした囲い込み領域の系譜の上に位置づけることができるだろう。

◆水防と防風の構え

人々の居住環境を、ときに猛威を振るう自然現象から防護することは、集落や都市を構築するうえでの根本的な命題と言える。先人は自然地形の中に安定した居住適地を見出すだけでなく、さらに人為的な構造物を加えることで、自然環境に向き合うための空間基盤を築いた。

とりわけ生存に関わる水との向き合い方は、土

図1-38 志木市・荒川流域の水塚
荒川と新河岸川に挟まれた低地に位置する志木市宗岡地区には現在も多くの水塚が見られ、それらを覆う木立ちとともに、特徴的な田園風景を形づくっている。

図1-39 川島町の「ごんぼ積み」
かつては洪水対策のために多く築かれたごんぼ積みも、治水技術の進展により減少しつつある。各務原市では川島地域のごんぼ積み集落の景観を保全するための景観計画を策定している。

図1-40 女木島のオーテ
漁業を生業とし、地下水を得て生活を営むためには、強い潮風を受ける海岸部に住まいを構えることは必然的な選択であった。強固に築かれた防風石垣は女木島の人々の風土への向き合い方を象徴している。

地利用や敷地形状を直接的に規定する場合がある。利水を前提とした農地の開墾のためには低湿地が好まれ、古くから自然堤防などの微高地が利用されてきたことは既に触れたとおりであるが、治水技術の進展とともに大規模な堤防が築かれるとともに、個別の敷地レベルでも、人為的に微地形をつくりだすことで、水害に弱い土地条件を克服しようという工夫がなされた。

関東平野の利根川・荒川流域に見られる「水塚」、濃尾平野の輪中地帯に見られる「水屋」などは代表的な例である。これらは敷地レベルを盛土により部分的にかさ上げし、その上に家の財産を守る倉などを配することで、水害に備えるためのものである。倉を取り囲むように配された樹木や石垣によって景観的にも特徴づけられる水塚は、山々を遠望する平野部の農村風景のアクセントをなす、特徴的なランドマークとなっている（図1-38）。

木曽川の中州に形成された岐阜県各務原市川島町では、水害への応答の工夫が凝らされた、密度の高い集落形態を見ることができる。幅員の狭い路地に沿った各敷地は、「ごんぼ積み」と呼ばれる丸石を重ねた基壇によって底上げされるとともに、敷地内への入口を限定し、道に沿って家屋の壁面が巡らされるなど、水の浸入を最小限に食い止めるためのより徹底した工夫が見られる。まちの基盤となる微地形が計画的に生み出された事例である（図1-39）。

和歌山県の紀伊大島、高知県の室戸、香川県の女木島など、西日本の沿岸部には、強風や高潮などから集落を守るため、石垣等の防護壁で敷地を包み込む手法が見られる。

女木島の「オーテ」と呼ばれる石垣は、冬期に強まる西風から家屋を防護するための構造物であり、風向きに対して各戸をコの字型に覆うように築かれている。南を防護する構えを有するが、これは島に向かった西風が、地形の影響で向きを変えて海面にたたきつけ、海水を孕んで南から吹きつけるためであると言う。海岸沿いには4mに及ぶ石垣が連なるが、海岸に道路が築かれる以前は直接波を受ける位置にあり、防潮の役割も果たした。自然地形と気象条件への向き合い方が、閉鎖性のある強固な囲繞形態を生み出した例である（図1-40）。

◆住まいの微地形

人為的な敷地のかさ上げは、街路との間に高低

図1-41　出水麓武家屋敷の基壇
「高屋敷」と呼ばれる出水麓の武家屋敷群は、緑豊かな屋敷地を支える野石積みの石垣に特徴づけられる。現在は小学校となっている旧御仮屋の敷地にも、武家門と石垣の基壇が受け継がれている。

図1-42　東京の近代住宅地の基壇
かさ上げされた敷地を支える基壇の石積みには、地域性も映し出される。近代以降に開発された東京周辺の住宅地では、栃木県宇都宮市で産出する大谷石を多く目にすることができる。

差を設けた屋敷地をつくりだす手法としても用いられてきた。

　鹿児島県内には「麓」と呼ばれる旧武家町が存在する。藩士を領内に分散定住させる薩摩藩の外城制度のもとで築かれた屋敷町は、その名のとおり、中世山城の麓を利用して築かれた。「高屋敷」とも呼ばれる出水麓の武家屋敷は、東西を二つの河川に挟まれ、南に城山を控えた小高い台地上に位置する。肥薩国境を固めるため、防御を強く意識した空間構成は、前述の立地特性とともに、街区単位においても見出すことができる。

　起伏のある地形を整地して築かれた格子状の街区は、街路面より高くなっており、屋敷地の法面は野積みの石垣によって固められ、その上を生垣が取り囲む。それらの敷地に上がるための階段と門は、場所を限定して穿たれ、有事の際にはそれぞれの門を閉ざすことで、街区全体が一つの陣地となるように設計されている。こうした防御の知恵に由来する敷地の構成は、手入れの行き届いた生垣や庭木と相まって、落ち着きと静けさの中に佇む歴史ある住宅地の基調をなしている（図1-41）。

　武家の佇まいに見られる、家屋の周りに庭を配した屋敷地の構成は、近代以降の住宅街へと受け継がれる。その際に、道路から居住空間のプライバシーを緩やかに守るため、住宅の敷地（庭）レベルを道路面より上げることで、良好な居住環境を確保する手法が普及していくこととなる。近代に住宅地として見出された高台斜面地の造成に際して生み出されたものも多く、その意味では自然地形への応答の中でもたらされた人為的な要素である。

　敷地の上に立つ住宅には、多様な様式が見られるようになるが、戦前からの郊外住宅地などでは、敷地の基壇に地域で産出される石材が用いられた。たとえば、関東に多く見られる大谷石の石積みと、そこに切り込む階段の取り合わせによる基壇は、住宅地の景観に一定のまとまりを与えている（図1-42）。

　居住地の基盤をかさ上げする手法は、20世紀に至り、大規模な造成工事により大がかりな地形の改変を伴うようになる。地形の起伏よりも大きなスケールを持つ超高層建築物や、コンクリートによる人工基盤の上に建築物を載せ、居住空間を大地から分離する技術が導入されるようになると、地形とは独立した形で、居住地を構築することが可能かのような、建設技術への過度な期待も醸成されていった。

　しかし、大地の佇まいを軽んじて構築された生活環境が、実際には脆い基盤に依って立つ、砂上の楼閣とも言える状態に置かれていることは、昨今の東日本大震災をはじめとする自然災害が示している。地形との細やかな応答のもとに居住地を築いてきた先人の技法から学ぶべき点は多い。

第2章 街路を配する

　街路なき都市は存在しない。都市をつくるとは、街路をいかに配置し、形づくるかということが基底にある。このような言い方をすると、「街路を配する」ということは為政者や計画者によるトップダウン的な都市建設を思い浮かべるかもしれないが、それだけではない。各自の家、敷地の前面部をどのようにつくるかという視点に立てば、多くの都市住民の個別の行為の積み重ねが集合知的に表現され、街路を切り拓き、新たな意味を帯びて特色ある街路が生み出されることもある。

　「街路を配する」ということを路上から詳細に観察してみると、必ずしも明確な意志に基づいて、街路が計画され、実現しているのではないことに気がつく。そして一度築かれた街路から読み取られた様々な状態、条件の中から、街路空間そのものに新たな意図を見出され、都市が形成されていくことでもある。

　街路に面してあらゆる建築、施設は立地している。これらの群を、都市からのまなざしで眺めるということは、多くの場合、背景とも言える街路から眺めていることになる。その際、街路の形態は、建築間の関係を方向づけ、導くことで、界隈に役割や意味を付与している。

　都市空間の構想力について論じるうえで街路の持つ意味を空間に沿ってトレースすることは、基本的な思考方法になるだろう。ある線形の街路が、都市にどのような意味を与え、どのような活動が喚起されているか、複数の街路の組み合わせがどのような都市を構成しているか、空間から読解する。人類が積み上げてきた都市の歴史を引き出しつつ、現場を歩き、往来の流れに身を委ねることから都市を構想するという行為がはじまるだろう。往来の体験のトレースを通じて、「街路を配する」という構想を体験することからはじめたい。

1 都市を編み上げる

道はどのようにつくられてきたのか。それは、通るのに都合の良いところに生じるケモノ道からはじまり、やがて人の往来の積み重ねが、道をさらに固く踏みしめ、街道をつくり上げていく。人が都市の原形となる集落を生み出した時代から幾年月の往来が道を街道として磨き上げていった。本節では、街路のあり様から都市へ指向する構想力を読み解き、街路の発生から人為的な設計まで整理し、街路の形成とその立地、複数街路を編集してつくる街路網などから都市構造を俯瞰する。

1・1 地形や歴史を折り込む

◆尾根道と谷道から派生する

過去より道の発生は、人の往来によって生み出される。そして自然に地形をトレースするような人の歩みによって、形づくられ、醸成される。急峻な地形を行き来する際に人は、斜面に直交せず、蛇行しながら歩を進める。そうした蛇行の軌跡が幾重にも重なり、道が形づくられる。また、一方で人は用がなければ、わざわざ起伏のある道を何度も行き来して移動することはない。なるべく、一定の高さで目的地に向かいたいと考えるものである。そうした中で、起伏のある地形で、ある一定の高さで築かれる道として、尾根道と谷道が生まれる。

東京は、地形と街路の関係を読み解くうえで格好の都市である。東京大学にほど近い文京区後楽園周辺を歩いてみると、実に多くの尾根筋、谷筋が通っている（図2-1）。高低差に変化の少ない道は当然ながら移動しやすく、それらをつないで尾根道と谷道がつくられる。本郷の向ヶ丘の台地は、神田川の北側に位置する台地であり、川際に小石川後楽園がある。舌状台地になっている向ヶ丘の台地の中央部には、尾根道として本郷通り（中山道）が通っている。本郷通りの尾根道と並行に入り込んだ谷道には、白山通りが通っている。本郷通りの東側の台地を降りた縁を走るのは不忍通りである。文京区の西側の護国寺の前を通る谷道は正に地形を活かした参道空間となっている。

近代に入り、交通の便を向上させるために、南北へ通る不忍通りから白山通りを結び、東西に横断できる道として春日通りがつくられた。春日通りは、2本の南北に延びる尾根と谷をつなぐためにつくられた道であることがわかる。また、これらの尾根から延びる支線を子細に見てみると、それぞれの尾根と谷が道路のネットワークをつくりだしていることに気がつく。

全体として見えにくい東京の構造も小さな地区レベルで見ると、地形を下地とした小ユニットによる道路ネットワークがまちをつくりだしている。そこでは、人々の往来や計画的意図による大きな地形を活かした尾根道や谷道があり、また、そこから延びる道には、地域の細やかな生活のためのネットワークが築かれている。

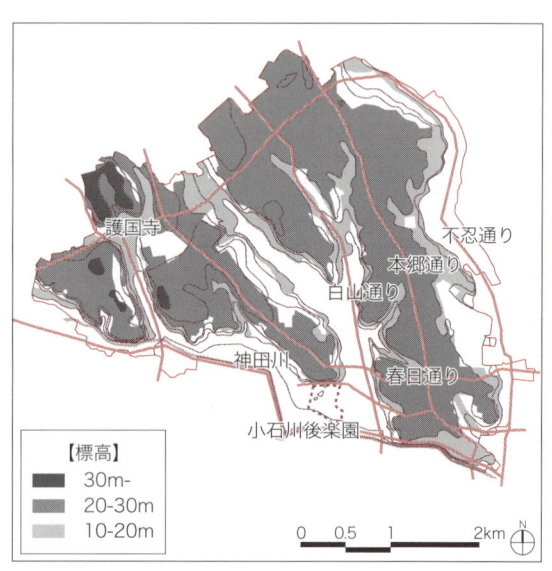

図2-1 文京区の地形と主要街路
尾根道と谷道の道路系統を読み解くと、地形に沿った街路の組み立てから尾根と谷の間の街路のネットワークを掴み取ることができる。

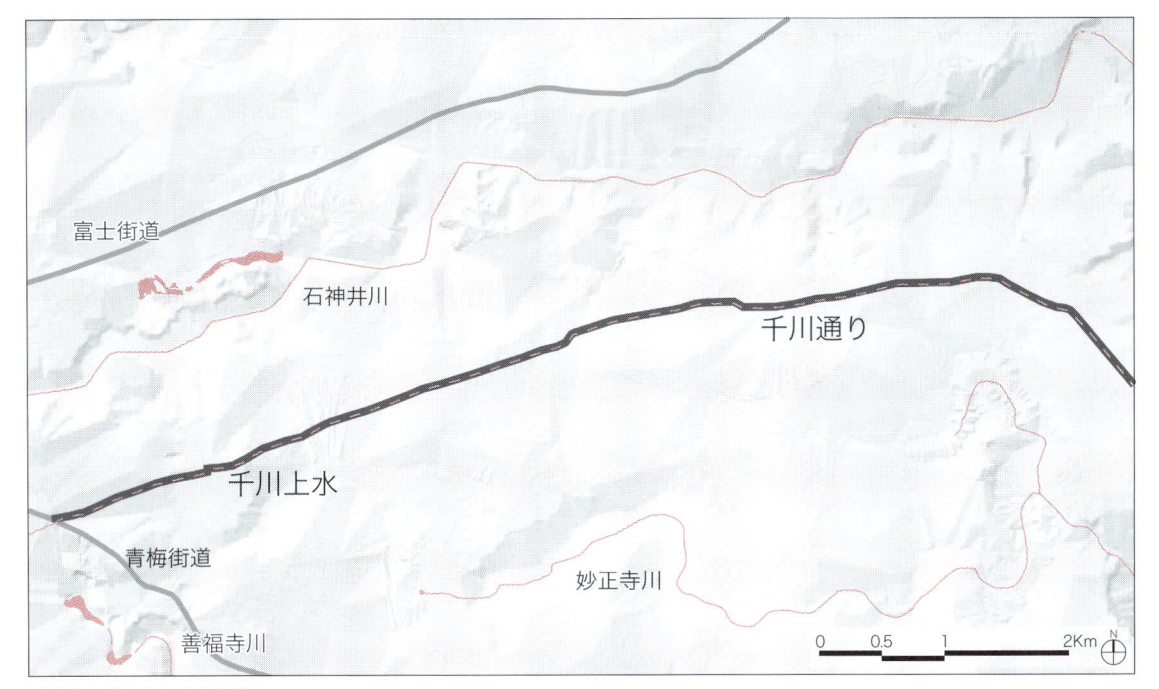

図2-2 千川上水の尾根道
千川上水は、石神井川、妙正寺川などの間に挟まれた尾根道沿いに流れる用水路で、街道（千川通り）に並走している。千川上水の街道沿いには集落ができ、上水から南北の低い農地には農業用水が配水され、ネットワークを形成している。

また、人はときに地形に寄り添い、ときに近道を上り下りして往来する一方で、水は高いところから低いところへしか往来できないという別な理念で編まれた道路が用水路である。これは尾根道を水源に近い高地から低地へ向かう道を採用している。宿場が置かれるような尾根道の街道筋には用水路が並行している場合が多い。用水路と地形に着目することで、地形を合理的に解釈することで、人の流れと農業や生活の用水がまちをネットワークしていることに気がつく（図2-2）。

◆織り込まれる街路

過去から流れる時間の中で、古い道筋をもとに派生的に形成された街路網は、一定のパタンを見出し難く、不規則なものとなる。そこには、街路網としての明快さは見られないものの、個別解を積み重ねるように形成された道の網目が、細やかな場の条件に応じた景を随所に生み出し、それらを多様に結びつける。網の目の細部に空間的・景観的アイデンティティが多様に織り込まれることで、界隈の表情はより厚みを持ったものとなる。

いかに不規則な街路網といえども、必ず「骨格」と言うべき道がある。それらの多くは、近世以前からの道筋であり、もともとは都市化されていない、農村の道であった。道は、離れた二地点をつなぐ機能と、一定領域を区画する機能を持つものであるが、骨格となる道は本来前者の性格が強い道である。

そして、離れた場所をつなぐ道は、まっすぐに引かれる必要はない。土地の微細な起伏などの条件に応じて引かれた結果、これらはしばしば折れ、曲がり、ゆらぐ。これらの沿道に建物が建ち並ぶと、時折前方の視線はまっすぐ抜けず、進みつつ先の風景を追うようなシークエンスが展開する。先が見えないながらも、続く道であることが予感され、そのことで、骨格となる道であることが認識される。また都市化が進むと、往来の多いこれらの道筋には店舗が連なり、近隣商店街としての様相を呈するようにもなる。景観的にも機能的にも、骨格としての特色を備えるのである。

一方で、骨格となる古い道筋には、随所で片側に横道が派生する。これらの横道は、骨格の背後にひとまとまりの領域を切り拓く。派生的な道が骨格を貫通することは稀であり、骨格に対してT

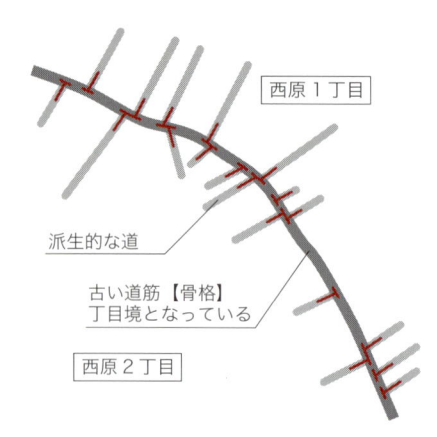

図2-3 骨格となる古い道筋に見られるT字路の連なり（渋谷区西原1〜2丁目の境）
もともとのゆらいだ農道が都市化されている過程で、古い道筋に派生して街路が延びていく。すると、元の筋道にはT字路が連続してあらわれる。旧道は集落を結ぶ道であり、T字路を折れずに進むと次の集落、まちへと通じる。

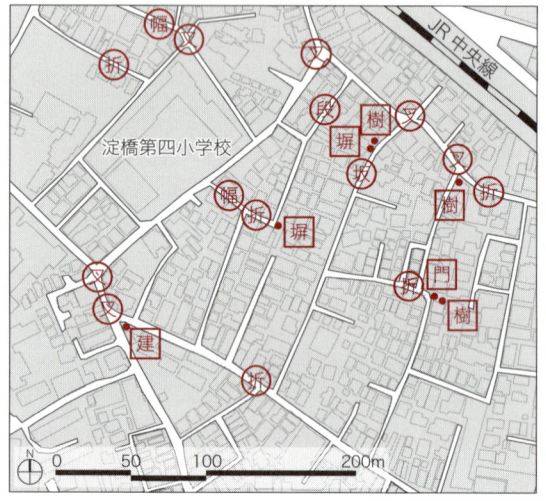

図2-4 不規則街路に織り込まれた微細なランドマーク（新宿区北新宿2丁目）
個々の条件に応じて漸進的にできあがった不規則な街路を歩いていると、全体の構造を一度に把握しづらいことが多い。しかし、そのような中で、小さいながらも何らかの印象を与えるランドマークによって、空間認識に手がかりを得ることができる。

字路の形態をとる（図2-3）。これは骨格をもとに、枝葉のように領域が取りついていることのあらわれであり、骨格に見られるT字路の連なりは、このようなヒエラルキーを明瞭に示している。

時を経て形成された街路網は、しばしば形成順序が自ずと道の性格を階層づけ、それが形態や景観に表出する。こうした界隈では、はじめて通る部外者は気がつかないような樹木や家の外壁や生け垣など、微細な目印によって、生活者は迷うことなく往来している（図2-4）。地形に応じた道の折れ曲がりや坂道など、特徴的な街路形状が、沿道の建物や構築物、樹木などの見え方にも影響し、これらにささやかなランドマーク性を付与するからである。

先ほどのT字路や道の折れ曲がり地点においては、視線が抜けず、前方をさえぎる要素が目に留まる。また、角地の建物や門構えなどの要素が印象を左右する。このようなランドマークは、都市の多くの人々に共有される公共的な存在とは限らない。むしろ、生活者が自らの行動経路の中で何気なく認識し、生活領域の手がかりとして捉えるような、微細な場の標（micro-landmark）と言える。不規則な街路網を平面の地図上で捉えると、これらの道筋は埋もれて見える場合もあるが、「骨格」として特色ある景の連なりを演出することで、実体験においては、街路網を統べる存在として浮び上がる。

◆履歴を刻む街路

現在の我が国の道路は、国から自治体に至る管理システムの下で、全国の道路が一元的に管理されており、国道以下、都道府県道・市区町村道別に、番号で呼ばれている。しかし、それらとは別に名づけられた道がある。中央集権的に近代以降の番号による管理がはじまる前から呼ばれ続けた

図 2-5　東京荒玉水道道路
合理的な配水のための直線道路はその幅員が広幅員でないことからも地域にアイレベルでは溶け込んで見えるが、東京都の中央部を袈裟懸けするように縦断する特異な道路空間を生み出している。

名前もあり、また、特別な意味を込めて、道に名前をつけることがある。

　たとえば、それは古くから産業が発達し、人や物の移動が活発化し、名づけられることがある。塩の道と呼ばれる中馬街道は、物流の歴史を刻む道として、発展した。また、絹の産地として名を馳せた八王子は、近代以降富国強兵政策の中で絹織物の輸出のため、横浜までの交通網が重要視され、交易上発展し、八王子から横浜までの八王子街道はシルクロードと呼ばれ、財をなす人と物が往来する街道となった。明治維新以降、政府はこうした交通の開発を主眼とした道の時代に突入していった。

　これらの道は、物流の拠点となる集散地や中継地をつなぐことから、街道がある名前で呼ばれ、道路空間に意味が付与され、ネットワークの中でその特徴が強調されている。これらの名づけられた街路は、街路空間そのものを、大きく操作する力は見られないものの、意味空間において街路を磨き上げ、メディアとしても機能する。

　また、履歴を刻む街路には、もともと街路ではなく別の目的で引かれた線形が、街路として浮上し、特異な線形ゆえに特徴的な街路となったものがある。

　東京の荒玉水道は、多摩川の水を世田谷区砧から中野区野方、板橋区大谷口に配水する目的で1934年（昭和9年）につくられた。地下埋設された水道は、砧から野方へ向けて一直線に延びており、竣工時より歩行者道路が地上部に併設されている。配水のための合理的な直線は、周囲の集落と集落を結ぶ街路と異なり、水道道路という名前とともに地域の中で異彩を放っている（図2-5）。

1・2　目抜き通りを設える

◆シンボルの配置

　人が都市を舞台として街路を計画する際、古今東西多くの都市で、その都市の中心には、目抜き通りが設えられた。広幅員でまっすぐ延びた街路空間は、都市のハイライトとして近代都市ではことさら多く採用された。街路システムの頂点に君臨する目抜き通りは、交通処理機能を担うだけでなく、都市の象徴として整備される。街路は、都市の骨格として人や物が行き交う機能だけを担うものではない。その印象的な街路景観として、その都市を象徴するモニュメント等が座し、また、交歓の場として往来する人々の記憶に留まる。その典型は、欧米由来のバロック的な都市設計手法によって、近代以降に実現した東京駅、浜町公園、そして国会議事堂等の前面街路である。これらの街路は、沿道の建築物群や並木とともに、周辺の都市空間を統合し、壮大なヴィスタ景をつくりだした。

　街路の象徴性について考えると、直線的な線形の街路空間の持つ象徴性、往来する人やモノなどによって意味が付与される象徴性、目抜き通りとして目抜いた先と街路の関係による象徴性と三つの側面からが考えられる。我が国でも、従来から参道という形式で、目抜き通りがなかった訳ではない。長野市の善光寺中央通りのように、斜面を舞台として、山門から本道へと至る圧倒的な軸線上でのシンボルの配置は行われており、そうした工夫は随所に見ることができる（図2-6）。

　その中で、明治神宮外苑絵画館前の銀杏並木は、東京を代表する近代に造成された目抜き通りと言えるだろう。明治神宮内外苑計画の中で、設置された聖徳記念絵画館は、外苑のシンボルとして、青山通りから直交する軸線上に配置され、その象

図2-6 善光寺中央通り
斜面を舞台とした圧倒的な軸線上に山門をシンボルとして配置している。

図2-7 姫路大手前通り
姫路城とその前の軸線上に駅を設置することで近代と近世をつなぐ軸となっている。

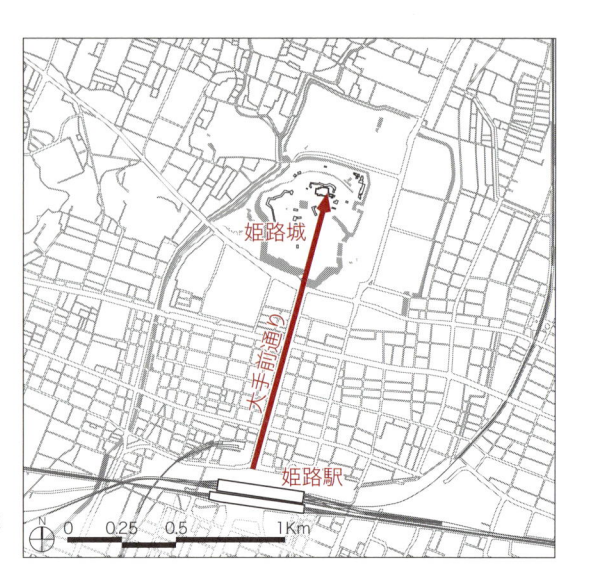

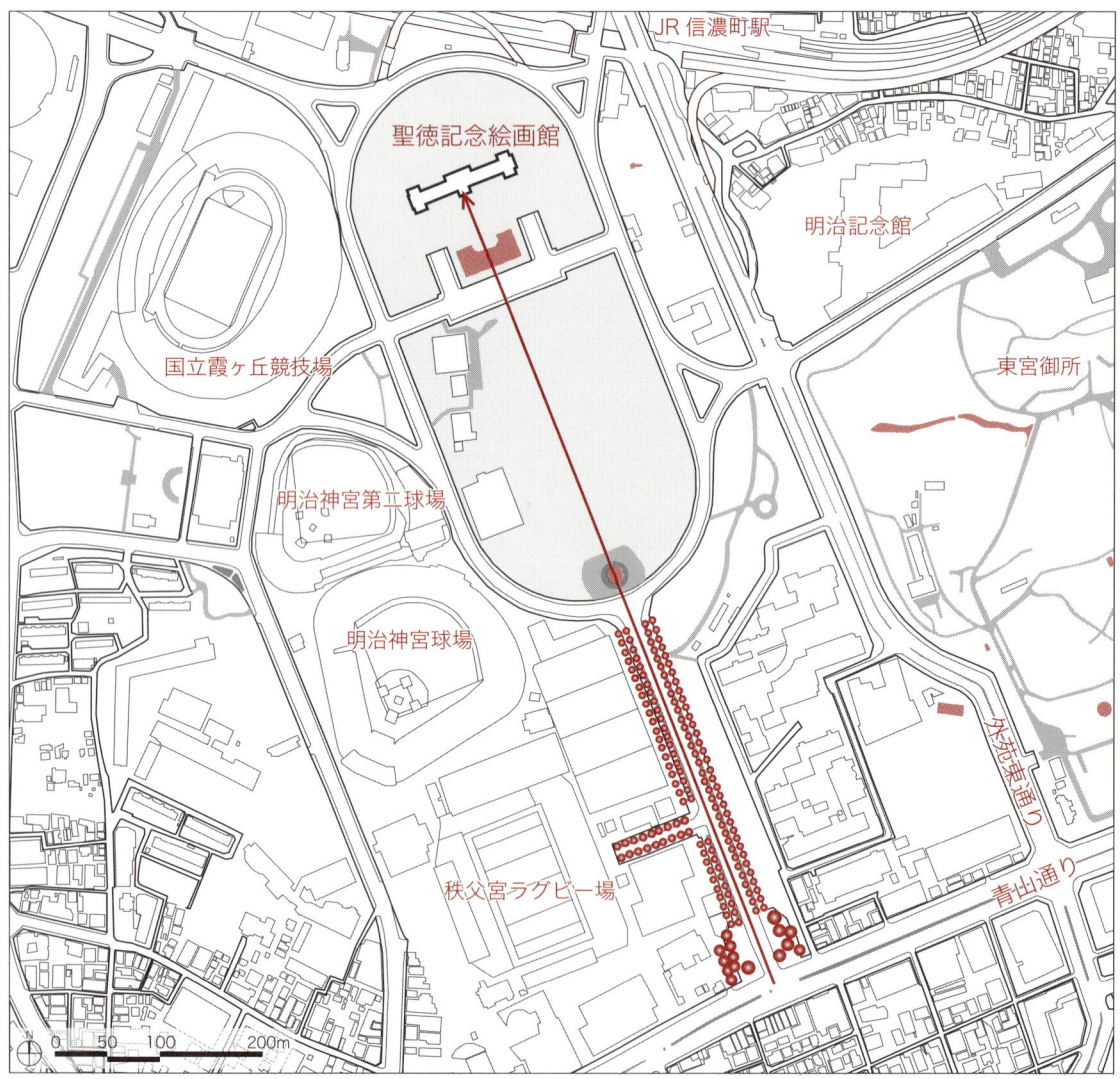

図2-8 明治神宮外苑絵画館前
競技場や森といった周辺環境と調和した並木道を配することで特徴的な軸線を生み出している。

徴性を確保している。銀杏並木は、青山通りから絵画館前の広場の手前にある噴水までで、そこからさらに遠景に絵画館を眺める構図となっている。そのため、絵画館までの距離が強調され、常に遠景にシンボリックな建物を眺める仕掛けとなっている。このように新たなシンボルを配置する側から、そこまでのアプローチを印象的に設計することで空間演出を図ることが近代化の中で行われた（図2-8）。

　一方で、従来からあるシンボルに対面する形でサブシンボルを起点として設置し、目抜き通りを強調した例がある。世界遺産として、我が国を代表する名城白鷺城がある姫路は、もともと城を正面に据えた軸線（大手前通り）が明快な城下町であった。近代に入り鉄道の敷設に伴い、近世からの軸線上に駅を設置することで、多くの人が駅を降りてすぐに城を眺めることができる大がかりな都市デザインを施した。大手前通りが現在の象徴性を有しているのは、近世に由来する軸線であることはもちろんのこと、鉄道駅というサブシンボ

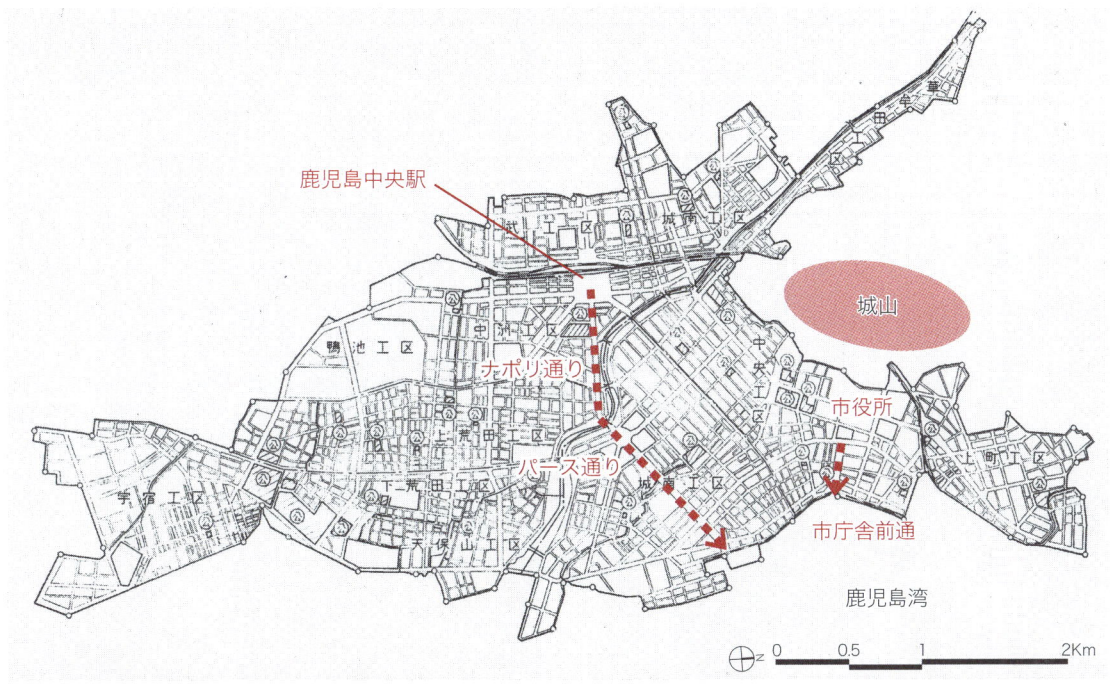

鹿児島復興土地区画整理設計図（『戦災復興誌』より）

駅から海へと延びるナポリ通りの街路軸　　　　　　　城山を望む市庁舎前通り

図2-9　鹿児島戦災復興街路
鹿児島復興土地区画整理設計図、鹿児島ナポリ通りの写真、鹿児島市庁舎前通りの写真（近世の都市骨格である海へ延びる扇形街路の援用）

1　都市を編み上げる　61

ルを従属的に設置することで、シンボルである城への指向性を高めたことによる（図 2-7）。

◆磨き上げられる街路

目抜き通りの軸線は、ときとして、既存の都市空間の構造によって、方向性が位置づけられることがある。我が国において、近代的な目抜き通りが全国に一斉に生まれた事業として、戦災復興事業がある。代表事例には、広島の平和大通りや、名古屋久屋大通による100ｍ道路や仙台の青葉通りなどがある。これらの街路はいずれも街路公園を備えており、単なる広幅員街路というだけでなく、人々の憩いの場所となっており、行き交う人と憩う人々が出会う特徴的な都市景観となっている。

鹿児島市は、近世には薩摩藩の拠点として栄えた場所である。薩英戦争、西南戦争、第二次大戦の空襲と3度の戦災により、多くの建物が焼失する中、桜島を望む鹿児島湾へと延びる扇形の街路網は残った。この都市構造を活かしつつ、戦災復興事業では、扇形の街路網にさらに海と山をつないでいった。戦前1937年に建てられ、戦災の難を逃れた市庁舎本館前には、戦災復興事業によって、市庁舎をアイストップとする街路が新設された。市庁舎前の広々とした芝生の広場が広がる街路は、海まで見渡すことでき、近世以前からの都市骨格は、強められ、目抜き通りとして磨かれている（図 2-9）。

◆並走する新道と旧道

目抜き通りと呼ばれるような街路がなくとも、

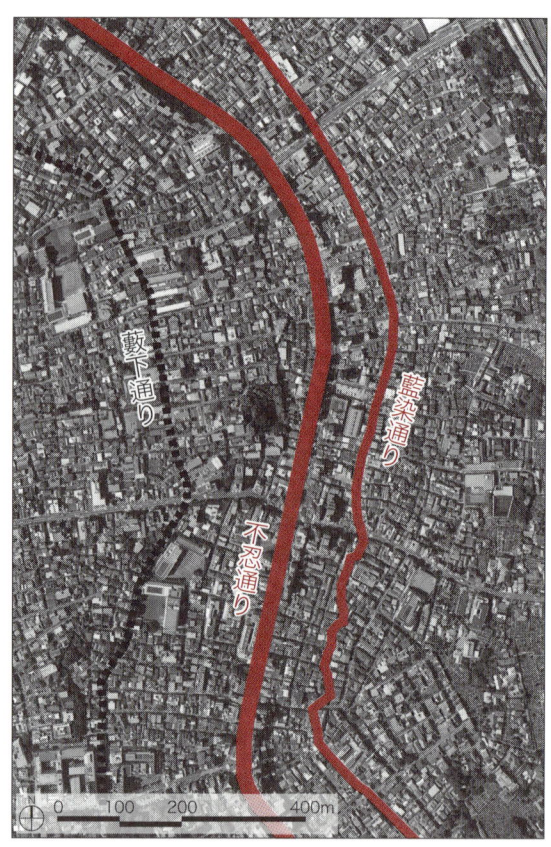

図 2-10　谷中へび道
並走する二つの道は、幅員や街路線形の違いが対照的であるだけではなく、行き来することができる点が都市に厚みを持たせている。

図 2-11　本郷菊坂町の上道と下道の構造
2本の谷道、上道・下道の間は、ところどころが階段で結ばれいる。表（上道）と裏（下道）は、幅員、交通量、日当たりなど、大きく対照をなす。上道・下道からは、崖下に掘られた井戸を抱いて、路地が枝のように伸びる。急峻ないくつかの坂が、台地との往還となっている。

都市の堂々たる舞台としての街路はそこかしこに存在する。緩やかに並走する二本の街路を一つのペアとして見てみよう。まとまりが最も顕著に感知されるのは、新道/旧道のパタンだ。旧道のすぐ脇にバイパス的に新道が開設され、旧道は歩行者のための街路として繁栄を維持し、新道は自動車幹線として機能する。たとえば、明治期に幹線として拡幅された不忍通りとそれ以前からの小河川筋である藍染通り（通称へび道、台東区・文京区）は、約50mを距てて並走している。沿道の高層マンションが広い壁面を揃えて建ち並ぶ「表」の不忍通りと、落ち着いた低層住宅と馴染みの商店を抱える「裏」のへび道の対照を楽しみつつ、数キロにわたって往還することができる（図2-10）。他に、「表」の明治通りと「裏」のキャットストリート（渋谷区）、巣鴨（豊島区）の「旧」中山道（地蔵通り）と「新」中山道（白山通り）など、随所に複軸構造が存在する。線形、機能、幅員など、ことごとに対照的な2軸が、相補って都市の厚みを創出している。

しかし、新/旧、表/裏等は常に画然と対照をなしているわけではない。神保町（千代田区）では、裏手の繁華なすずらん通りと表の靖国通りにおいて、表/裏は渾然とする。本郷菊坂町（文京区）は、「裏みち」だった下道が強まり、上道との回遊が生まれて都市空間が厚みを増した例だ（図2-11）。そして、複軸構造がその魅力を最大に発揮するのは、性質を異にする二つの軸が、「対照性」の枠を収まりきらない拮抗を見せるときではないだろうか。この拮抗が、複雑な「ねじれ」とよぶべき様相を呈している街路が阿佐ヶ谷（東京都杉並区）にある。

阿佐ヶ谷駅の南口、鎌倉旧道にあたるパールセンター商店街は、自然道らしい蛇行を以って、駅前から青梅街道まで走る。戦時中の疎開帯を起源に持つ中杉通りは、堂々たるケヤキ並木を従えて、駅前から青梅街道の杉並区役所までを直線で目抜くシンボルロードである。一度は離れる両者は、建物一つ分までに近づき、交わるかと見せて、再び離れていく。二本をつなぐ幾本かの小路の他に、両側に入り口を持つ店舗が、めくるめく回遊を生み出す。店舗の勝手口に切り取られて垣間見

① 分岐点近くの建物内には、常時開放の通路が通っており、二つの道をつないでいる。

② 建物の1階部分を通り道が貫いている。二つの道の間を結ぶ力が為せるわざである。

③ 互いの道の風景が、建物を通して垣間見える。写真はパール商店街側から。

④ 道をつなぐ小路は人の往来が盛んで、塀は生命力にあふれた落書きで彩られる。

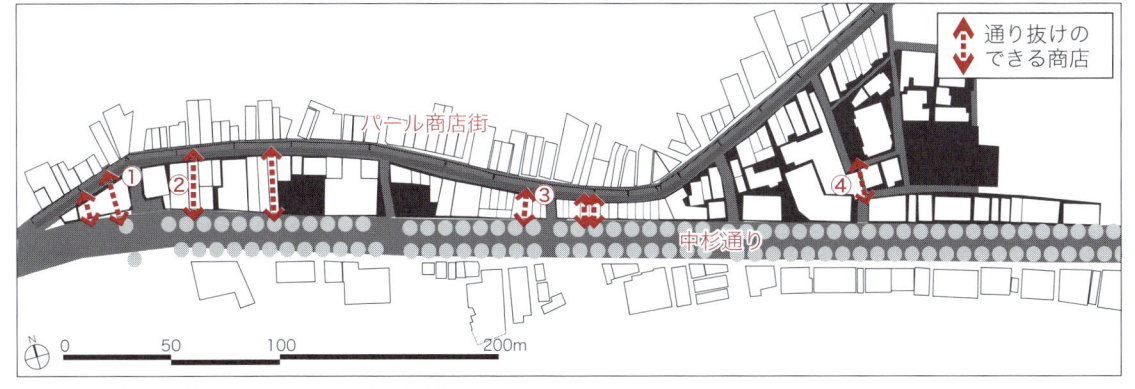

図2-12　阿佐ヶ谷中杉通りとパールセンター商店街
ブールバールの中杉通りを行くか、パールセンター商店街を行くか、遊歩者は常に選択しながら歩を進める。横をつなぐ路地に足を踏み入れた遊歩者は、元の通りに並行する街路を見つけてそちらに踵を返すことができる。二本の道は付かず離れず、揺れながら延びる。向こうへ抜けるか、そのまま進むか、遊歩のスリルを格段に増すこうした「複軸」の構造こそが、都市の回遊を肉づけている。

1　都市を編み上げる　63

えるもう一方の道が、寄り道ごころをくすぐる。表通りとしてつくられた中杉通りの歩道には店舗の勝手口が細やかに連なり、裏路地の趣を見せて道行く者を眩惑する。

夏、人為を強調する直線的な中杉通りでは、自然の樹木が密度高く空を覆い、ブールバール性を高らかに宣言する。自然に任せて蛇行するパールセンターも負けじと、人工天蓋のアーケードを七夕飾りで彩る。自然と人為がねじれつつ共鳴している（図2-12）。

1・3　グリッドを布置する

◆均すグリッド

街路と街路が交わり都市が面的な広がりを持つとき、街路はその組み合わせからパタンを見出すことができる。人類は人工的かつ伝統的な街路パタンとして、グリッドによる都市を古代から近代、現代まで営々と築いてきた。我が国では、中国の条坊制を導入し、京都は途中南北朝時代などには都市形態を変えつつも、現代まで基本的にグリッドパタンを保ちつつ発展してきている。近代に入り、都市計画は合理化という大きなシステムの中で、地形や社会システムを均しながらグリッドを造成してきた。

明治に入って都市化が拡大する東京において、郊外の宅地開発が盛んになりはじめる頃、武蔵野台地を中心に耕地整理を準用した土地区画整理による大規模な土地造成が行われた。グリッドパタンは、ときに角度をつけて多少左右に振りながら、武蔵野台地を流れる小河川がつくる微地形による

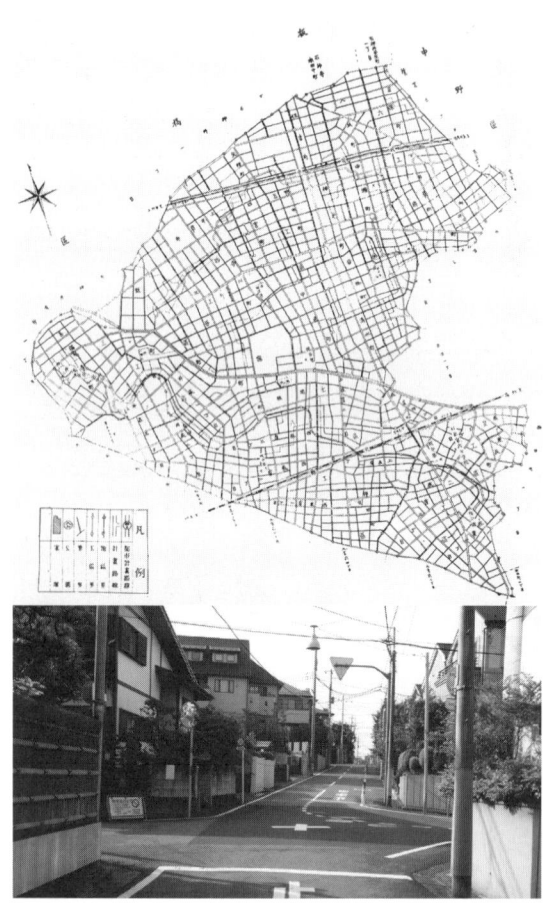

図2-13　杉並・井荻町（上図は杉並区井荻区画整理組合地区確定図（1935年））
グリッドパタンを基調とした空間形成のシステムが地形も越えて都市を築いていく。

図2-14　北海道斜里郡小清水町・防風林グリッド
防風林と道路がつくるグリッドパタンが、なだらかな地形に織り込まれている。

高低差を飲み込みつつ、土地をその合理的な整形街区のパタンへと均していった。こうして均され分割化された敷地には、多くの住民が移り住み、大量の住民を受け入れる素地をつくった。

井荻村では戦前の1925年からの造成を経て、何代かの代替わりを経て今に至るが、盤石な都市基盤の下で建てられる各住宅はパタンの持つ単調さはあるものの、住宅の佇まいから、多様な暮らしぶりと住みこなしを見て取れる（図2-13）。

暮らしの中で巧みにグリッドを利用している例は、農業との対応でもよく見られる。北海道斜里郡小清水町のグリッド状の農地には、山から吹きつける風を防ぐための防風林が、グリッド状農地をさらに縁取るように配置されており、大地形と気候に順応する形でグリッドパタンをさらに強めている。これもまた、自然環境に適応し、土地を均すことで生み出されたグリッドと言えるだろう（図2-14）。

◆グリッドの分割が差別化する

グリッドパタンが都市に構想されるとき、ある純粋なグリッドパタンがモデルとして想定されるかもしれない。しかし、実際にはそのような無機質なグリッドが姿をあらわすことはない。そこでは、①街区の大きさと形状、②軸線の方向、③方位、④街路の幅員や構成（強弱）、あるいは、⑤その上に立つ建築物のあり様や土地利用、⑥都市施設との関係などの要素における差異が、グリッドの中に特質を与える要因として働き、これらの組み合わせや変化の順序によって、同じように見えるグリッドパタンも多様化していく。

ときにグリッドパタンに小さな改変が加わることで、同じような形状を持つ地区の特質に差異が生じることがある。江戸東京における代表的な下町グリッド、とりわけ中央区にある銀座と京橋は隣合って存在しているものの、現在では、雰囲気の異なるグリッド都市となっている。江戸時代初

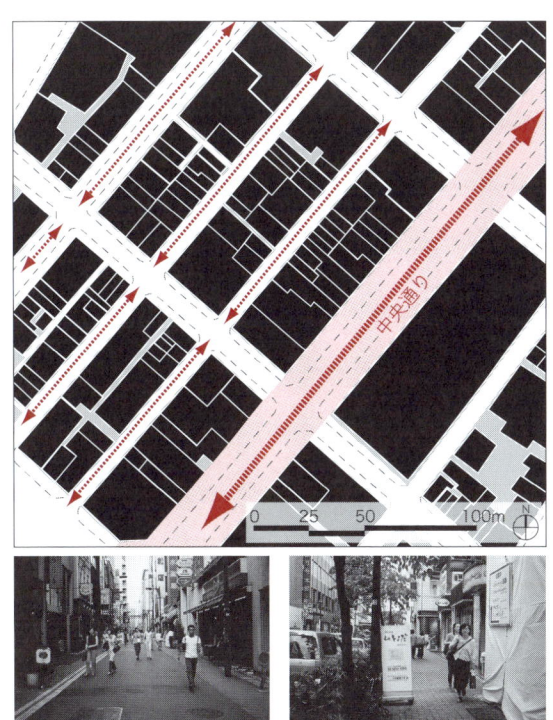

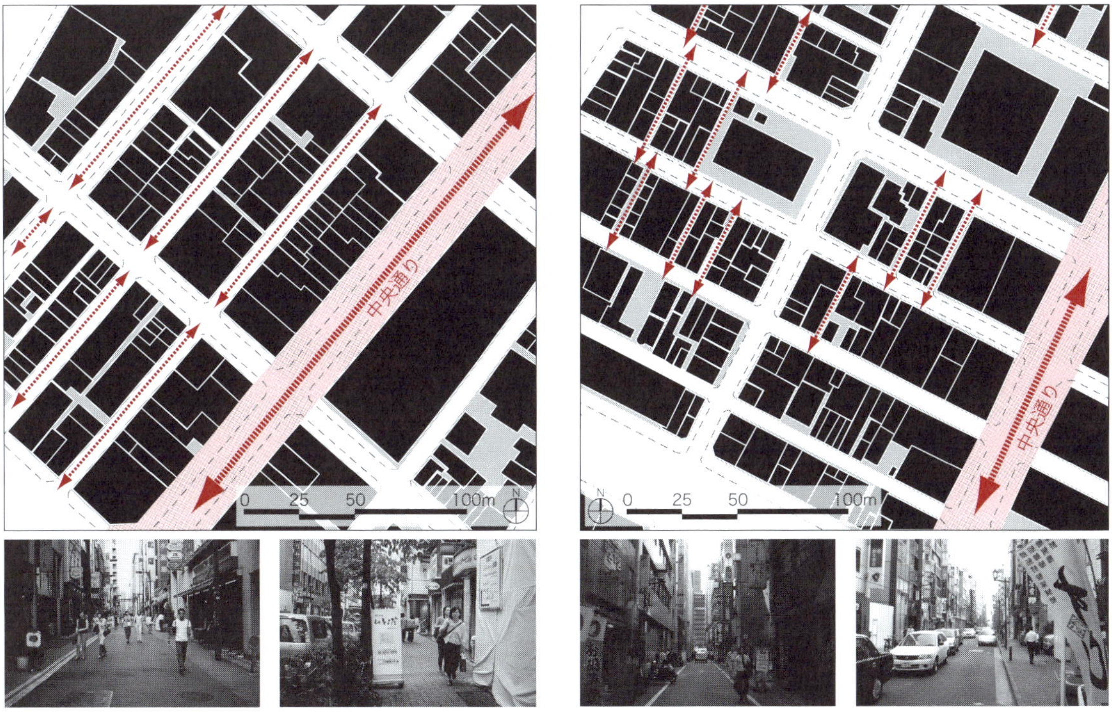

| 東西方向街路 | 南北方向街路 | 東西方向街路 | 南北方向街路 |

銀座　　　　　　　　　　　　　京橋

図2-15　銀座と京橋の街区の分割（同縮尺）
グリッドを建物の建ち方から眺めると、違った体系が見えてくる。銀座では、概ね街路方向に沿って、隙間無く建物が建ち並んでおり、街区構成を体現した町並みをつくっている。一方、京橋は、街区の短辺方向を貫く路地が多く存在しており、街区を事実上分割している。この路地に面して建物が連なるため、銀座とは90度向きを変えて建物が建ち並んでいる。京橋では敷地規模の狭小さから路地沿いに建物が並んでいる。

1　都市を編み上げる

頭、京間60間の正方形グリッドが、日本橋から銀座にかけて造成された。1657年明暦の大火以降、宅地不足解消のため、街区の中心部に新しい街路が通され正方形街区に敷地分割が起こる。具体的には正方形街区を3等分する2本の道を通して、長方形街区が造成されるが、銀座は、日本橋通り（現在の中央通り）を中心軸として、街区長辺が並ぶように分割されたのに対して、京橋は軸に対して、街区短辺が並ぶように分割された（図2-15）。

現在の銀座と京橋を歩くと、銀座は晴れやかな表通りと細やかな裏通りといった表裏の性格が顕著なのに対して、京橋は、賑わいが等しく分布する通りが網目のように入っているという違いがわかる。街区分割が主軸（中央通り）に対して平行に入る銀座では、街区分割によってできた街路は、表通りに対して裏的性格を持ってしまう。ただし、この街路は、軸線に平行に長辺方向がずっと続くため、裏でありながらも、人々の行き交う賑わいは保持される。

一方、軸線方向に鉛直な街区分割である京橋では、主軸である表通りが20間ごとに分割されてしまい、表の性格が薄まるだけでなく、東西に向かう横方向の動線の選択肢が多く、とくに重要性の高い街路は顕著でないため、分割街路も含めて、均質な自由さを保持している。

◆動きを与えるグリッドくずし

グリッドという手法は、白紙の都市空間形成手法としては、とても汎用性の高いシステムである。しかし、近代以降の都市形成において、全くの白紙の都市というのは稀であり、（地形などの）自然的な抑揚や、何らかの人為的な空間への介入行為が既に存在している。これらの現実空間に適応するための「調整」は、理念的なグリッドを変形させ、多様で動きのある空間形成を引き起こす。

地区の主要道路はグリッドであるが、地区内の街区を詳細に見ると、格子状とはほど遠い規則性を見出し難い街区配列となっている場合もある。練馬区中村地区は戦前の耕地整理で造成され、戦後に多くの住宅が建ち並んだ地区である。区画整理時に、地区内に流れる中新井川と川がつくる窪地の排水を行ったが、水路の付け替えなどの物理的な制約がかかり、規則的な街区配列とならなかった。そのため、地区は、街路幅にしては通過交通の少ない歩行者が歩きやすい空間となっている。

新宿区早稲田鶴巻地区は、主に戦災復興区画整理で整えられた町並みである（図2-16）。歴史的に見ると、現況の鶴巻南公園の脇を通る道はかつて、神田川畔へと下る農道であった。区画整理事業ではこの道の曲線を補正し、屈曲街路に変えただけで、新たにつくり替えることはなかった。

さらに地形差に応じて、街路は屈曲しており、地区外部から内部が見え隠れするようになっている。そのため、城壁等のないオープンエンドなグリッドの性格を維持しながら、内部に半閉鎖的な空間が生まれている。グリッドの下地である地形との調節によるグリッドのくずしによって、本来持ち得なかった多様な「動き」が付与される。

またこの地区は、四つの開発時期の異なるグリッド街区によって形成されており、場所ごとに幅員など空間的特質が異なっている。開発時期の異なる街区境界部は、T字や屈曲を用いた交差点が各領域の緩衝装置として各街路を受け止める。そもそもグリッドは、ある時期に一定の地区をまとめて開発することで街区の連なりを確保する手法である。しかし、早稲田鶴巻地区では、開発時期のずれによりそれぞれが独自の空間を持ちつつ、前の開発を与条件として、全体が一つのまとまりある空間となっている。

◆異界をつくる「島」グリッド

ここまでグリッド内部について主に述べてきたが、一方で、グリッド都市とそれ以外—場所を区切るためのグリッドも存在する。母都市を原野と区切るために用いられてきたことは想像に難くないが、都市内のある一部分を異質化するための手法としてグリッドが用いられることもあった。新吉原に代表される遊郭の廓などは、既存の都市と離れた場所に突如として、数ブロックからなるグリッドが、既存の都市の方向性と関係なく、挿入

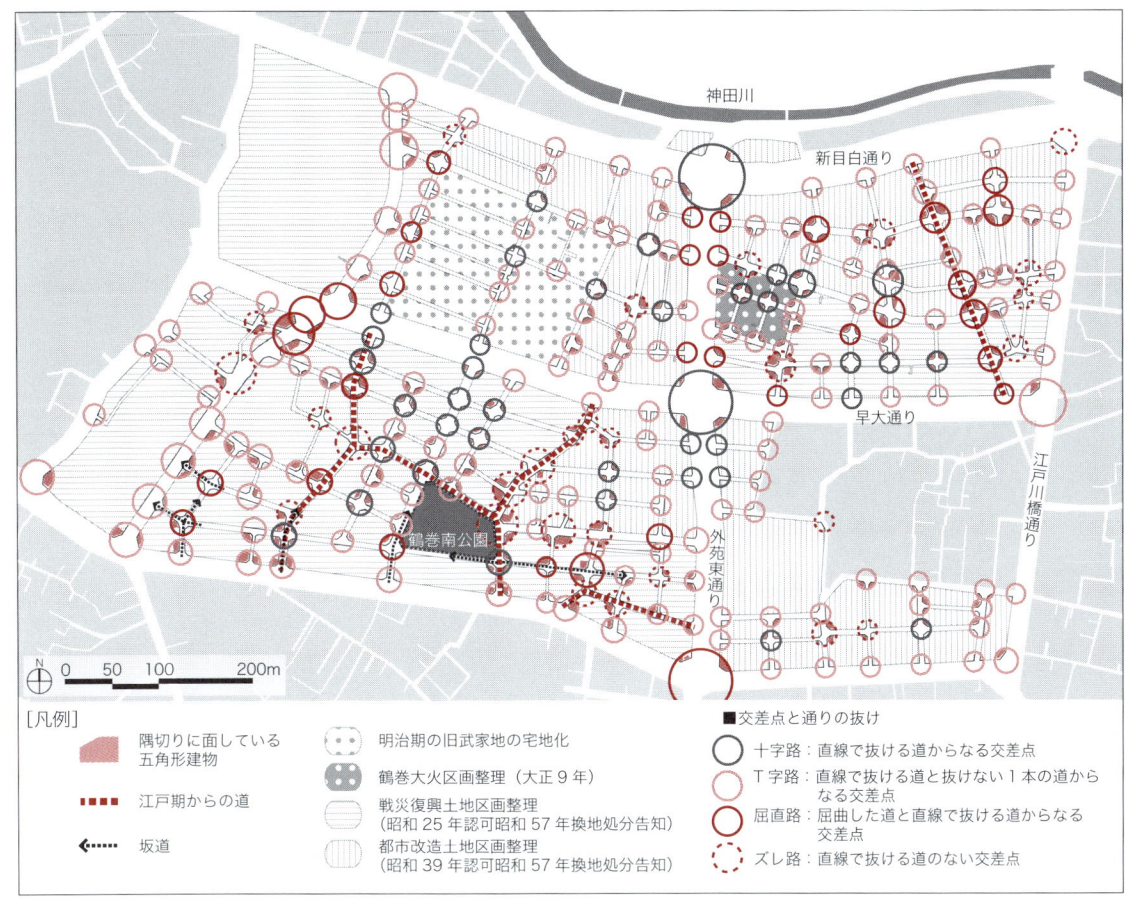

図2-16　早稲田鶴巻地区～歴史と地形によるグリッドのくずし
地区北西部の明治期に旧武家地を開発してできた長方形街区の並んだ街区群と、その他の時期に開発された街区群では、街路幅員が異なる。明治期に開発された街路は幅員が狭く、通過交通も少なく、静かな閉じた空間となっている。また、明治期に開発された街区では交差点に隅切りがなく、建物は街路に近接して建っているため、街路景観に親密さを与えている。また、平坦な北部を見ると、街路が少しずつ屈曲して「ずれ」ていたり、T字路によって視線が抜けない箇所が多くあることに気がつく。この街路の「ずれ」によって、街路景観は、緩やかに閉じられ、小さなまとまりを持つ。こうした小さな個性のパッチワークの中にあっても、グリッドは、全体として違和感のないつながりを維持するよう、全体と個の関係を調和し、領域をまとめあげている。

され、その距離感ゆえに一定の結界性を保っていた（図2-17）。大火後に江戸市中より郊外地に移転された新吉原を見ると、当初はまさに島状に母都市と切り離されているが、都市化の中で堀割がなくなり、吉原の結界性は弱まったと見える。これらの当初の計画意図から現代の都市化はこうした質の異なる都市の併存状況を隠蔽しているとも言える。しかし、周辺の都市化の街路延長の向きと吉原のグリッドの軸との「ぶれ」がどこからでもアクセス可能になった今も継承されており、異質の地域性は緩やかに保たれている。

横浜中華街は、横浜新田周辺に外国人居留地で働く中国人が住みはじめたことが起源の街である

（図2-18）。周囲の開発が進み横浜の都市基盤が整備される中で、この地区は開発が遅れて、新田の地割りの方向性が継承された。それにより、周囲のグリッドの向きと異なったまま現在に至ったとされる。そのため、結界の内側に中華街という特異性を込めた島グリッドは、遅れて成立したことで逆に異彩を放ち、都市化に埋没するのではなく、周辺地域と異なる空間を積極的に演出してきている。グリッド境界部にあたる大きな通りで見られる各ゲートは異界性を象徴している。

1　都市を編み上げる

図 2-17　新吉原（赤は現代の街区割り）
江戸末期の図面を見ると周囲からは隔離された島状都市として浮び上がっているが、都市軸の異なる空間の並立は緩やかに異質性を保っている。

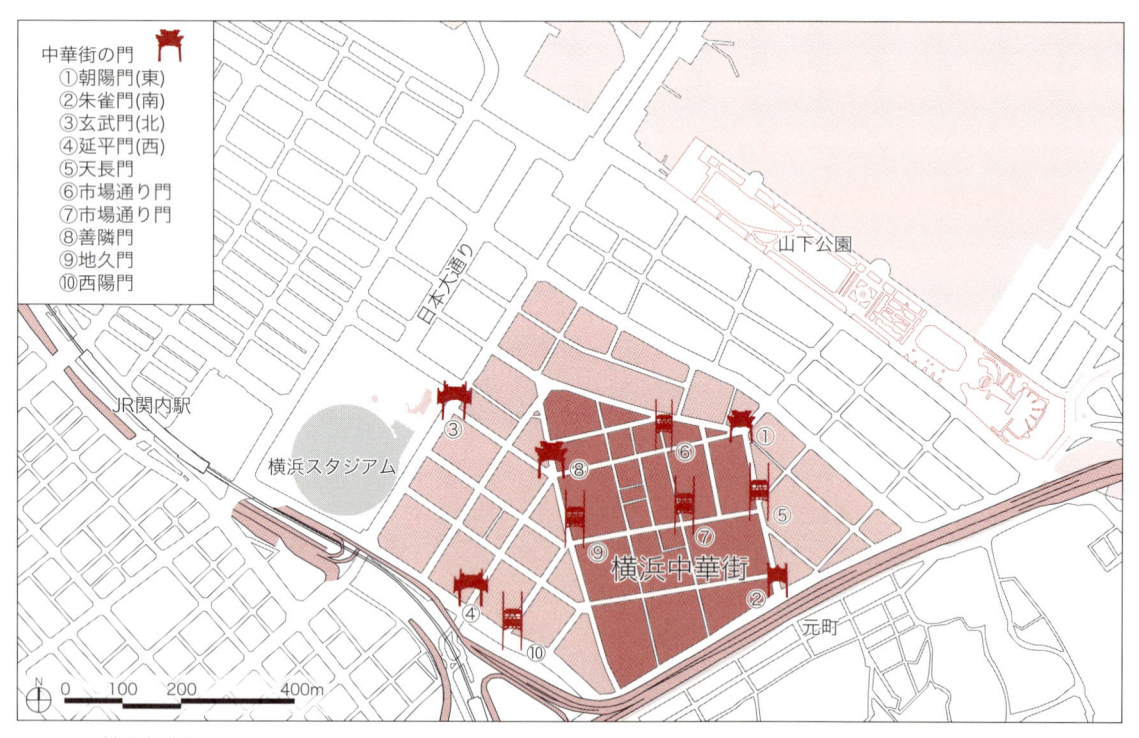

図 2-18　横浜中華街
東西南北に門を配置するという中国の伝統的なゲートのあり様だけではなく、現在では複数の門が設置され、その異界としての領域はより強調されている。

68　第 2 章　街路を配する

2 街路を場所として設える

私たちは都市空間について論じているとき、それは多くの場面で街路空間について語っている。ときとして街路は人の活動の舞台として、都市空間そのものであったりする。本節では、舞台としての街路の形態について検討し、街路形態の特徴から都市や界隈の豊かさを読み解く。街路空間に具体的な意味を与え、舞台装置として働く空間が生まれていることを説明する。その中で、街路が都市空間の中で場所性を帯びることについて論じたい。

2・1 辻に力を蓄える

◆一望できる結節点を構える

辻、巷、追分など人々が行き交う街路の交叉点（叉路）は、古くから市が立ち、近世には高札場や辻番が設けられる等、まちの要所であった。中央にモニュメントを配し、明確な都市の中心として存在する西欧の広場とは異なり、結節点としての特性が、空間形態や付随する要素、人々の活動等に顕れ、界隈の焦点として想起される性質を持つ。これらの辻空間は、銀座4丁目交差点のように建物が辻に面して表情をつくり、空間に界隈を代表させる特異点としての力を生み出す。これは、空間規模の大小に関係なく、西荻窪で見られるようなささやかな商店が面した交差点においても、広場的な場の演出は可能である（図2-19）。

図2-19 西荻窪井荻耕地整理地区の交差点
耕地整理によって造成された住宅地内に隅切りされた交差点。各角地には、向かい合うように商店が建てられ、焦点が交差点に集まるようになっており、ささやかではあるが、地域の広場的空間のように見てとれる。

図2-20 小野川と香取街道が交わる忠敬橋（千葉県香取市佐原）
佐原の都市構造は、この橋を中心に旧市街がつくられており、橋詰広場は、地域の景観を一望できる象徴的な空間となっている。

また、辻空間は、都市空間の中で、往来が往来を立ち止まらせることで活動を滞留させる。そのことによって、直線的な街路での運動では見られない残余の空間が生まれる。陸路と水路の結節する橋詰めは、陸路と陸路の結節のように直接的に交わることなく、橋の架橋による上下の空間構成という独特の街路空間をつくりだす。橋詰めは元来人の集まる空間的な広がりを確保した広場として機能した場所である。舟運の衰退による機能的な意味が薄れた現代においても、都市を象徴的に把握し、景をつかむことができる橋詰めは都市の重心として働く。

江戸時代から商業の繁栄を誇った千葉県佐原では、江戸への舟運拠点として小野川と香取街道の結節点が古くからの都市の中心点であった（図2-20）。現在においても忠敬橋は、佐原の象徴的な場所であり、この場所を拠点に町並み保存など様々な活動が展開している。橋の上に立ち、香取街道を眺めると街道沿いの商家の町並みが見え、小野川沿いを眺めると川と両岸に柳、町並みが見え、これらを佐原の景色として一つに収めることができる。

◆界隈の焦点を集める特異点

日本の都市は求心的な全体構造を持ちにくいと言われるが、叉路は界隈の焦点であり、日本的な広場と形容されることもある。叉路にも様々な形態が存在する。江戸の場合、地形に応じた有機的な街路パタンに覆われた山の手等では、不整形の三叉路や四叉路が多い。これらの叉路は、明治以降の都市交通や土地利用の変化を受けつつも界隈の焦点として息づいている。そこには、点を彩りつつ面をまとめ上げる空間技法が潜んでいる（図2-21）。

この複雑な叉路は、既存の叉路に向けて新たに道が引かれ、形成されている。このような叉路には、樹木や神社の鳥居等のランドマークが添えられ、ある種の引力を放ち、焦点としての性質を強

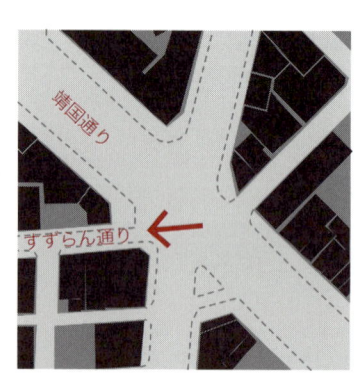

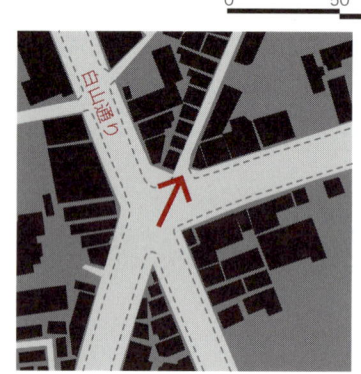

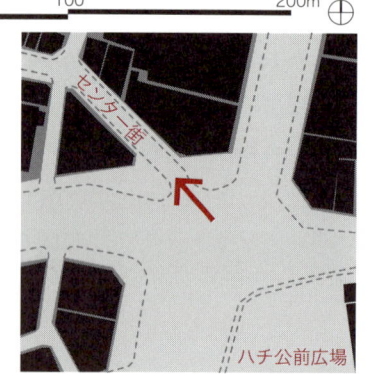

図2-21 不整形叉路
広幅員街路の交差点の一角に設けられた商店街の入口は、他にも多く存在する。交差点の向かい側から見ると、隅切りによりふくらみを持った交差点がゲートを引き立てると同時に、交差点がゲートの前庭的な空間となり、奥へと延びる起点性が強調される。

め、古くから界隈のイメージの中心となってきたものもある。中目黒八幡神社の叉路（目黒区）は、周囲の宅地化に際して新たに道が付け加えられ、三叉路から不整形な四叉路となった交差点が住宅地の焦点として浮かび上がる。

繁華な商業地の交叉点は、しばしば付近に停留所や地下鉄駅を有し、回遊の拠点となる。これらの交叉点においては、角地に面する建物のみならず、街路の取りつき方が、視覚的イメージを高める場合も多い。戦災復興事業により整備された渋谷センター街（渋谷区）は、駅前交叉点に向け計画的に軸線が曲げられた。広幅員街路に規定された一角に分け入るように設けられたセンター街のゲートは、門型のサインに加え、街路幅員の相対的狭さや、鋭角敷地に立ち上がる建物形状等により、交叉点において目を惹く存在となっている。神田神保町のすずらん通り（千代田区）は、駿河台の地形に沿って湾曲した靖国通りと、台地を下る千代田通りの交叉点に入口を開き、門型モニュメントが人々を誘う。白山上の交叉点（文京区）も、叉路の構成は江戸期と変わらないが、既存幅員の一筋の商店街のみが拡幅されずに残された結果、同様の形態を持つ。

地区の焦点としての特徴的な叉路が、計画的に生み出される場合もある。明治以降の屋敷地等の開発により生まれた森川町（文京区）や三崎町（千代田区）の叉路においては、地区内の街路が巧みに関係づけられている。浅草六区ブロードウェイ（台東区）にも、一際目を惹く五叉路が存在する。浅草寺の火除地であった一帯は、明治初年の浅草公園地の整備に伴い、遊興地として計画された。その際に造成された大池に規定されて生み出された叉路は、明治後期から大正にかけて、映画館・劇場がひしめく六区の焦点に位置していた。池は戦後に埋め立てられ、往事の様相は一変するが、現在も五叉路が個性を競い合う複数の商店街を結びつけており、その先に広がる界隈の奥行を、視覚的に認識することができる。

◆異方向を照射する近代の辻

旭川市中心部の北西縁には、ひときわ目をひくロータリーが存在する。地区名を冠し「常盤ロータリー」と呼ばれる円形の交通広場は、街路の正面に立ちはだかるタワーの存在もさることながら、市街地の平面計画上からも、特異点となっている（図2-22）。石狩川と忠別川の間に横たわる中心市街地は、ほぼ北北東を向いた開拓期の精緻なグリッドからなるが、昭和初期の牛朱別川の付け替えにより、45度振れて石狩川へ向かう軸線（常盤通り）に結節され、その先には石狩川に架けられた旭橋が堂々とした構えを見せる。常磐ロータリーは、中心部グリッドとの緩衝空間として配され、近代の河川工事と一体となった都市基盤整備の意欲的な都市づくりの記憶を宿しながら、今も界隈の焦点となり、旭橋への標となっている。

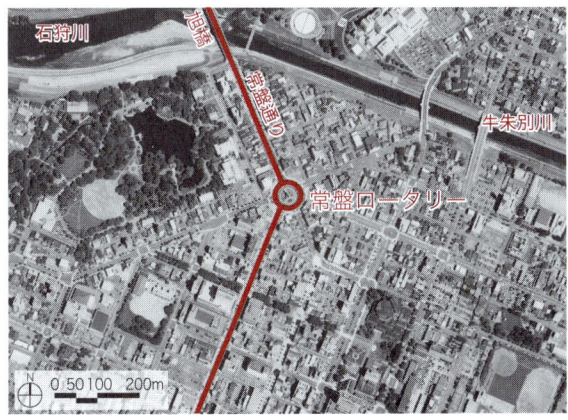

図2-22　界隈の焦点となる「常盤ロータリー」（旭川市）
日本では珍しいロータリーも交通の拠点としてただあるだけでなく、複数の街路がそこに集まる焦点として存在するからこそ、また逆に各地へと発散する始点であるからこそ、その存在はひときわ特別なものとなっている。

図 2-23 奈良井宿
線状の街道の町は、街道と街道をつなぐ点として見れば、それ自体が旅人に対して憩いや休息をもたらす広場的な場所とも言えるが、宿場内にある些細な街路空間のふくらみが、広場的に機能することでことさら宿場町としての都市機能を強調している。

◆広場的な空間の溜まり

街路のふくらみや街路が結束することでできる広がりは、まちを迎え入れ、滞留を生む装置となる。街路にできる広場の多くは、近世都市の特徴である広見、枡形、橋詰広場などに由来していることが多い。かつて、都市の防衛のために布置されたそれらの空間は、街路の結束点として公共的な空間であった道の延長線上にあり、空間形態や人々の活動等とともに、まちの要所となっていた。

長野県奈良井宿は伝統的な宿場町として歴史的な町並みを有している（図 2-23）。この宿場町を行くとちょうど真ん中あたりを過ぎた場所に、そこに至るまでの街路の幅員よりも両側 1m ほど広がりのある空間が、まちかど広場として使われている。この数 m の幅があるだけでも、連続した町並みから見えなかった建物の側壁が見え、その脇にはちょっと車が駐車されたり、ものが置かれたり、人が立ち話をしたりといった活動の広がりが生まれている。

石川県金沢市の東茶屋街の入口には、四方が建物に囲まれた広場空間が存在する（図 2-24）。細い街路を抜けた先に出会う、広く開けた空間は「広見」と呼ばれ、藩政時代に万一の火災に備えて、延焼を防止することを目的とした火除地が由来と言われる。微妙に食い違う街路が一箇所に結

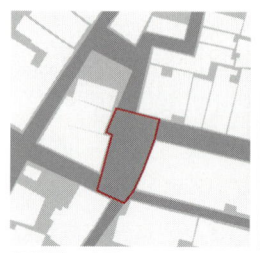

東茶屋の広見

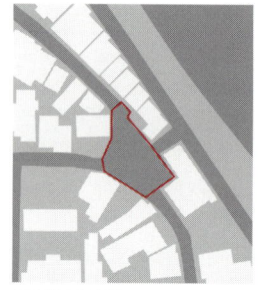

千日町の広見

図 2-24 金沢市東茶屋街の広見・千日町の広見
広見は、東茶屋街だけでなく金沢のいたるところで見かけることができる。広見の機能は火除地として都市の防衛拠点として機能していただけでなく、高札や辻説法の場所などであったとも言われている。近代以降には各種祝賀行事の催しや盆踊りの会場、近隣の雪捨て場など多目的広場としての役割を担っていた。その時々で多様な使われ方をしてきた広見は、樹木やベンチなどの機能が添えられ、ランドマークとしてだけでなく、コミュニティ形成を図る場としても位置づけられる。

束することによって、形成される東茶屋街の広見は、現在では姿を変え、観光客であふれる賑やかな空間となっている。石畳で舗装された広場を抜

けると、正面に卯辰山が、その両脇には伝統的な町家で構成される茶屋街が形成されている。こうして、東茶屋街の広見は、現代的な市街地から徐々に伝統的な町並みの残るエリアへつながるのではなく、歴史的な街への導入をはかる場として、街の印象を一層強めることに寄与している。

こうした街の小空間は、まちの中の小さな景観を向上させる可能性を秘めており、居住者やその空間に携わる人々のちょっとした工夫と配慮を加えることにより、都市を彩ることができるのである。それらは、必ずしも歴史的な背景を持つものではないかもしれないが、都市の発展過程において形成されてきたそれらの空間を上手に使うことによって、地域を見直す一つの核として都市を構想する際の手がかりになるであろう。

2・2 道の形が界隈を演出する

◆視線を止める突き当たり

都市の街路の形態は、各都市の形態を決めるだけでなく、都市の性質、特徴と不可分のものである。特に街路を曲げるという行為には、まっすぐに進ませない理由や意味を見出すことができる。全国各所にある城下町が、街道筋にクランクを設け、鉤型にすることで、都市防衛拠点としていることは、多くの都市研究の中で明らかになっている。しかし、こうした空間の現代的意味について考えると必ずしも都市防衛機能があった空間というだけでは見過ごせない、現代の都市デザインとして空間の意図を読み解くこともまた可能である。

中世の環濠集落を基盤とした寺内町である今井町は、自治都市としてその防衛の観点から視線を遮る鍵型交差点を各要所に付置している（図2-25）。これらの鉤型交差点は、集落内から一つ入った地点に設けられことが多く、地区内部へと

図2-25　今井町寺内町の突き当たり
街路の進行方向がずれることで、できる空間のたまりを利用して祠が置かれている。祠の世話をする人、立ち止まり手を合わせる人など暮らしが感じられる場となっているが、街路から奥を見通すことはできない。

図2-26　法善寺横丁の水掛不動尊前のクランク
法善寺横丁の水掛不動尊前のクランクもまた、視線を止めるクランクとなっている。ここでは、水掛不動尊という象徴によって法善寺横丁全体の界隈に中心性を与えている。

2　街路を場所として設える　73

入っていくと、直線街路を多用した構成となっており、閉じる空間と開く空間が明確に使い分けられた構成となっている。地区外周部に設けられた鍵型交差点によって閉じられた街路空間は、一つの空間として捉えることが可能であり、地区内部の直線道路は、見通し良く住民の活動が見え、知っ

た者同士の安心感のある街路景を生み出している。一方、城下町などによく見られる鍵型交差点は、防衛のために視線を遮る効果だけでなく、交差点に入ってくる街路がずれることによって、交差点は周辺の街路に比べて空間にゆとりがある（図2-27）。これらの場所には、祠が置かれる等、

図2-27　米沢城下町の鉤型交差点の連なり
旧城下町の都市基盤は、近代化によってその役割や意味を大きく変化させたが、今もなお痕跡を多くとどめ、新たな意図が付与される可能性を内在している。こうした鍵型のクランク交差点の連なりもそうした空間の一つである。

人が立ち止まる仕掛けが用意されており、交差点は、街路が都市の内部へ続くことを予感させつつも、奥に延びる界隈をいったん受け止める場となっている（図 2-26）。

◆曲がり道が醸すシークエンス

緩やかなカーブを描く曲がり道は、行き止まり街路のように視線を止めることなく流しつつ、歩みを進めるがままに情景が変化していく印象的な街路となる。それは、道路側面の敷地を横並びにしながら、シークエンスを演出し、界隈を流れの中に閉じ込めるからである。

たとえば、湘南海岸に代表される海岸線の弯曲した街路は、湾の地形を受け止め、海に面した建物を一望できる印象的な界隈を形成する。谷中のへび道のようにもともと上野不忍池に流れていた藍染川が暗渠化したため、流路の形状がそのままそぞろ歩きを誘発する空間となっているものもある。

また、松山の伊予鉄道の廃線跡や東京新宿の都電跡の四季の道（図 2-28）など、市電線路跡が街路空間化された場所は、それまで市電の通行可能な曲線が都市内にそのまま継承され、他の曲線道路では、つくり得ないシークエンスを生み出し、そこが起点となり新たな界隈を生み出している。

坂道には印象的なカーブを持つものがあるが、文京区に茗荷谷から小石川庭園へと下る湯立坂という坂がある（図 2-29）。これは『御府内備考』によると、この地で茶湯の奉納があったことから名がつけられ、近世からその名が知られた坂である。坂は小石川に向かって下り、坂の中腹で右に曲がりながりながら下っている。坂の沿道は、片側が戦前に構えられた屋敷地で大木が茂っており、もう片側は窪町東公園という線状の公園が斜面に沿って設けられている。

これによって、沿道から樹木が覆い被さり、視野に建物のスカイラインが入らず、みどりのトンネルを行くことになる。さらに街路線形の曲がりで先が見通せない。北側へ下ると小石川植物園、南側へ上るとお茶の水女子大学という大規模な緑地が、坂のカーブを曲がるとはじめて一つの視野に収まり、景観を動きのあるものにしている。

図 2-28　新宿・都電跡地四季の道
旧都電の跡地である四季の道は都電のカーブした線形をそのまま活かしたみどりの遊歩道となっており、周囲の歓楽街の雰囲気と一線を画す空間を生み出している。

◆都市の骨格となる周回路

日本で都市空間の中心性について考えるとき、城郭が思いつくだろう。多くの場合、城郭は、それを囲む同心円状の要素と城下町に向かって収斂する街道などのような放射状の要素からなる。ここで、近世に成熟を迎えた城下町の構成方法の一つである城郭を中心に街道と堀割を「巡らせる」ことについて考えたい。

佐賀、姫路、米沢、金沢など惣郭型の城下町に多く見られるのだが、城郭（軍事、政治的中心）と街道（都市の賑わいの場）という相反する要素に常に一定の緊張関係を持たせることで、城郭という「入れない場所」―非公共空間を中心とした城下町都市―に、「輪郭」と「骨格」を与えることに成功している。

金沢では、この都市構造が現代までよく継承されている（図 2-30）。城郭は都市の中心という役割を終え、街道は大名を往復させる都市間交通という機能を失ったが、この近世に完成した堀割、街道による都市構造は、金沢市内を移動する際の周回路として現在まで近代都市計画の中で活かされている。中心性を失いつつも骨格として、都市の賑わいを担う各界隈をつなぎ、都市構造を保持している。香林坊に代表される街道筋にできた多様な界隈が今なお残り、金沢という都市のまとまり感を保つ原動力になっている。

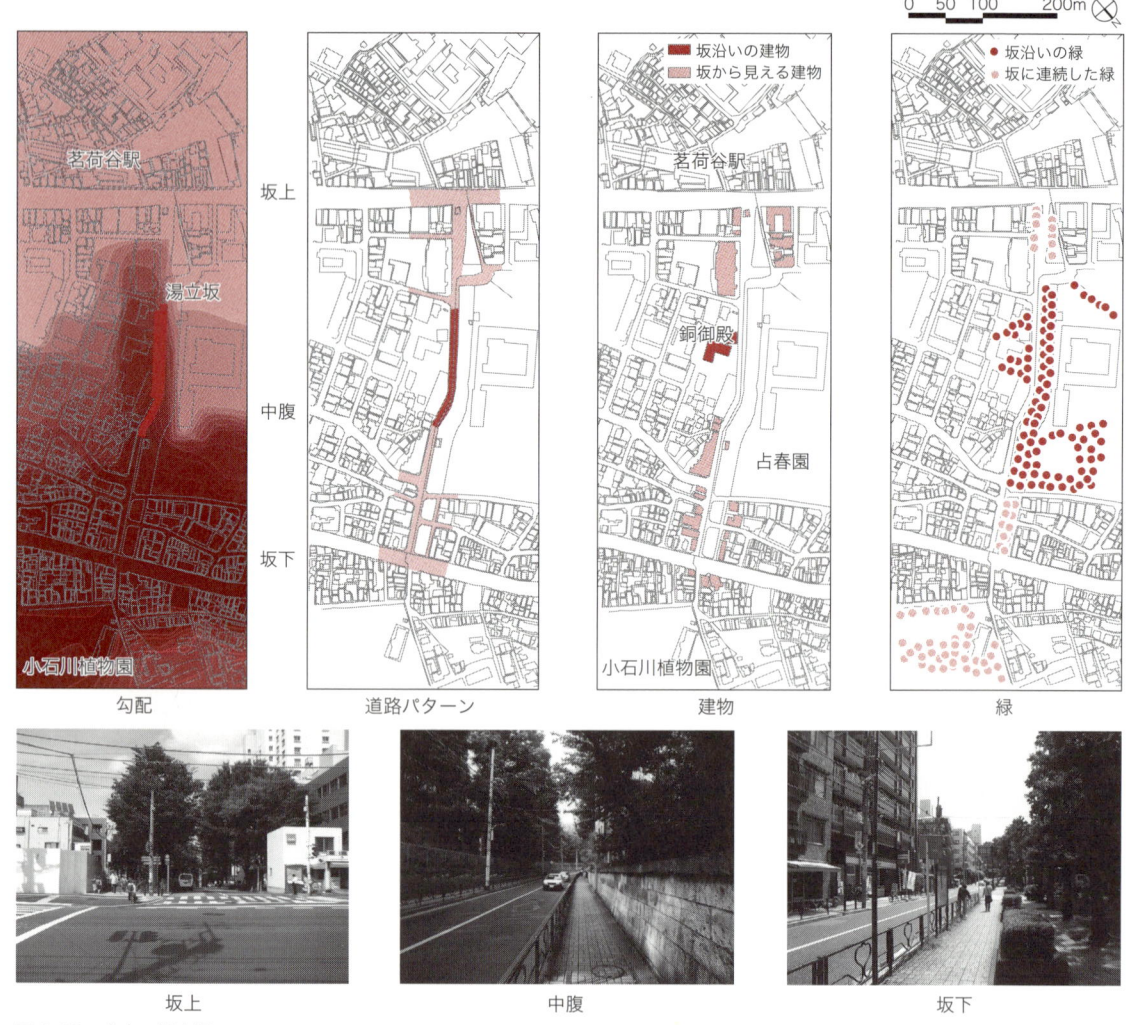

図 2-29 文京・湯立坂
みどりのトンネルが特徴的な都心の住宅地に立地しているこの坂は、道路線形が戦災復興区画整理でも保持された江戸の名残を感じさせる坂である。

2・3 道が多様な界隈となる

◆街路の公園化

街路が都市空間において場所性を付与されるのは、単なる往来としての機能以上に都市の役割が付与されたときであろう。都市空間の何かの役割を、界隈が街路に与えることで街路空間は活かされ、線状の空間は面をなし、多様な空間へと磨かれる。

ときとして、街路の拡幅は、往来を目的とした線であったものが、それ以外の機能を持った面として捉えられる契機となることもある。一方で、街路の場所化は、単純に活動を保証するだけの面積を稼ぐことではない。その空間を読み解く構想が必要となる。

文京区播磨坂は、戦災復興期に環状3号線路線として街路整備された坂である（図2-31）。その後、環状3号線の計画は今日まで実現しておらず、周辺地域では播磨坂の区間のみ実現している。そのため、通過交通を処理する目的には供されておらず、拡幅された街路は桜並木を中心に緑化され、公園として使われている。今では春には区内の桜の名所の一つに数えられ、沿道には西洋料理店などが並び、人々が集い、憩う場として再定義されている。

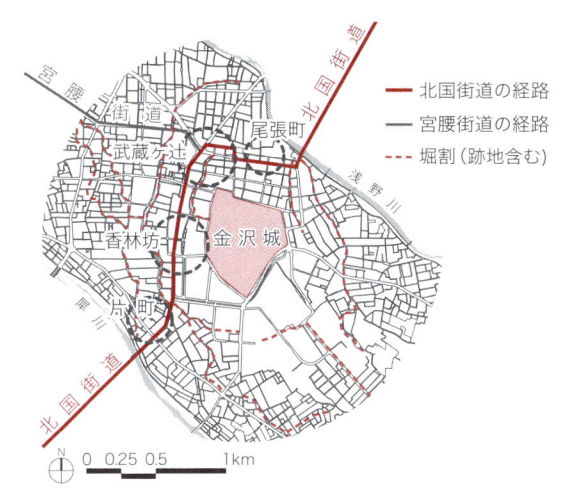

図 2-30　街路を巡らせる金沢城と北国街道
城郭が南東から延びる河岸段丘の突端に位置するため、ちょうど鍵穴のような形状で突端部分の構造に中心性を見出すことができる。用水路から引き込んだ水で満たされた堀割が等高線に沿って同心円状に走り、市街地を貫通する北国街道と宮腰街道がぶつかり、城下町に向かって三方から収束する構造に見えるが、北国街道と堀割は途中まで並走しており、複数の界隈をつなぐ周回路の一部となっている。

このように複数機能を持ち合わせた街路空間は、それだけで界隈をなし、街路が「図」と「地」の「図」として認識される。

他にも、街路の公園化の代表的なものとして、札幌大通公園や名古屋の久屋大通公園などがある（図2-32）。どちらもテレビ塔といったシンボリックな建造物があることはもちろん、そこでは憩い集う人々の姿が空間に意味を与え、公園を起点としながら大通り公園の周囲では、ショッピングや様々な活動が行われ、多様な賑わいが界隈に生まれている。

◆路地が界隈を呼び起こす

先ほどの広幅員街路とは打って変わって狭い街路空間として路地空間を見てみよう。近年奥へと引き込まれる路地空間は、ヒューマンスケールで親密な空間として魅力的な空間として見直されてきている。京都木屋町周辺で見られる図子や、谷中の路地空間などを例に見てみると、通り沿いとは異なる空間領域として、一筋の路地が周囲の通りと相対化される中で、微細な変化を連ねて、界隈を生み出している。

言い換えると、通りと路地という種類のこな

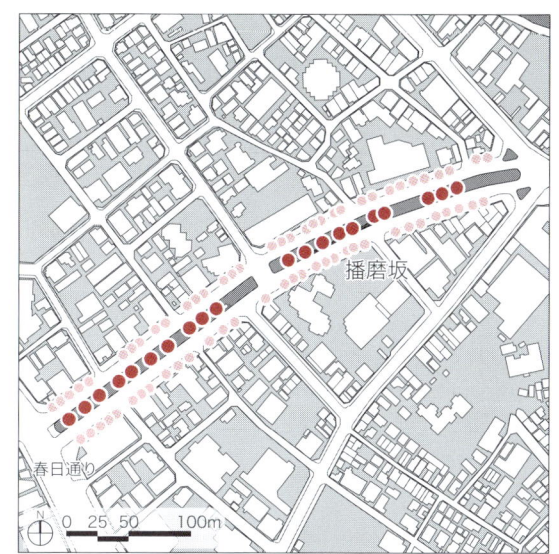

図 2-31　文京・播磨坂
近年では沿道にオープンカフェやレストランなどが立地して、緑道を軸としてさらに一体的な都市空間となりつつある。

図 2-32　札幌大通公園
都市内に造成された大通り公園はまさに街路の公園化事例。

2　街路を場所として設える　77

図 2-33　東京・月島の路地網
近代に造成された整形グリッドパタンの月島には住民の住みこなしの結果とも言える路地が張り巡らされている。これらは直線で距離も長くはないが、あふれ出した緑などによる親密感のある空間が、街区ごとに連続して展開している。複数の路地によって地区のまとまりが形成されている。

る街路の関係によって、通りから路地へ、路地から通りへ、往来の中で地域のまとまりが生まれている。

また、都市内部の引きこもった半閉じの生活空間でもある路地が群として張り巡らされることで、界隈を内発させ、外部にも開かれた活きた空間となる例もある。

月島（中央区）は、関東大震災に前後して造成された埋め立て地で、整形街区による町並みを形成しているが、これらの街区には、長辺方向を貫く無数の路地が形成されている（図 2-33）。これらの路地はどれも 30 m ほどの直線の路地であり、地域の奥性を醸し出す路地ではない。

むしろ、同じ規模の路地が幾本も同一街区に存在することで、それらの微細な表情の変化が、逆に一つのまとまりある界隈を生み出しており、路地という細い線の集合が毛細血管のような路地群によって界隈をつくっている。

◆参道が界隈へ広がる

我が国には、重要な建築や空間に対する多彩なアプローチ街路が存在する。寺社参道や茶庭の露地は、土地の高低差、道の曲折、効果的に配された添景物がつくりだすシークエンス景観によって、心理的な高揚感を誘う。

また、寺社境内、大学キャンパス、公園、官衙等における明快な軸線は、一点透視の構図を生み出し、建築物や空間の象徴性や記念性を高める。その中で、より日常的な生活風景の一部となっているまちなかの神社境内とそのアプローチ街路である境外参道は、境内の外、つまり一般市街地に展開された参道空間である。

境外参道は、境内地縮小の過程でまちなかに取り残されたもの、境内参道を延伸する形でまちなかに新たに挿入されたもの、あるいは起点モニュメントの設置によって既存の街路を参道として見立てたものなど、バラエティに富む。このような空間の履歴が、境外参道の内包する空間文化の豊かさとして顕れてくる（図 2-34）。

芝大神宮（港区）は、1 階を駐車場とし、その上部に社殿を据え、境内地ぎりぎりまで商業・業務ビルが建ち並ぶ都市型神社の様相を呈し、江戸・明治期のそれとは一変した風景が広がっている。

しかし、舗装や街路灯のデザインに関して一定の配慮が見られる街路が神社境内からまちへと伸び、まちを行き交う人々に、潜在的な界隈の空間的広がりを気づかせている。高密・高層化が進むまちなかにおいて、空間的な存在感を喪失する傾

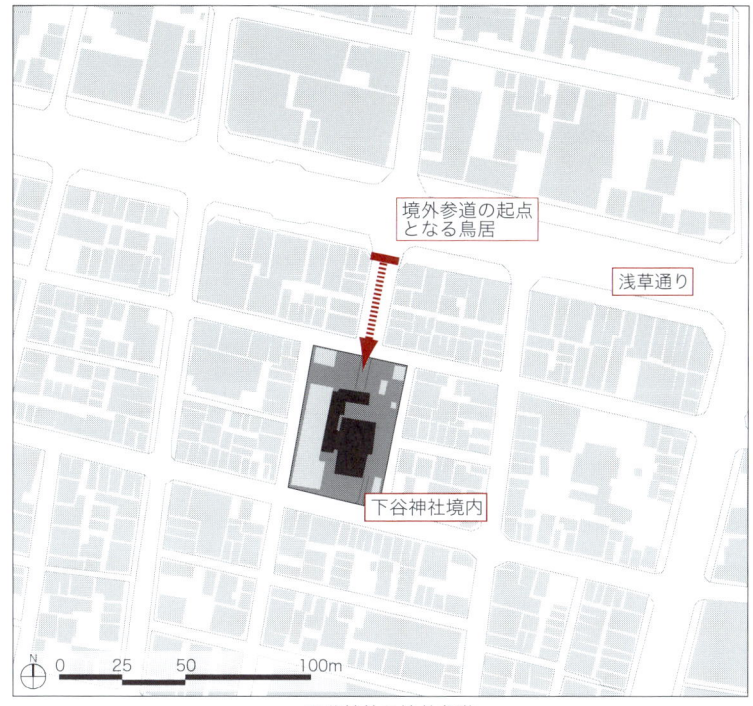

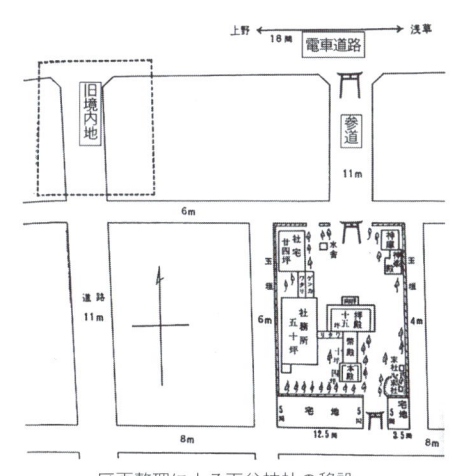

図2-34 下谷神社：東京の境外参道（その1）
境外参道は、街路の参道化および参道の街路化によって起こる空間利用によって培われた豊かな空間形成の事例と言える。

向にある神社境内において、境外参道は往時の境内地の痕跡であり、貴重な都市空間遺産として位置づけられるだろう。

下谷神社（台東区）では、関東大震災後の復興区画整理時に街区内部に移設した境内から、朱塗りの鳥居が設置された幹線道路（浅草通り）に至る、周囲より若干広幅員の街路が新設された。整形に区画されたまちにおける境外参道の存在は、単に界隈の空間的広がりを示すだけではなく、復興をともになし遂げてきたという界隈の強い結束を示している。

新たに付与された境外参道は神社境内を核とした界隈の成立に関わる精神的要因を解き明かす手がかりを与えてくれる。

一方、大塚天祖神社（豊島区）では、境内から大塚駅前まで直線の境外参道が存在したが、戦災

2 街路を場所として設える　79

復興区画整理時の街区再編により、一度は境外参道は姿を消す。

しかし、その後、地元商店街によって鳥居の形をしたゲートが設置され、境外参道としての景は再生された。商店街の門前としての心意気を感じさせる空間である（図2-35）。

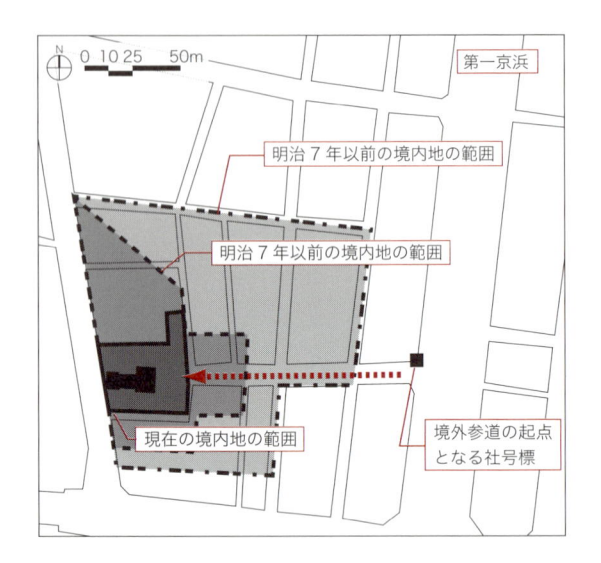

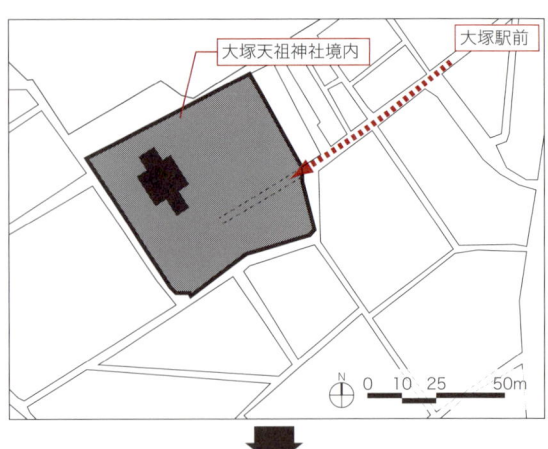

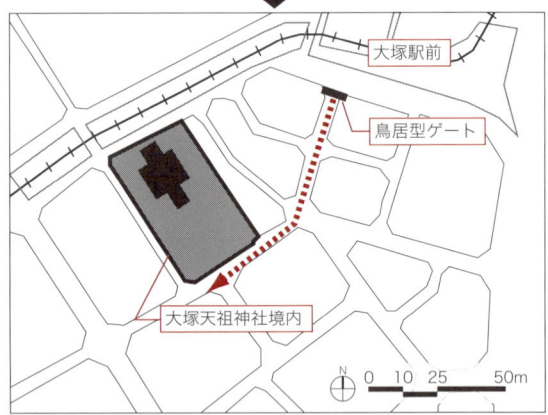

明治期の芝大神宮（写真と同位置）

大塚天祖神社の変遷（戦前と戦災復興後）

現在の芝大神宮の境外参道

現在の大塚天祖神社の境外参道

図2-35　芝大神宮と大塚天祖神社：東京の境外参道（その2）
境外参道は、周辺の都市空間の形成に応じた多様な空間を展開し、参道を軸とした界隈を生み出す。
芝大神宮では、明治以降境内を縮小しながらも、幹線道路の脇にある社号標が今ではなくなった鳥居の代わりにその領域を示している。
大塚天祖神社は、道の形態を変えてもなお変わらない境外参道の特質があらわれている。

80　第2章　街路を配する

第3章 細部に依る

　「都市建築」という言葉を「都市に建つ建物」ではなく「都市としてふるまう建物」と解したい。本章では、1）全体が細部を保障するのと同時に、細部が全体（都市）のあり様を内在させていること、2）細部が閉じた部分としてではなく、全体（都市）に対して開かれたネットワークとしてあるということ、3）細部に全体（都市）を個性づける要素が付与されているということ、という三つの視点から都市としてのふるまいを見ていく。

　では、細部が全体を保障するとはどういうことか。都市計画は常に全体性を志向するが、全体という形で抽象化されてしまう前の個々の都市空間は、一人ひとりの生活者の実感や経験において支持されていなければならない。人間の接する空間スケール、つまり建物や場所がしっかりと人々に向き合って存在していなければ、どんなに全体として機能的で美しい都市であっても意味がない。

　細部が閉鎖系ではなく、開放系であるということは、単に建物の話ではなく、都市に暮らす人々のつながりへの意思を意味している。都市は粒子化された個人の集合体ではなく、個人同士を結びつけ、社会という関係性を生み出す広場である。細部に都市への回路を付加することで、私たちは望むべき全体への階梯を実感することができる。

　細部に付与される都市の個性は、都市の文化とも言い換えられる。細部に綿々と受け継がれてきた伝統的な技術や材料がはっきりとした形を持って表現されている。その一つひとつはとても些細な要素に過ぎないが、そこにその都市に生きた人々の記憶の蓄積や、都市を支える自然、大地の恵みが刻まれていて、そこからその都市の風景、生活、人々のあり様が想像される。

1　個のうちに全体を込める

禅の世界では、全体と個という二分法を超えた、「個即全」「全即個」の心境があるという。都市や地域についても同じような心境があり得るのだろうか。全体としての地域、個としての建築物それぞれの分別知の先に、いかなる構想力の世界が広がっているのだろうか。ここでは一つひとつの建築や庭園の成立がまちや都市の成立と直につながっていたり、まちや都市のあり様を写し取ったりする様子を「部分が全体を孕む」現象と捉えて、考察を加えていきたい。

1・1　全体性を担保する「部分」

　全体性を担保する部分という一見、わかりにくいことがらを最も身近で示してくれているのは、我が国の伝統的な町家である。町家の特徴は、その都市性にあると言われている。町家は常に通りやまちの気配とともにある。

　町家は通常、隣家と壁を接して建ち並んでいて、隣の家での隣人の気配が常に感じられる。また、特に町家の通りに近い側では、すぐ先に通りがあり、その通りを行く人々の姿が、決して窓からのぞいているわけでもないのに、道端の会話や道行く足音などからその表情も想像できるほどにはっきりと感じられる。町家の奥の方、中庭に面した縁側等でも、隣の家の、やはり裏庭から敷地の境界を超えて吹き込み、抜けていく風から、そうしたまちの気配を感じることもある。こうした町家に佇みながらまちを意識する、いわば「自分の家にいてまちを感じる」ということは、かつて多くの人が町家で生活を営んでいた時代では、皆に共有されていた感覚であった。

　「町家」という言葉の「町」＋「家」の組み合わせは、実に言い得て妙である。何故なら、町家の本質は、まちの気配という表現で述べた町と家との関係づけにあるからだ。江戸時代に完成され、現在まで引き継がれている町家の敷地内での典型的な配置は、地方ごとに違いはあるが、たとえば、通りに接して主屋（ミセーナカノマーザシキ）が配され、その奥に庭、離れという公から私へ至る空間構成に代表されよう。そして、それらが櫛比して通り沿いに並んでいる。個々の主屋の間取りや意匠は多様であり、庭や離れも同様に、個々の建て主の意図が込められた、自律的な存在である。しかし、重要なのは、町家が建つ敷地の奥行方向の長さは、各地域の地形条件や町割りが規定するため敷地ごとに大きな差はなく、主屋の奥行きもほぼ定まっているので、庭の位置がほぼ一定しているということである。

　この空間構成を敷地単位の「家」ではなく、「町」として見ると、庭の集合は、一敷地を超えて横に連続した空地ということになる。そしてこの敷地を超えた連続性があってはじめて、個々の庭が、通風や採光、あるいはプライバシーの確保といった環境面での性能を発揮することになる。つまり、連続した庭の集合が「町」全体の居住環境を確保する装置となっているということである。見方を変えると、個々の庭同士は相互に環境を保証し合う関係にあり、それぞれが「町」というスケールでの環境性能を担っているのである。「町」の居住環境という全体性が、自律的な部分のあり様に委ねられると考えてよい。

　近代以降、日本の居住環境は、個別の家屋単位での内部環境の制御技術の発展、最低限の相隣関係の法的担保のみの敷地主義での市街地形成を旨として、全体と部分との関係を断ち切りながら形成されてきた経緯がある。

　しかし、川越、高山、京都、金沢といった今も歴史的な町並みが維持、保全されている地域に行けば、今でもこのような全体性を担保する部分としての町家の空間を体感することができる。また、循環型社会形成を目標として、自然環境に抗する

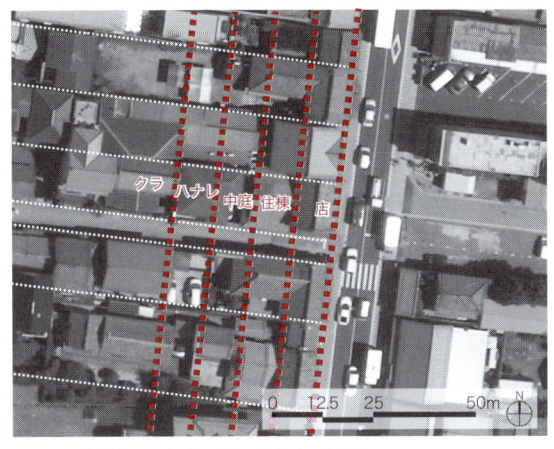

図3-1 川越の町家群に見る敷地内の配置ルール
敷地内での町家の配置のルールが明確に見て取れる。川越の一番街のデザインガイドラインである『町並み規範』では、これを「各敷地ごとの建物が一定の配置パタンに従うことによって、お互いの環境を守りあっている。その棟配置パタンについて、隣どうしで了解しあった目安が必要である」とし、「四間・四間・四間のルール」としている。たとえば、右の写真では、主屋の裏手の中庭の位置が、隣り合う敷地でおおよそ揃っているのが見て取れる。

のではなく、うまく適応するパッシブな環境制御が再び脚光を集めつつある現在、そこでのライフスタイルも含めて、ある種の規範性をこうした町家に見出す傾向も見られる。

　川越では、早くから町家の配置に込められた全体と部分の両立関係を構築しようとする意図を町並みに受け継がれてきた規範として解釈し、敷地一杯に建てる店、南側を開ける住棟、中庭が敷地の奥行き方向に対して4間ずつで連なる「四間・四間・四間のルール」として明文化し、『町づくり規範』として現代のまちづくりに活かしている。それは、全体性を担保する部分の確立という歴史的な町並みから読み取ることができる意図が、今後の都市空間を構想する力となり得ることを指し示しているのである（図3-1）。

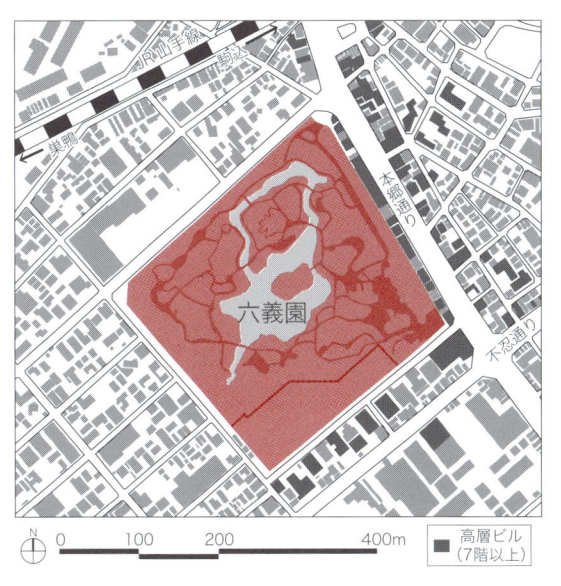

図3-2　東京・六義園と周辺の市街地
六義園の西方に広がる住宅地は、大正時代に大和郷として開発された高級住宅地であるが、町割りは単純な方形街区であり、ある全体性を持った世界観を凝集した六義園の空間構成とは対照的である。この全く異なる空間同士は、塀一枚で区切られてきたが、主に本郷通り沿いの高層建築物によって、そうした境界が崩れつつあるのが現状である。

1・2　世界を映し込む個

◆秩序を具現化する庭園

　現代の都市において、多くの人に開かれて、貴重なオープンスペースとして親しまれている庭園は、古来、古今東西を問わず、災害や戦乱が絶えることのない現実の世界の中で、安全や心の平安を願い、その具体的表現として築造されてきたものである。したがって、庭園で重視されたのは秩序ある世界の具現化であった。日本庭園で言えば、古代、中世の庭園では、神仏の世界こそが秩序ある世界のモデルだったので、浄土の庭、禅の庭が中心となり、近世以降は、日本三景や富士山等々、現実の観光名所となっている誰もが良いと感じる風景が庭園に写し取られることになった。

1　個のうちに全体を込める　83

特に近世になって生み出された池泉回遊式の庭園では、庭園自体が幾つかの境域に分割され、それぞれが名所を写し取った景観構成をなし、人々はそれらを巡ることで、世界を体感することができたのである。つまり、庭園という限られた一つの空間の中には、ある明確なコスモスが存在していた。庭園が都市において未だに意味を持ち続けているのは、オープンスペースとしてだけではない。多様な秩序が積層し、一見、無秩序にも見えてくる複雑な存在、全体を把握するのは難しい存在としての都市の中で、こうした庭園は、把握可能な世界観、秩序を対置的に提供し、体感させてくれる安寧の場なのである。

たとえば、五代将軍徳川綱吉のもとで大老格にまで出世する柳沢吉保が作庭した東京駒込にある六義園は、和歌に詠まれた八十八の場所や風景を園内各所に配し、それらを回遊する構成となっている。庭園という閉ざされた部分に足を踏み入れることで、普段、総覧することのできない世界が体験されるのである。

ただし、六義園の周辺に広がっているのは、普段の生活の秩序であり、その日常的な世界と六義園の非日常的な世界との接続については十分に慎重になされる必要がある。六義園の中から目に入る周囲の高層ビルや屋上看板の背面が気になるのは、庭園が単なる一つのオープンスペース＝空地ではなく、そこにある一定のスケール感のもとで凝縮された、日常とは異なる世界観＝全体性を有しているからなのである（図3-2）。

◆界隈性を映し込んだ建物

界隈性を建築の内部空間に映し込むということも、個即全の一つの典型的な現象である。つまり、界隈を回遊してみた際の印象と、その界隈を構成する一軒の家屋に立ち寄った際の印象とが、お互い違うものであることを頭では理解しつつも、どうしても切り離すことができない、一連の経験として感じられるという現象である。

たとえば、新宿区神楽坂の料亭がその典型であろう。神楽坂の料亭が立地しているのは、風情のある路地が折れ曲がりながら奥性を演出している

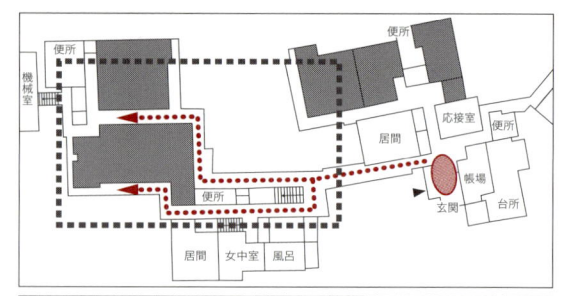

図3-3　東京・神楽坂の料亭とその界隈
料亭・松ヶ枝（1953年築）の1階配置図（上）と1952年の神楽坂3丁目界隈（下）。

界隈である。そうした路地の奥手にある料亭にたどり着くと、その料亭の建物自身のプランもまた、廊下で奥へ奥へといざなわれる構造となっている。つまりこの料亭の建物にも、その周囲の世界の特徴が備わっているのである。

より具体的に料亭・松ヶ枝（1953年築）の1階配置図と1952年の神楽坂3丁目界隈の地図を見比べてみたい（図3-3）。料亭では奥に設けられた客席に至る客の動線が幾通りかできるような工夫がなされている。

一方、界隈レベルでは、奥まった場所に立地している料亭へ行くためには、客は神楽坂通りから本多横丁または仲通りを経て、路地空間にたどり着くが、さらにここでも料亭に至るまでの動線は幾通りか選択が可能となっていた。料亭に来る客は内外で他の客と顔を合わさずに楽しむことができた。界隈が主役なのか、建物が主役なのか、その役回りは時と場合で入れ替わるのだが、界隈の空間構成と建物の空間構成に同じ原理を貫くことで、お互いの印象、花街の世界観はより一層、強

図3-4 東京・下北沢駅前北口食品市場と下北沢のまち
下北沢駅を降りるとすぐ目の前に立地していたのが下北沢駅前北口食品市場である。市場内の通路は北口と南口をつなぐ動線でもあった。今後、この食品市場の敷地には駅前広場が造成される予定である。下北沢ならではの界隈性の消滅が危惧されている。

てみると、実は下北沢のまちの魅力と重なるところが多い（図3-4）。下北沢のまちも、十字に交わる二つの鉄道路線が生み出す四つの象限からなり、一度でも把握できれば決して迷路などではないまちであるが、そこに飲食店から洋服屋、雑貨屋などが多種多様な小規模な個店が集積し、車が通り抜けない程度の道に密度高い人の流れがあり、極めて回遊性の高い界隈をなしている。

北口市場はこうした回遊の中の一つの見せ場であったが、それがなぜ、見せ場なのかを考えると、おそらくそこに下北沢的な界隈の魅力が凝集されて存在していたからである。都市において部分と全体の関係は、部分の合計で全体が生み出されるというだけではない、部分の中に全体が宿るということがある、ということを、下北沢の北口市場が示してくれていたのである。

いものになっていると考えられる。

より身近な例として、東京で若者に人気の下北沢の事例を見てみたい。小田急線の立体複々線化工事が進み、再開発問題に揺れる下北沢であるが、その中で消えていってしまった下北沢駅前北口食品市場は、闇市が起源と言われるマーケット空間であった。この北口市場は複数の店舗空間が一つの屋根のもとで一体となっていた。

かつてはその名のとおり食料品専門であったと思われるが、80年代以降、洋服、靴、アクセサリーなど様々なものを売る店が進出し、一つひとつの店舗は小さく、構成は雑多となっていた。通路はすれ違いはできるが3人並んで歩くことはできないくらいで、実は途中で二つに分かれてまた合流するだけの単純な構成なのだが、その通路の狭さと天井の低さが迷路のように感じさせ、回遊の愉しみを生み出していたのである。

こうした市場の特徴は、少しスケールアップし

1・3　風景をつかみとる建築

建物と風景の関係は、建物はしばしば風景を享受する場であるとともに、それ自身が風景を形づくる一要素であるという点が重要である。風景をつかみ取る建築といっても、その風景を自ら損ねることなく、また多くの人が享受している眺めを遮ることもしないという条件付きなのである。そうした条件を満たすためには、たとえば、地形上の特徴を巧みに取り込むなどの工夫が必要とされる。そして、そのつかみ取った風景が、多くの人々に共有されるとき、つまり、眺めの場が私的に独占されることがないとき、それは都市空間を構想する建築となる。

広島県福山市鞆の浦にある対潮楼は、1711年（正徳元年）、朝鮮通信使の従事官として来日した李邦彦が「日東第一形勝」なる賛辞を残したことで知られているが、この「日東第一形勝」と表現された具体の風景は、その座敷に上がれば誰でもたちどころに理解できる。

座敷の東方には大きく開けた窓がある。座敷に座ってみて、その窓枠の中に飛び込んでくるのは、景勝地である仙酔島の姿である（図3-5）。この

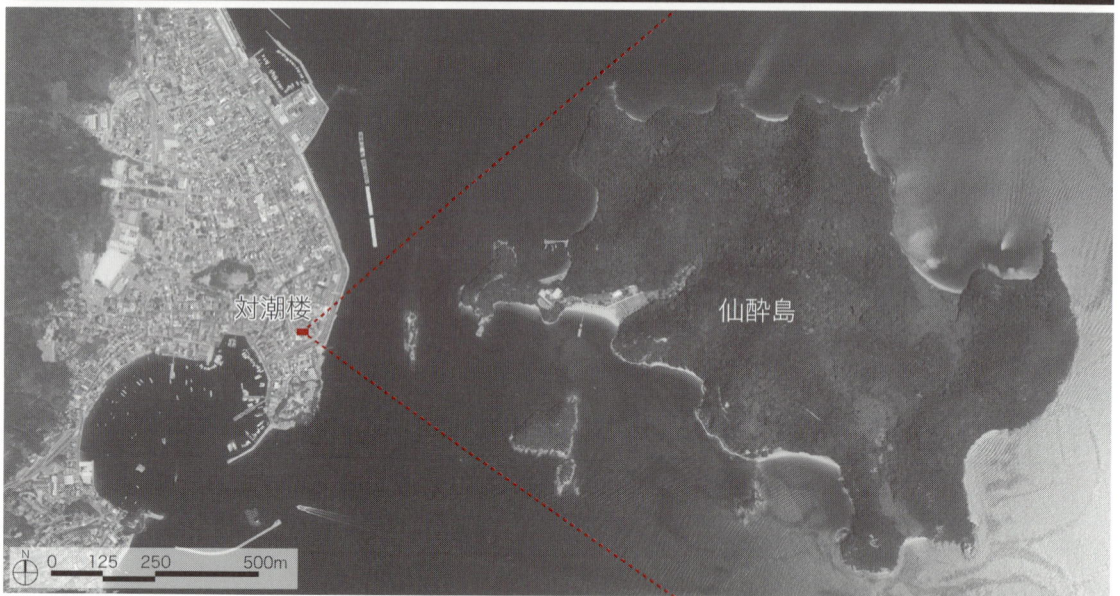

図 3-5 鞆の浦・対潮楼からの眺め
江戸時代から変わらぬ眺めである。なお、鞆の海岸沿いには、対潮楼と並んで、多くの旅館がやはり仙酔島方面への眺めを取り込むような大きな開口を持つ客室を並べていたが、その窓先の海岸沿いを埋め立て県道が延長されて以降、趣のあった旅館は全て中高層のホテルへと建て替えられた。それらのホテルの客室からは確かに今も雄大な海の風景を眺めることができるが、ホテル自体がまちなかから海方向への眺めをさえぎる壁となってしまい、まち全体の風景的価値は低下してしまった。

島がまるで絵画のように窓枠に収まっているのである。この対潮楼はその名のとおり、もともと海際で、周囲より少し高い切り立った崖上に立地しているのに加え、建物の角度を振ることで、借景という形で大きな風景をつかみ取っているのである。

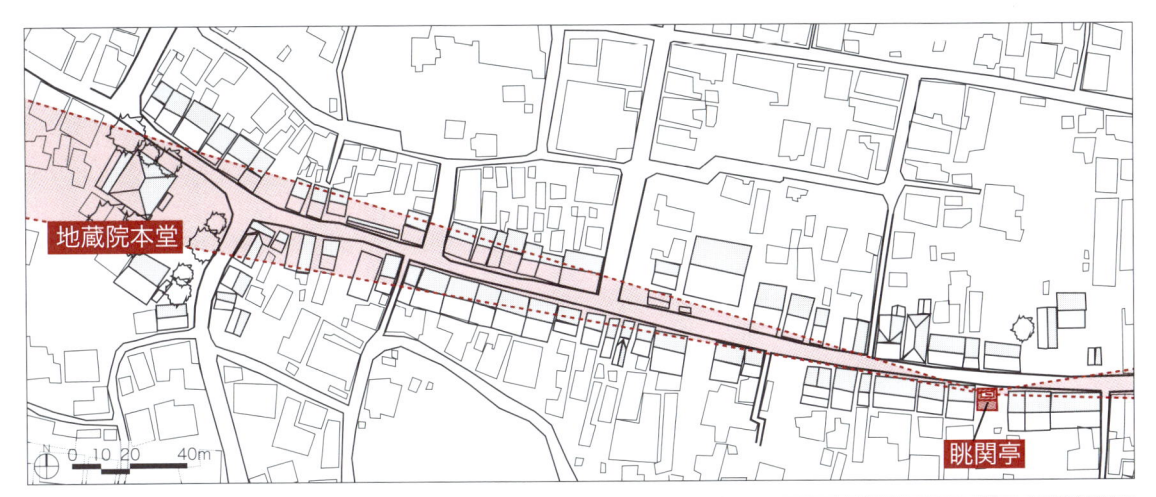

図 3-6 関宿の眺関亭とそこからの眺め
関宿の町並みの中ほどにある眺関亭は、町並みとの調和を図りつつ、新たな眺望体験を生み出している。この建物自体が、そこでつかみとられた町並みの一部となっている。

　そして、かつては朝鮮通信使の正史の宿泊場所に選ばれたように、ある限られた人々のみが享受できた風景は、現在では一般に広く公開され、窓枠によって切り取られた風景は、鞆というまちの一つの象徴となり得ている。

　また、東海道の旧宿場町で、町並み保存の取り組みで知られている三重県の関宿では、本陣や脇本陣、旅籠の建物が往時の姿そのままに並ぶ宿場町の町並みのちょうど中央付近に、百六里庭と名づけられた休憩用の小さな公園があり、その公園の通りに面したところには、町並みの連続性を維持するように伝統的な意匠を意識してつくられた眺関亭という建物がある。

　この眺関亭は、2階に上ると屋根上に出ることができ、そこが一般に開放された展望台となっている。ここからは関宿の宿場町の全貌を俯瞰することができる（図3-6）。

　それは決して伝統的な眺めではないが、美しい屋根並みの向こうに関宿を象徴する地蔵院本堂の甍、そして宿場町を取り囲む山々までの見渡しは、このまちが今まで維持してきた全体性、この宿場町の基幹的な構造を視覚的に強く意識させる。あくまで周囲の町並みに調和する個の姿をとりながらも、そこに全体性を込めることが可能であることを教えてくれる。

1　個のうちに全体を込める　87

2 個を都市に開く

建築が内にこもるのではなく、積極的に外との関係を構築する意思を持つとき、都市は豊かになる。一つひとつの自律した建築がその周囲、都市と会話することによってはじめて、都市の物語が紡ぎだされる。会話の技法は、視線の意図的な授受にはじまり、人々を招き入れる中間領域の包含、そして、通りそのものの内部への挿入など、多様に展開していくが、とりわけ建築と通り（まち）との接し方、重なり合い方を丁寧に見ていくことにしたい。

2・1　視線の授受

◆隅のデザイン

　都市の中で印象深い建築物は、その前面に庭園や広場がとってあったり、あるいはその建物に向かってまっすぐに突き当たる街路が付設されているなど、単に建物そのものだけではなく、その周辺環境まで含めて一体となってデザインされている場合が多い。直線街路の先の視線の焦点となる箇所に象徴的な建物を置く全体的にシンメトリックなヴィスタをきかせた都市構造がその典型である。

　東京で言えば、国会議事堂や東京駅といったモニュメンタルな建築物は、その前面のアプローチ街路とともに構想されたものである。しかし、そうした大掛かりな周囲の改造は、限られた国家的建築のみに許されるのだろう。他の建築物は、むしろよりしたたかに、自ら周囲の状況に敏感に反応したり、働きかけたりしていくことで、道を切り開いていくことになる。

　たとえば、角地に立地する建築物であれば、すでに交差点というおのずから開けた広場的空間を前面に伴っていると考えれば良い。そうした広場的空間からの視線を集めるデザインを施してきた角地建築は枚挙にいとまがない。誰もが知っている代表例としては、銀座中央通りと晴海通りの交差点角に建つ、時計塔を持つ銀座和光が思い浮かべられる（図3-7）。もともと和光の前身である服部時計店がこの地に新店舗を構える際に導入された角地の時計塔というコンセプトは、1932年に

図3-7　銀座の和光
銀座和光は銀座中央通りと晴海通りという幅員のある両通りの交差点に立地しているため、十分に引いて眺めることができる。銀座にはこの他にも、晴海通りを挟んで和光の向かいにある円筒状の三愛ドリームセンターや、数寄屋橋交差点にあるソニービルなど、角地の立地を活かした印象的なビルが多い。

現在の建物に建て替える際にも継承され、現在に至っている。

　また、和光のような、重要な交差点の角地に建つシンボリックな建物が都市や地域の印象を引き受けるケースとは異なり、一つひとつは何気ない普通の建物であるが、それらが丁寧に人々の視線を受け止めることで、まち全体に建築が都市とのコミュニケーションを張り巡らせている、というケースもある。たとえば、2章でも触れたように、新宿区の早稲田鶴巻町は、戦災被害を受け、戦後に戦災復興の土地区画整理事業がなされた地区であるが、このまちを歩くと、交差点を過ぎるたびに、そこに他のまちとは違う囲まれ感、領域感があることに気づく。その原因は、実は交通安全上、見通しや退避場所の確保、さらには防災性能の向上のために、街路と街路の交わる交差点の隅を斜

図 3-8　早稲田鶴巻町の交差点の展開写真
交差点を取り巻く建物たちは、隅切りに合わせて立ち上げた壁面を持ち、そこにエントランスや窓を配置させ、交差点に対して表情をつくっている。早稲田鶴巻町は、周辺の地区に比べて道路率は高いが、通過交通は少ないので、こうした建物と交差点が生み出す広場的な雰囲気を感じて歩くことができる。

めにカットした「隅切り」にある。東京都の戦災復興の土地区画整理事業では、この「隅切り」が通常よりも大きくとられている。大きな「隅切り」により、交差点は「十」というよりは、「◇」に近い広場的なふくらみとなっている。それは偶然の効果ではなく、実際に当時の技術者たちの小広場を生み出そうとした構想力の賜物でもある。そして、四隅に立つ建物の中には、その広場的なふくらみに呼応して、入口を隅切り部に設け、さらに視線を意識した角の意匠を施したりしているものがある（図3-8）。つまり、建物の表情をこの交差点に向けているのである。そうした建物が取り囲む、人の気配や賑わいが自然と集まる交差点の連続が、区画整理されたまちにありがちな街路の単調さを回避しているのである。これらは、都市構造のデザイン、街路パタンのデザインが、建築物の形態意匠を誘発している側面も大きいが、個々の自律的な建築が都市に対してコミュニケーションを図っている好例である。

◆桟敷の思想と展開

建築が都市とコミュニケーションを図る、その表現がさらにぴたりとくる装置が、劇場や祭礼の場での伝統的な観客席の一種である「桟敷」である。中世の京都を描いた年中行事絵巻等に見られるのは、加茂祭などの際、碁盤目状の通りの側溝と築地との間に住居から張り出す形で一時的に設けられた掘立ての桟敷であり、後にこれらが常設化し、通りに櫛比する町家になったとも言われている。町家はときにそのもともとの桟敷としての性格を露わにする。

まちを舞台とした祭礼が今もしっかりと生きているまちでは、山車や神輿、あるいは街路で展開される流しの踊りを見るために、各家の2階に通常よりも、あるいは日常的に必要な大きさよりも大きな窓が取りつけられているのをよく見かけるが、これは桟敷としての機能を担保する工夫である。

たとえば、新潟のまちなかでは、ある特定の通り沿いに2階が1階よりも通り側に張り出した町家を見かけることがある（図3-9）。それは、実は新潟まつり行列の経路と対応している。これらの町家は、祭りを見るための桟敷として2階座敷を備えているのである。同様に茶屋街などに見られる張り出し縁側も、やはり通りをまなざす装置である。たとえば、金沢・東茶屋街の町家は、2階の階高を通常の町家よりも大きくとったうえで、通り側に縁側を張り出させている。この縁側が生み出す通りとの「見る」「見られる」の関係が、茶屋街ならではの町並みの特徴となっている（図3-10）。

戦後になって地域振興やコミュニティ形成のために創設されたようなイベント、たとえば、東京高円寺の阿波踊りなどにも建築は呼応している。つまり、こうした商店街の2階の飲食店等が桟敷的に、あるいは張り出し縁側的に活用されることを想定して、デザインされているところをみかける。そして建物側からの「見たい」という欲求から設けられたこうした装置が、祭礼時はもちろん、日常においても町並みを特徴づける意匠を提供す

図 3-9 新潟の張り出し町家
張り出した2階は祭の際に桟敷として利用される。その下の空間は雁木のように使われているケースもある。なお、側面方向に張り出している場合もあり、狭い路地にさらに覆いかぶさるようになっている。

図 3-11 滋賀県・日野の桟敷窓
独特の表情を見せる伝統的な桟敷窓。こうした伝統的な仕掛けは、近年新しく建てられた家々にも受け継がれ、内と外の視線の交歓の文化を育んでいる。

図 3-10 金沢・東茶屋街の町家の張り出し縁側

図 3-12 京都・鴨川沿いの納涼床

ることになり、それ自体が「見られる」要素へと転化している。ここに視線の授受を通じた建築と都市との双方向の強い結びつきが生まれる。

桟敷がさらに独特の展開を見せている例として、かつて近江日野商人の商業拠点として栄えた日野の「桟敷窓」にも言及しておきたい（図3-11）。日野の町並みを特徴づけている「桟敷窓」とは、商家の板塀に四角くくり抜かれた窓のこと

である。もともとは山車が通りを巡行する日野祭を、座敷の中から見物できるように設けられたもので、通りと庭・屋敷の間の視線のやり取りを、空間・時間を限定して可能にする鑑賞装置である。窓を通る本来の視線の向きは、祭り時の「内から外」であるが、近年は、桟敷窓の内側に展示空間を設け、通りを歩く人々に楽しんでもらう「桟敷窓アート」や「日野ひなまつり紀行」といったイベントも実施されている。ハレの日のための特別な「窓」は、内を外に見せることで町並みを活気づけるディスプレイとしても機能している。

京都の鴨川沿いの納涼床も、同様の桟敷的な装置と言えるだろう（図3-12）。二条から五条にかけての鴨川沿岸の店は、夏になると、高床の席を川側に張り出して設置する。こうした川床は、鴨川の河原が見世物や物売りで賑わい、広場化するのに合わせて設置されはじめたもので、近世においては、浅瀬や砂洲に床机を置く形で、現在とは

異なる風景であった。その後、鴨川運河開削等を経て、大正期に治水の目的で鴨川に平行して禊川が造成され、その禊川の上に高床式の床を出す現在の形が生まれた。納涼床は、風の抜ける川べりで、涼しげな流れの中で涼むために設置されたものであるが、今ではその川床の並ぶ鴨川の風景自体が、京都の夏の一つの風物として、見られる景色を生み出している。

2・2　都市の挿入

◆土間の都市性

　町家が都市との接点となっているのは土間である。我が国の都市における家業を含む家事の多くが、農家と同様に土足、水と関係を持っていたために、機能的な観点から各家に設けられたのが土間であった。それは作業場であるだけでなく、表の通りと奥の裏庭や離れとを結ぶ通り庭としての機能を持つこともあった。こうした土間は、ひとたび戸を開け放てば通りと一体化される空間となり、家人だけでなく、多様な人を呼び寄せ、そこに滞留させることができた。土間は外でも内でもない中間領域である。

　近年、歴史的な町並みを大切に守りながら、観光資源としても活かして地域活性化を図ろうという目的で、各地で開催されるようになってきているまちぐるみの催しに、各家にアーティストたちがそのまちを意識しながら製作した現代アートの作品を飾ったり、長らく蔵にしまったままであった雛人形などのお宝を文字どおり「蔵出し」し飾ったりする試みがある（図3-13）。アートやお宝を訪ねて各町家を巡ることで、人々の回遊性を創出しようというものであるが、そもそも、こうした催しはどこのまちでも可能なわけではない。様々な条件があると思われるが、建物の側の条件は、個々の建物が、たとえば、町家の土間のような中間領域を内包していることである。各家で営

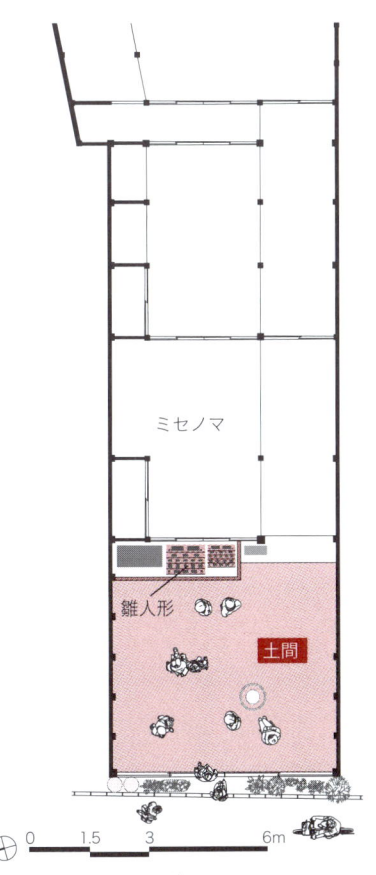

図3-13　コミュニケーション空間としての土間の使い方（鞆の浦・町並みひなまつり時の上杉家住宅）

まれている地元の方々の暮らしはそのままにしながら、外からの訪問客を歓迎できるのは、もともと内でもない外でもない土間があり、そこがアートや雛人形の展示場として活用可能だからなのである。土間は、都市のその時々の要請に柔軟に答える包容力を持っている。

◆軒下の共有領域

建物内部ではなく、通り側にはみ出す形で中間領域を生み出す例もある。一軒一軒が庇や日覆いを大きく通りに出し、そこに商品を並べたりする光景を商店街でよく見かける。それらが連なることで、都市的な装置となる。特に豪雪地帯では、越後地方の雁木、津軽地方のこみせ（小見世）など、冬場の歩行者空間を確保するという目的の

図3-14 黒石こみせ
雪国ならではの軒下の中間領域。黒石のこみせ通り地区は、2005年に重要伝統的建造物群保存地区に選定され、町並みの保存、修復が行われている。なお、新たに整備された広場では、既存の町並みに合わせて、新たにこみせ的な空間が設えられた。

図3-15 内子の床几
内子ではこの収納可能な床几が建物と通り、まちとを結びつけている。

もとで、各家が軒先を提供し、アーケード状の通路をつくっている。青森県黒石の中町こみせ通りなどで今でも健在の幅わずか一間の庇屋根の連なりは、冬場はもちろん、夏場にも日よけとして機能しているが、町並みの統一感を維持する働きも担っている（図3-14）。それは一体的、一斉につくる通常の商店街のアーケードとは異なり、各商家が自分の軒先に出した庇屋根の連続であり、各庇屋根は各商家と同じ木造で、屋根の色彩を合わせるなど各商家の意匠と呼応したものである。

ここには個の自律性を維持しつつ、全体を生み出す構造があり、結果として町並みとして調和がとれているということが重要なのである。

また、こうした連続性はないものの、各家の軒下の共有領域を都市的に活用する工夫として、誰もが気軽に腰かけられるような縁台を設置しているような例も多く見られる。そうした縁台を建物と一体化した装置に、たとえば、愛媛県内子町の町家などで見られる床几がある（図3-15）。バッタリ、揚縁とも呼ばれることのある、折りたたみしまっておくことが可能な床几は、品物を載せる台になったり、あるいは道行く人の涼みの場となったりする。軒下の通路としての機能は確保しつつ、必要に応じて、店舗空間や休憩場所としての活用を可能とする。さりげない小さな装置であるが、それが様々な都市的活動に対応し、そして、さらなる活動を誘発するのである。

◆通り抜け建築

裏庭まで抜ける土間は通り土間、通り庭などと呼ばれ、公的な通りから私的な裏庭、離れへの遷移を担う役割を持っている。そのような公から私への遷移を十分に尊重しつつも、建物の用途が住宅から商店などに転用された場合などに、この通り土間が都市の回遊路に組み込まれ、まちの再生に寄与することがある。

たとえば、旧中馬街道と足助川が並走する足助では、中馬街道と足助川沿いの両方にアクセスを持つことで、結果として建物内を動線が抜けていくつくりとしている商店が見られる（図3-16）。

このような通り抜け建築は何も通り土間をもと

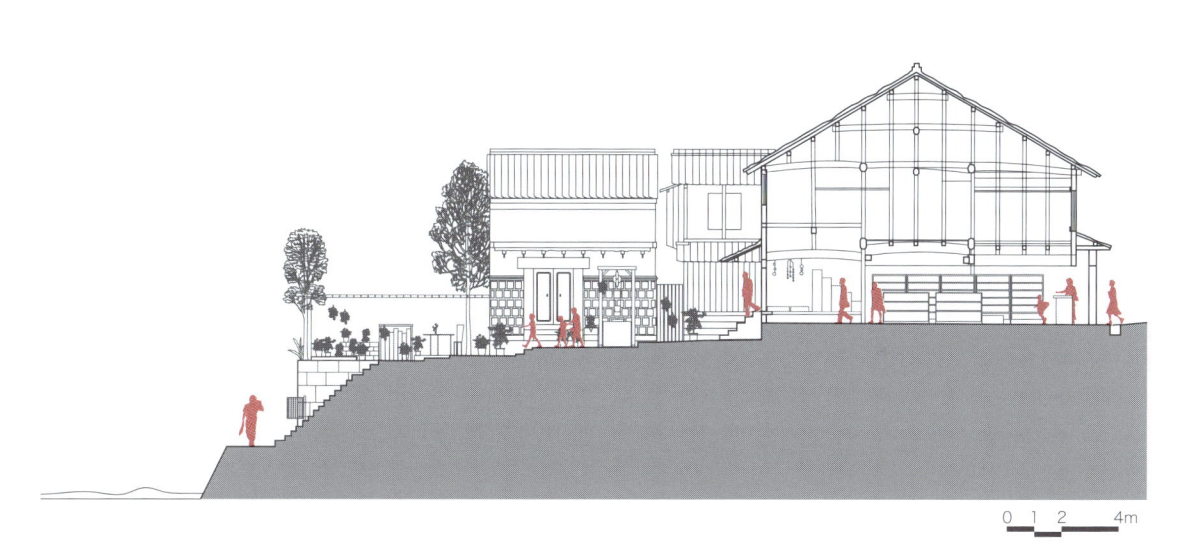

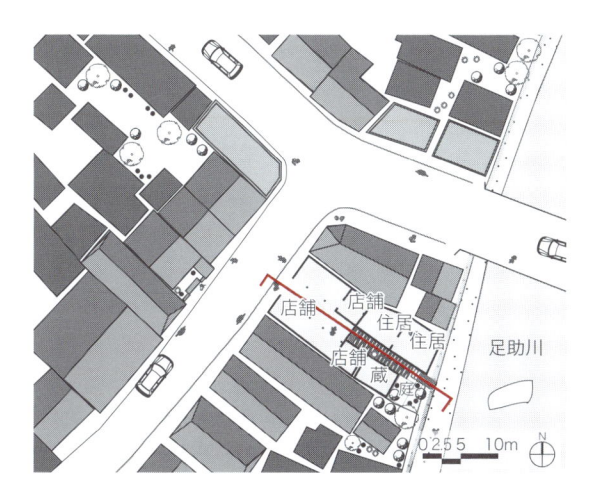

図3-16 愛知県・足助の通り抜け建築
足助のまちなかの通り抜け可能な商店。足助の主軸である中馬街道と足助川沿いの遊歩道とを結ぶ。なお、この商店のすぐ北にある橋の袂からは川沿いの遊歩道に出ることはできない。足助では、他にも、たとえば銀行として使用されていた民家を展示施設に転用した足助中馬館は、この地方では珍しい通り庭をまちの回遊路として活かし、そのまま通り庭を抜けて足助川まで、さらに歩行者専用橋で対岸まで行けるようになっている。

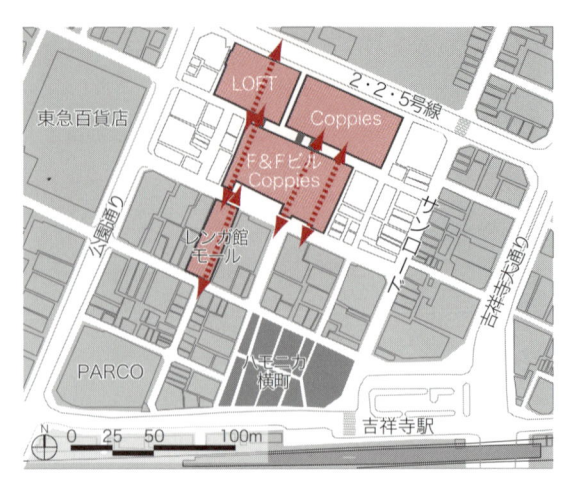

図3-17 吉祥寺の通り抜けの構造
この地区はもとは大学跡地を中心とする一つの大きな街区であったが、区画整理事業により、幾つかの街区に分割された。しかし、周辺の街区に比べると規模が大きいため、建物内に通り抜け街路を設け、周辺街区とスケールを合わせている。吉祥寺の回遊性は、こうした通り抜け建築による街区分割によってもたらされている側面もある。

2・3 未完結の建築

◆まちへの染み出し

　通常であれば、建築内部に、あるいは敷地内部に収めようとする機能が収まっておらず、まちに表出する、ということが、結果として豊かな都市性をもたらすことがある。

　路地にところ狭しと鉢植えが置かれている様子や、商店街で商店から商品が溢れ出した賑わいは、街路がまちの庭として使われている、とても親しみがある風景である。また、街路や広場を使ったオープンカフェのような、積極的に賑わいのあるパブリックスペースを創出していくような光景も、近年、しばしば見られるようになった。これらは、建築と街路とを内部や外部といった観念で区切り、お互いの関係をなるべく断ったうえで、建築は建築としての機能性を高めること、街路は通行という機能を貫徹することに専念してきた近代的な空間操作に対するアンチテーゼでもある。建築の側からすると、それは未完結性をいかに担保するか、という新たな命題を提示している。

　浅草寺のすぐ横の浅草公園本通りでは、100m足らずの通りの両側の大衆的な居酒屋がテーブルを街路にはみ出させて並べている。居酒屋は前面の引き戸を外して完全に街路と空間的に一体化されており、テーブルは建物と街路との境界をなんなく越えている（図3-18）。すでに街路の、都市の一部となったテーブル同士の垣根は低く、知らない者同士のコミュニケーションがとられることもしばしばである。誤ってその時間帯に迷い込んだ自動車は、さすがにこの状況の中では、スピードを出すわけにもいかず、ゆっくりと通り抜けていく。

もと持っていた伝統的な町家のみが可能であるというわけではない。まちなかには、数多くの通り抜け建築が存在している。多くの人に利用されている例では、新宿通りに面する紀伊国屋書店や、JR有楽町駅から銀座方面に向かう際の主要動線を内包する銀座マリオンなどがある。中野駅北口のアーケード街である中野サンロード商店街と連続しているのでときに気づかないこともあるが、その先にある複合商業施設の中野ブロードウェイも、パサージュを模した通り抜け建築である。

　吉祥寺のまちもその骨格に通り抜け建築を持っている。再開発事業で生み出された大街区を、周辺のより細やかな街区スケールに合わせるように、建物内に通り抜け街路を設けている（図3-17）。吉祥寺のまちはその回遊性の高さで人気であるが、その一端をこうした通り抜け街路の存在が支えているのである。

　こうした通り抜け街路は、建築の側から見れば、都市性をダイレクトに建物内に挿入するということに他ならない。建物の中に動線をはめ込むという技法は、特に既成市街地を再編する契機となり得るだろう。

　古書店街である神田の神保町を歩いていると、やはり同じようなまちへの染み出しを見ることができる。しかし、神保町では、そこらかしこで商品を街路に溢れ出させているわけではなく、また、オープンカフェのように公共空間をうまく活用して賑わいを出しているというわけでもない。神保町では、街路に面して設置された書棚がまちへの

図 3-18　浅草公園本通り
浅草の賑わいは多様な通り、商店街の集積であるが、公園本通りは中でも異彩を放っている。個々の店舗の領域は確かにあるが、全体で一つのバザールのような風景を生み出している。

染み出し装置である。

あくまで書棚は敷地の内側にある。しかし、本を手にとって立ち読みする客たちは、公道上に立つ。古書店はファサードとしての書棚という装置でさりげなく都市空間を使っている（図3-19）。周囲の都市空間は立ち読みというアクティビティを、歩道の通行の邪魔にならない限りにおいて鷹揚に受け止めているが、それは来街者にとっても書店主にとっても好ましい都市的な光景だからなのである。そうした光景を大掛かりなシステムではなく、個々の建物のさりげなくまちに浸み出す仕掛けによって、生み出すことができるのである。

図 3-19　神保町古書店街の本棚がつくる町並み
都市空間の存在を前提とした建築。書店街では立ち読みという行為によって比較的長い滞留が生じる点が、通常の商店街との違いである。

◆廊下としての街路

都市の街路を建物の廊下として読み替えるというのも、未完結の建築を生み出す一手法である。鉄道の乗り換え駅での、駅という建物内部にいると思っていたら、いつのまにか一度、外に出てしまい、そして少し歩いてまた駅の内部に戻るといった経験を思い起こしたい。

たとえば、東京の世田谷区の小田急線豪徳寺駅と東急線山下駅は、名前こそ違えど乗り換え可能な関係にある。実際にはその間にある短い商店街を介して乗り換える構造になっている。人々は日常の乗り換えという行動の途中、わずかな移動の

2　個を都市に開く　95

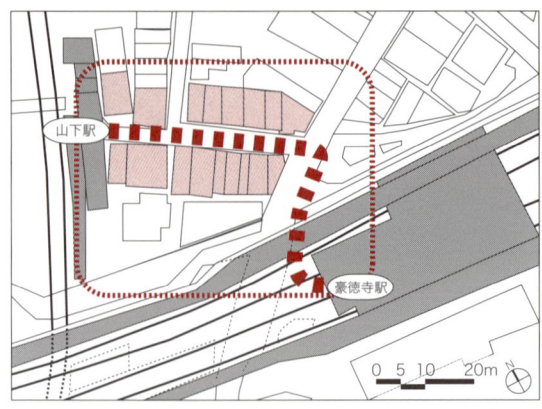

図3-20 小田急線豪徳寺駅と東急線山下駅との間の短い商店街　急ぎ足で通り過ぎることが多いが、都市との接点となっている。

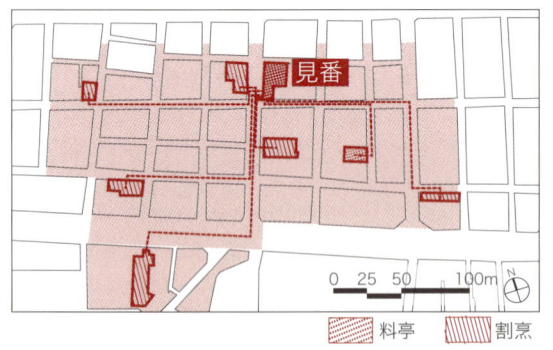

図3-21　浅草・観音裏の花街の構成

時間にまちを体験する。中途の空が晴れるひとときが、都市との確かな接点となって、移動時間を豊かにしているし、まちにとっても賑わいをもたらす（図3-20）。

こうした関係がさらにまち全体に拡大されると、まちに賑わいがもたらされる。その典型は、駿河台を中心とした神田の大学街であろう。複数の大学や予備校が「○号館」といった名前の校舎を地区内に散りばめている。そして、まちの街路が各校舎をつなぐ廊下として使用される。若々しい学生たちの雑然とした活気が風景の活力となる。

なお神田では、大学に限らず、共有の会議室や機器を集めた核となる施設を設置して、近隣の中小ビルの空き部屋の活用を促進している。都市という廊下を介して、個々の建物の再生が連携するという構想である。

廊下としての都市が美しさをも醸し出すのは、花街である。花街では日暮れ頃から料亭や割烹、料理屋の灯りが点り、芸妓たちが、まちの中心の見番を経由して、それぞれ呼ばれた店へと歩いて出かけていく。見番から店までの通り道は芸妓たちにとって仕事場への廊下となり、それがまちの風景を彩る。まちに分散した施設が、実は見番を中心としてつながる伝統的な分業システムで結びついている。芸妓がその結びつきを顕在化させ、非日常的な美しい風景を生むのである。

たとえば、浅草の観音裏には、見番を中心として、割烹、料亭が分散して立地している。帝都復興区画整理事業によって碁盤目状に整えられた町並みは、一見するとあまり特徴がないように感じられるが、夜になると、店先の看板の灯りが点り、風景は一変する。芸妓たちもその風景の中を歩いていくことになる（図3-21）。

一敷地や一建築で完結してしまわないこと、それは敷地や建築という枠内でみれば何かが欠けていることになるが、一方では、極めて大切な都市や地区との関係性を獲得するということになる。意図的な未完結性は、都市空間の構想力に転化するのである。

3 細部に都市を纏う

私たちのあり様を規定するのは小さな小さな遺伝子である。その遺伝子は、一つひとつの細胞の核の中に収められている。都市やまちにおいても同様である。都市の細胞、それは究極的には一つひとつの建物よりもさらに細やかな、建具や建材、素材といったエレメントになる。こうしたエレメントにも、まちの遺伝子が確かに収められているのである。「木を見て森を見ない」ことは避けるべきだが、森ばかりを見ていてもわからないことがある。さらに言えば、木を理解するためには、ときに枝葉や樹皮の肌理にまで目を配る必要がある。

3・1 意匠の中の都市

建物のさらに細部が町並みの印象の鍵を握ることがある。それはたとえば、茶屋ならではの視線の操作、つまり外からは建物内を覗けないが、内からは外の様子が把握できるための工夫として生まれた金沢の茶屋街を印象づける目の細やかな紅殻の格子、京町家に見る職業ごとに異なる意匠を有するやはり紅殻の格子、そのさらに細部に多様な意匠を施した竹原の町並みを特徴づける竹原格子などで、各地の町並みの代名詞となっている。

またそうした格子に重ねる、建具の代わりに建物の外と内を区切る暖簾によって町並みの個性と統一感を生み出している岡山県の勝山や香川県の直島町などの試みも、細部が都市やまちの印象を決めている例である（図3-22）。

はじめ歩いていると、一つ二つ、暖簾の美しさやユニークさに目が止まるが、次第にその数が増えていくと、自ずから、それらがまち全体として取り組んでいる町並みづくりの一貫であることに気づかされることになる。

勝山の場合、もともと草木染めの染織家が実家の造り酒屋にかけていたオリジナルの暖簾が周囲を触発し、まち全体としての取り組みに広まった。ただし、重要なのは、一枚一枚の暖簾のデザインの質であり、その質はまちの伝統やまちとしての取り組みが支えているということである。こうした条件を持った暖簾が、結果として町並みの印象を決めていくのである。

建具や暖簾に加えて、建物細部に施された装飾や意匠も町並みを決定づけることがある。美濃の町並みにおいてひと際目立つ各家の卯達（図3-23）、飛騨古川の出桁造りの民家の軒裏の腕木に取りつけられた様々な意匠を施した装飾的な腕肘木「雲」など、一つひとつは建物の一部材に過ぎないが、そこに家屋所有者の見えや見識、地元

図 3-22 直島の暖簾
店先に暖簾が連なる風景自体はどこのまちにでも見かけるものだが、それが「アート」という直島のまちをあげての取り組みと関係づけられていることが重要である。

図 3-23 美濃の卯達
美濃では、鬼瓦に刻まれた家紋のみならず、そこから末広がりになっている破風瓦や垂れ下がる懸魚の意匠も一つひとつ異なる。

の大工たちの誇りが込められており、それらが集合することで、町並みがその地域らしさを纏うようになるのである。

それは何も伝統的な町家が構成する町並みだけの話ではなく、商店街などで取り組まれる看板のデザイン統一なども、同じような意味合いを持っている。

3・2　まちを練り込んだ素材

建物の建具や装飾のより細部といえば、それは素材ということになる。素材そのものに都市を見出すということがある。

山形県金山町のような町並みを印象づける地場の杉や沖縄に固有のサンゴ塀など、まちの周囲の森林や海の風景といった自然景観を構成する地場の材料が、町並み景観をも構成してきた。

また、陶器で有名な瀬戸市の窯垣も同様に都市空間の素材にまちを練り込んだ例である（図3-24）。

瀬戸の中心市街地の外れ、窯元が集まっていた地区の山沿いに「窯垣の小径」と呼ばれる細い裏道がある。歩いていると、ところどころに見なれない文様を持った擁壁や基壇があらわれる。目を凝らすと、その素材はこの周囲の窯元で使用されていた窯道具であり、それらが縦横様々な形で積み上げられて、独特の文様を生み出している。長年使用しひびが入ってしまったものだったり、不良品であったりしたものを近場で破棄したものだが、単に投棄するのではなく、それを建材として活用することで、まちの活力のシンボルを思い起こさせる。そして、結果として、ここにしかない独特の小経景観をつくり上げたものなのである。

図3-24　瀬戸市の「窯垣の小径」
瀬戸物のまちならではの景観である。そこに使われている一つひとつの建材が、瀬戸物というまちの文化を発信している。

第4章
全体を統べる

　都市は形成される。都市とは、決して自然に発生するものではなく、多かれ少なかれ、人々の何かしらの意思によって形成されるものである。

　こうした都市形成に込められる意思の発現プロセスには、二つの方向性がある。一つは、権力や統率力のある為政者もしくは組織の意思や思想によって描かれた明確な都市ビジョンの空間化による「大きな物語」によるもの、もう一つは、人々の暮らし、地域社会の意思が集まることによって生まれる「小さな物語」によるものである。

　人は、都市に集まって暮らすことによる豊かさを享受しつつ、円滑で安定した都市生活を実現するために、都市に秩序を生み出していく。一見、自らの小さな意思で都市を自由に形成しているように見えて、実際には、大きな社会通念や宗教・思想といった、一人ひとりの力を超えた「大きな意思」に導かれて秩序が生まれている。

　都市は絶えず変化する。人々の意思で絶えずカスタマイズされる都市を見つめるには、時間軸の視点が必要となる。変化する都市空間に安定を取り戻すために、それまでの秩序、すなわち一つの「意図」の上に新たなる「意図」が重なり合う。

　それぞれの「意図」はときに補完しあい、ときに干渉しあう。為政者の計画の上に小さな「意図」が載ることもあれば、大きな「意図」が少しずつ小さな「意図」に分かれていくこともある。また、たくさんの小さな「意図」を結びつける「意図」（糸）が編み込まれていくこともある。

　本章では、今一度、都市に秘められた全体を統べる「意思」（意図の集合体）の網の目を、鳥瞰するというよりは、潜航するような視点で掘り起こすことで、次の都市空間を構想するヒントを見つけ出してみることにする。

1 都市に大きな物語を配する

都市空間という舞台に集まる多くのアクターが、お互いの個性を尊重しながらぶつかることなく豊かな活動を展開するには、これらを秩序づける「大きな物語」が必要となる。広大な都市のキャンバスに大きな物語を描き込むのは容易なことではないが、都市を俯瞰してみると、「空間を面で分ける」（分割）、「空間を線で結ぶ」（連結）、「空間を点で押さえる」（布石）など、秩序を生み出すいくつかの空間技法を見出すことができる。都市のアクターは、大きな物語を理解しながら、割り方、曳き方、押さえ方の中にある隠された「意図」を見抜くことで、個々の生活に豊かさと奥行きを重ねてゆく。

1・1 分割・分節から生まれる秩序

◆空間の二分法

空間に秩序を与える手法のうち、最もシンプルなものの一つは、空間を「分割する」という手法だろう。

たとえば、自然の川の流れによって、右岸の町と左岸の町が別々に位置づけられることもあれば、朱雀大路を中心として行政区が右京と左京に区別された平安京のように、領域を二つに分割するために計画的に「街路」を設けることもある。あるいは、城壁や濠などを用いて「囲う」ことで、管理する領域（内）と管理しない領域（外）との二つに分ける方法もある（図4-1）。

特に、称念寺を中心として発展した寺内町である橿原今井や、平野氏七名家により創出された平野郷などの「環濠集落」では、防御性とともに拠点性を獲得するために、「濠」を用いて内外を区分し、領域化された内部に独自の自治空間が形成されており、そのコミュニティは、環濠のなくなった今でも受け継がれている（図4-3）。

このように、都市空間の領域化に用いられる境界について見てみると、日本の都市における境界は、西欧の中世都市のように堅い城壁で区切るというよりも、柔らかさを備えたものであることが

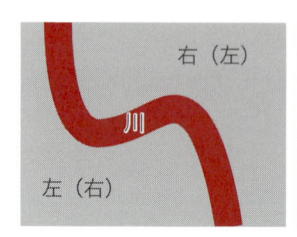

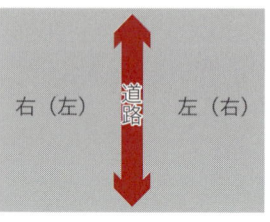

図4-1 都市空間を分かつ境界線（平安京・寺内町・出島）
都市空間を分割して秩序化するために、自然地形や河川（水）、あるいは水路や道路などを用いることがある。また、これらによって、「内側」と「外側」とに分割することでヒエラルキーのある秩序を生み出すこともある。

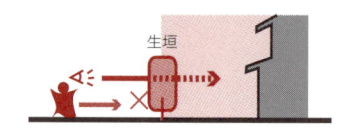

生垣
樹木の枝葉など、細やかなモノの重なりで、空気や視線は緩やかにつながりつつも、侵入自体は遮断される。

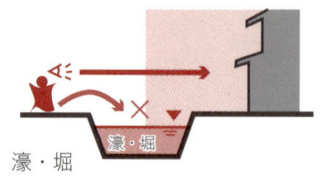

濠・堀
視線や空気、生態系や景観のつながりは確保されているが、水とその距離によって侵入は防がれる。

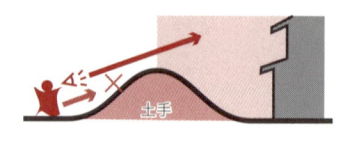

土手
視線はある程度制御されつつ、緩やかにつながる。地形で侵入を制御しつつも緩やかに連続している。

図4-2 日本の都市空間における緩やかな境界線
日本の都市空間は、完全な外と内を分割するような堅い壁というよりも、柔らかな境界線で、外と内が緩やかに仕切られる。室内の建具（障子や襖）、格子や戸のみならず、敷地の境界線も濠・土手・生垣など、緩やかに空間を分割する。

わかる。

地形的に緩やかにつながる土手・土塁、葉の重なりから奥が透けて見える生垣、視線は通りながらも侵入を妨げる濠や水路など、自然的な要素も交えながら、緩やかに「分けつつつなぐ」境界が創出される（図4-2）。

幕末期、開港に向けて急速に都市建設が行われた横浜では、外国人貿易商を尊びつつ管理する必要があった。そこで、河川と水路によって空間を内外（関内と関外）に区切り、新たな都市空間は、長崎の出島と同じく、領域の内部に設けられた。当初、内外は吉田橋他のいくつかの橋のみでつながっており、関の内側で「関内」と呼ばれた。

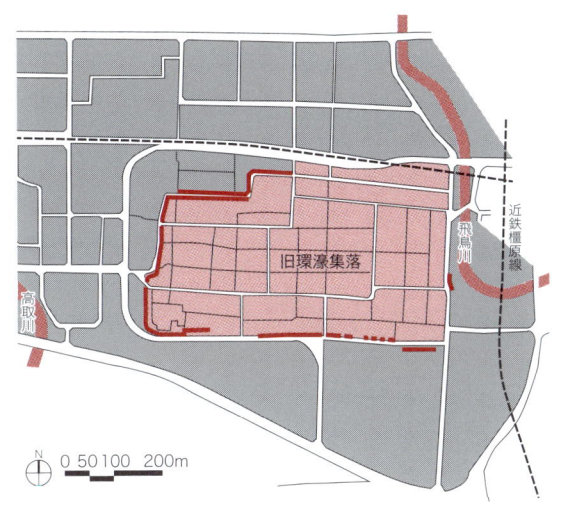

図4-3 橿原今井町の環濠集落
一向宗を中心とした今井郷の寺内町では、外敵の侵入を防ぎ、地域自治を守るため、町の周囲に濠や土塁をめぐらした環濠集落が形成されたが、その後、豊かな財力を蓄えながら自治都市へと成長した。

一方、内部（関内）でも、波止場の軸線を境に、北側が日本人居留地、南側が外国人居留地として領域はさらに二分されていたが、のちに、空間を分ける「境」に意味が付加されていく。

港崎遊郭も失う豚屋火事を契機に、各居留地に火が燃え移らないよう、市街地を「分かつ」広幅員防火街路（幅員 36 m）として日本大通りが整備された。外国人技師の力を借りて、十分な歩道と街路樹も整えられたこの日本初の近代街路は、単なる防災道路としての機能を超えて、象の鼻（波止場）と彼我公園（現横浜公園）を結ぶ港町横浜の基軸をつくりだし、通り沿いには、シビックセンターが形成された（図4-4）。

そして、現在、街路樹を挟んで二列に並ぶ歩道を用いたオープンカフェや、歩行者天国化してイベントに用いられるなど、分かつために生まれた通りは、地域を「結びつける」場としての役割も果たしている（第5章参照）。

◆沢山の面に割る

「町割り」という言葉にもあるとおり、空間を「割る」という行為は、為政者が広大な都市空間をまとめて統括・制御する、あるいは規範を生むための基本的な空間技法の一つである。

南北の大路（条）と東西の大路（坊）を配して碁盤目状に都市を割る、条坊制による藤原京や平城京・平安京にはじまり、中世・近世の各城下町、北海道の開拓都市、山の麓にある斜面都市である函館、上記平安京の碁盤目の上にさらに重ね合わ

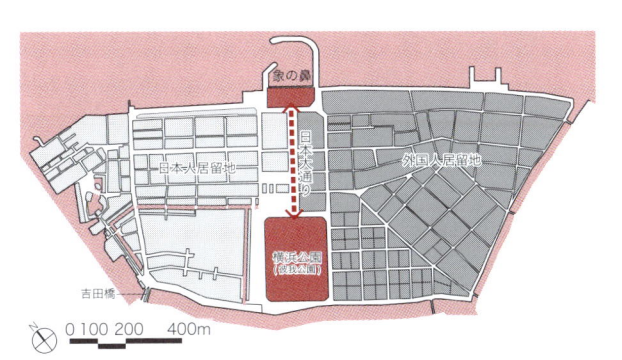

図4-4 横浜・関内地区を分けつつつなぐ、日本大通り
幕末に開港とともに形成された横浜の市街地（関内）において、豚屋火事を契機に、日本人居住地と外国人居留地を分かつ防火帯としてはじめて計画的に附置された近代街路が日本大通りである。イギリス人技師R.H. ブラントンの設計により形成されたこの通りは、横浜貿易の起点である象の鼻と、日本人・外国人が触れ合う彼我公園（現横浜公園）を結ぶ。

1 都市に大きな物語を配する

図4-5 新居浜市住友山田社宅
住友系企業に従事する従業員の社宅は、山の裾野に形成された住宅用地につくられたが、標高によって階級が異なり、幹部住宅、二軒長屋、四軒長屋と順に構成されていた。

さる京都の学区、そして、新たな沿道型住宅地である幕張ベイタウンなど、日本の都市で先端的な新規開発がなされる際の多くで、面を格子（グリッド）状に分割する手法が用いられてきた。

この格子の大きさは、町の構成する単位となり、京都平安京は40丈（約120 m）の正方形、江戸市街地の京間60間（約120 m）や札幌開拓グリッドの60間（約108 m）、大阪（船場）では40間グリッドがまちの単位を形づくる。

一方、宿場町や門前町、あるいは町人地でも同様に土地の分割が行われているが、こちらでは、街路を軸にしてその両側の空間を短冊状に分割する形での町割りが行われている。

こうした分割の手法を用いて、都市空間に機能や社会階層を付与することもある。日本の城下町では、「城下町3点セット」とも言われるように、都市空間を、城郭を中心として、武家地、町人地、寺町の三つに分割し、各々の空間に異なる役割が与えられており、城下町を基盤とする都市では、この「3分割」を基軸にして見つめ直すと、空間把握が容易となる。

江戸東京の土地利用を見ても、その様相は、一見、偶然の積み重ねでつくられたまだら模様のように見えるが、地形や地勢、城郭との関係や周辺との関係を織り込んで巧みに分割された空間が、「布」をいくつも貼り合わせる「パッチワーク」のようにして、それぞれの土地利用が戦略的に配されている。

また、この分割の方法によっては、秩序のあらわれ方も異なってくる。たとえば、土地を同じ大きさ同じ形状に分割することで「平等性」を表現することもできるし、大きさや形状を変えて分割すれば、「階級」を表現することもできる。

別子銅山を礎にして住友財閥の企業城下町となった新居浜では、様々な産業ネットワークを基に都市形成が行われているが、中でも、選鉱場の裏の斜面に建設された社宅街（星越山田社宅）では、斜面を利用した敷地の「高さ」が、そのまま社内での階級をあらわしており、同じ大きさの格子の中に、上から順に、階級に応じた戸建、二軒長屋、四軒長屋が配されている（図4-5）。

◆幹から枝分かれする

蟻の巣では、地面の中に有機的で構造的な居住空間が展開されているが、そこには、集まり分かれるための効率的な仕組みとして「幹」と「枝」というヒエラルキーが構築されている。いわゆる「ツリーシステム」であるが、自然界や生態学的世界、いわば時系列の発展過程を有する分野においては、自然な分割方法であろう。

道に端を発する都市空間にも、枝分かれの分割システムが見出せる。ここでの「割」は、「わる」というよりも、むしろ、「さく」である。『見えがくれする都市』によれば、「さ」という大和言葉は、さか（坂）、さかい（境）、さろ（叉路）など、境界や分割をあらわすとあるが、この枝分かれそのものが、日本独特の緩やかな分割を生み出していると同時に、枝分かれを全体的に俯瞰すれば、樹状の秩序を生んでいることもわかる。

たとえば、新宿区榎地区（早稲田南町・喜久井町など）の街路構造を見てみると、幹となる街路（すじ道）から、枝となる街路（わき道）が伸びており、ブドウの房のようにこのわき道に地域がぶら下がっていると同時に、幹に連なることで大きな共通性を有しながらも、房は、それぞれ独立している（図4-6）。

また、前述のとおり、渋谷の都市構造を見ると、水の流れがつくりだした合流点（＝叉路）の連続によって少しずつ枝分かれする、いわば自然がつ

図 4-6　新宿・榎地区都市構造図
幅員は広くないものの、地域の「幹」になる通りから、各住宅地に向かって「枝」となる街路が分かれていく。

くりだした「ツリー構造」が隠されていることに気づく。

　1980年代以降に進められた、東急やパルコ（西武）の渋谷における都市戦略では、この合流点に拠点となる商業施設が配されており、自然が生み出した「さかい」に、新たな都市のランドマークやアクティビティを重ねることで、水に代わり、「人」がまちじゅうを流れる、しかも一方通行ではない「回遊」を促すことが目論まれていた（SHIBUYA109、東急bunkamura、東急ハンズ、パルコ、など）。

1・2　都市に「芯」をつくる

◆基軸を定める直線

　「軸線」（Axis）が持つ意味としては、端部と端部をつないで秩序づけること、あるいは、端部のランドマークを権威づけることなどが考えられるが、軸線そのものが、「目抜き通り」として、重要な基軸となることがある。たとえば、城下町山形では、官庁（現・文翔館）に向けられた軸線自体が、近代のシビックセンターとして新市街地の中心部に成長する際のシンボル的な役割を果たし

ている。また、長野善光寺のように宗教都市（門前町）でも、寺院までの参道が町の基軸となっていることがある。

あるいは、その軸線が「方向・方位」と結びついて、都市空間の秩序を生み出すことがある。広島平和記念公園からはじまる戦災復興計画において、荒野に都市を取り戻すための秩序として用いられたのが「都市軸」であり、ピースセンターから原爆ドームへと向けられたその南北軸は、都市を超えて、平和へと向かう大きな方向性を描いている。また、90年代に新たな住宅地として計画された幕張ベイタウンでも、都市が成熟するにつれてその意図は見えにくくなってはいるが、富士山への眺望をもとにして軸線（富士見通り）が配されている（図4-7）。

こうした軸線は、市街地の中に隠れていることもある。江戸の下町（銀座、丸の内、京橋、日本橋付近）における碁盤目状の街区は、一見、バラバラな方向を向いているように感じられるが、これらは、中心である江戸城、そして、関東近辺の秀峰（富士山や筑波山）や身近な丘（神田山・湯島台・字丸山など）に向けた軸線（城あて・山あて）が緻密に織り込まれ、多様に重なりあって、構成されている。

◆二重の基軸を曳く

都市の基軸は、時代とともに移り変わることがある。近代の開拓都市である札幌では、幕末に開削された大友堀をもとにしてほぼ南北に流れる創成川が、入植時における開墾の第一歩の軸線であり、この軸線とこれに直交する街路をもとに、60間グリッドの碁盤目都市が形成されている。

一方で、官庁街と繁華街を二分する線状の大通公園は、当初、延焼を防ぐ火防線として計画された空地であり、雪捨て場やごみ捨て場にもなるほど利用度は低かった。明治末期に行われた、長岡安平設計による「大通逍遥地」整備が大通公園としてのはじまりであると言われるが、戦中戦後は、芋畑として利用された部分もあった。改めて、1950年から公園整備が進み、1980年には都市公園として告示され、以降、創成川と直交し、大倉山ジャンプ台へと視線が伸びるこの東西の軸線が、札幌の憩いと賑わいの重要な基軸となる。

一方で、本来の軸線である創成川沿いは、近年

図4-7　幕張ベイタウンの都市構造
バルセロナの133m（400mを3分割）より、やや小さい約100mグリッドを基準に町割りが行われた幕張ベイタウンの新市街地は、富士山への眺望を重視した軸線を基軸として埋立地に形成された。

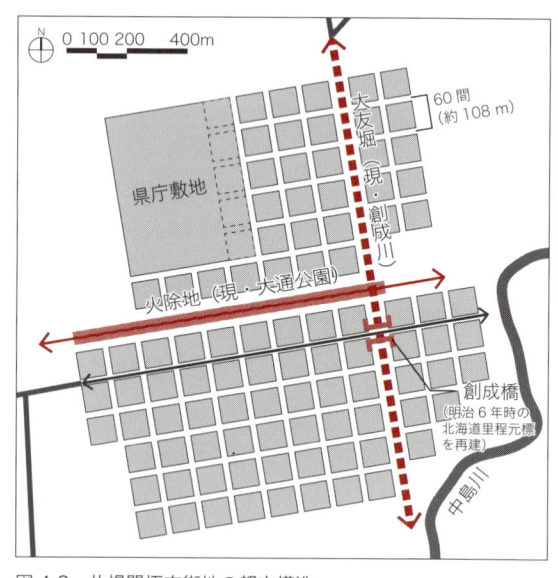

図4-8　札幌開拓市街地の都市構造
大友堀をもとにした創成川を南北の基軸にした開拓グリッド（60間）で構成されているが、これに直交するように、火除地として設けられた地に大通公園が配されている。公園からは、遠くに大倉山ジャンプ台からジャンパーの向かってくる姿が見えるとも言われる。近年、衰退していた創成川沿いが再整備され、新たな生活軸線が獲得されている。

まで、都市の中心から捨て置かれていた。2011年、再び創成川を軸線として位置づけるように川沿いに公園整備が行われたことにより（創成川公園）、札幌市街地は、直交する二本の憩いの軸線を獲得することとなった（図4-8）。

また、時代とともに並行に基軸が積み重なることもある。宇都宮市街地は、中世以来、二荒山神社を核とした宗教都市として育まれていたところに、近世、都市秩序の核として新たに城郭が設けられた。加えて、神社と城郭を結ぶ南北の街路が導かれることで、中世と近世の核を結ぶ一つの軸線が生まれた。さらに、近代の都市秩序の核として県庁舎が設けられると、これに並行して、県庁を望む南北のヴィスタ軸が形成され、さらには、戦災復興土地区画整理によってさらに強化されたこの新都市軸の南端に市役所が設けられることで、近代と現代の核空間が結ばれた。つまり、並行する中世－近世の軸線と近代－現代の軸線の協演が、都市の中心性を高めているのである（図4-9）。

◆芯にまちが貼りつく

垂らした糸に結晶が貼りつくかのように、日本の「まち」は、「みち」に寄り添い、「みち」によって秩序づけられていることがある。

ある場所からある場所まで向かうみちは、街道と呼ばれるが、特に近世には、それまで地形などをもとに自然と形成されていたみちが、国家的統治システムを伴う「街道」ネットワークとして再整備された。さらに、参勤交代による諸藩の頻繁な移動を成立させるために、街道には宿駅（宿場町）が設けられた。宿場町は、徒歩で移動する大名行列の速度に合わせてほぼ均等にあらわれ、各宿場は、それぞれの個性を有しつつも、大きな視点で見れば、街道のシステムによって連結されており、集落構造は街道内で共通している。たとえば、旧中山道の木曽11宿は、少しずつその性格を変えながらも、建築様式も都市システムも非常に類似する連続性をまとっている。

一方、この街道の連続性は、延々と漸進的に続くものでもなく、ときに変曲点や連結点があらわれる。そして、その変曲と連続の狭間で、まち同士の切磋琢磨がうまれることがある。日本橋から東海道の一つ目の宿場町である品川宿では、今でも南北1km強にわたる商店街が連なっている。開設当時、品川宿は中央に流れる目黒川を挟んで北品川宿と南品川宿に分かれていた。当初は、南品川宿が隆盛を極めていたが、北品川のさらに北側に遊興施設のある徒歩新宿が加わり、南北は拮抗する規模となるとともに、北は遊興的性格、南は近郊農村との関係を強める性格のあるまちとなった。目黒川とここにかかる品川橋という分節／連結点の存在が、まちの競争と共創の起点となったのである。

また、街道は物資だけでなく、社会文化も運んでくる。飛騨高山の市街地と周辺集落との関係を見てみると、興味深い。高山は、飛騨地方の流通の拠点として栄えた町人型の城下町（後に天領）であるが、町が形成された金森氏の時代に、高山をハブとした街道（五街道）が整備された。飛騨地方の各集落は、この街道筋に沿う形でぶどうの房のように存在しているが、その集落の性格は、どの街道沿いに位置するかによってそれぞれ文化的特徴を異にしている。

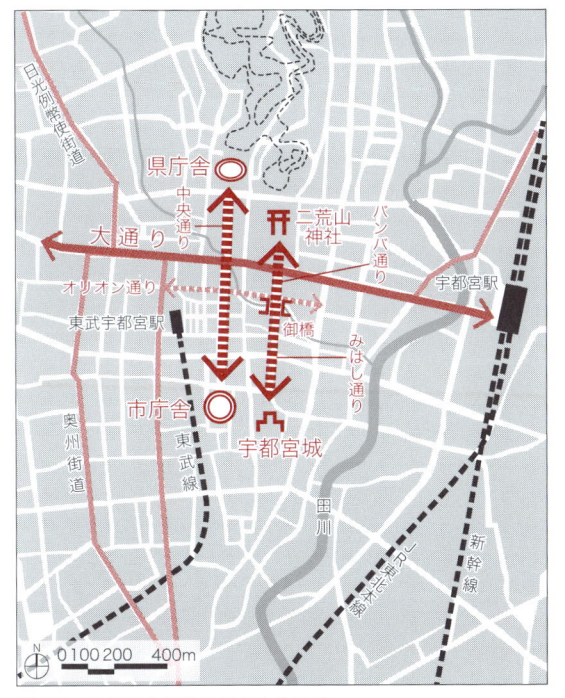

図4-9　宇都宮市街地の並走する軸線
時代の異なる二つの軸線が、都市の重層性を形づくる。

1　都市に大きな物語を配する　105

たとえば、高山中心部と白川郷を結ぶ白川街道沿いにある荘川町一色惣則集落では、かつて、荘川式合掌造りと呼ばれる入母屋の特徴的な民家を有していたが、養蚕が進むにつれ、上部の大きな白川型合掌造りにとって代わられている。さらにその後、構造（柱）は活かしつつ、高山中心部の影響を受けた町家型の民家へと改修されるなど、町並みの様式は、時代ごとに街道沿いの文化の影響によって変化・融合を遂げながら積み重ねられており、地域の論理を超えた、街道から生まれる新しい文化的連鎖を見ることができる。

◆折れ曲がる糸が都市をつなぐ

日本の都市空間では、まっすぐと伸びるヴィスタの先にランドマークを設け、シンメトリー（対称性）の中心となるような軸線的街路が都市の中心であるとは限らない。日本の寺社では、入口からいきなり本堂や本殿は見えず、何度も折れ曲がる参道を巡りながら進むように、参詣空間は演出されている。日光や金刀比羅宮などの参道では、この折れ曲がりや傾斜を巧みに利用して、本堂までの空間を飽きさせずにつなぐ演出が施されている。

また、城下町の中を通る主街道も、防御性も込めながら折れ曲がる。岡崎城下町の街道は「二十七曲がり」と呼ばれるほど、折れ曲がりを繰り返す。現代の都市空間の中では、この折れ曲がりの街道は、他の街路に埋もれて見えにくくなっているが、近年、かつての曲がり角に標識を設置することで、この折れ曲がりの糸が再顕在化されている（図4-10）。

一方、それまでの都市構造にない新しいみち（秩序）を挿入することで、新たな関係性が生まれることもある。

高山城下町には、町を守るため、市街地を取り囲む外縁部の斜面地に寺社地が連続的に配されている。各寺社には、麓の街路から階段状の参道を登り参拝することになるのだが、一つひとつの階段を昇降するのは大変なことである。

運龍寺から飛騨護国神社に向けて昭和30年代に整備された「東山遊歩道」は、これらの寺社を貫くように配されている。伽藍や参道の構造とは無縁に、裏道から貫かれていくその道は、伝統的参詣空間の都市構造とは大きく意を異にするものであるが、新たな線形による連結が、外国人観光客をはじめとした新たな回遊性を生んでいるとともに、今では感じにくくなった寺町の連なりを再認識させてくれている（図4-11）。

近年では、富山市中心市街地を取り囲むように整備されたライトレール（セントラム）は、少しずつ求心性を失っていた市街地に、あえて「環状の芯」を挿入することで、都市の小拠点を緩やかにつなぐ役割を果たしている。この環状の芯の周りには、富山駅前をはじめ、富山城や大手モール、

交差点や通りには、二十七曲がりを示す標識が置かれている。

図4-10　岡崎市二十七曲り
防御の意味も込めて、折れながら進む軸線が、日本の都市空間の魅力である。

再生された都市核である富山グランドプラザ、歴史的建造物の電気ビルなどがあり、それらが結ばれることで、中心市街地における都市空間同士の関係性が再構成されている（図4-12）。

1·3 都市のツボで全体を押さえる

◆ツボをおさえて全体を統べる

　空間を秩序づけると言っても、対象となる空間を面的に全て扱うのは容易ではないし、必ずしもその必要はない。戦略上重要となる「点」を押さえることで地域を支配する手法は、戦国時代の築城や兵法でも用いられている。そして、あたかも人体の「ツボ」を押すかのように、この重要な点を押さえることで、周囲に年輪や波紋のように緩やかに影響を及ぼし、そして、この点の集合体が、囲碁の布石のように全体を統御することになる。

◆1点の「心」で押さえる

　「画竜点睛」という言葉もあるように、重要な「ポイント」一つが都市の秩序を握っていること

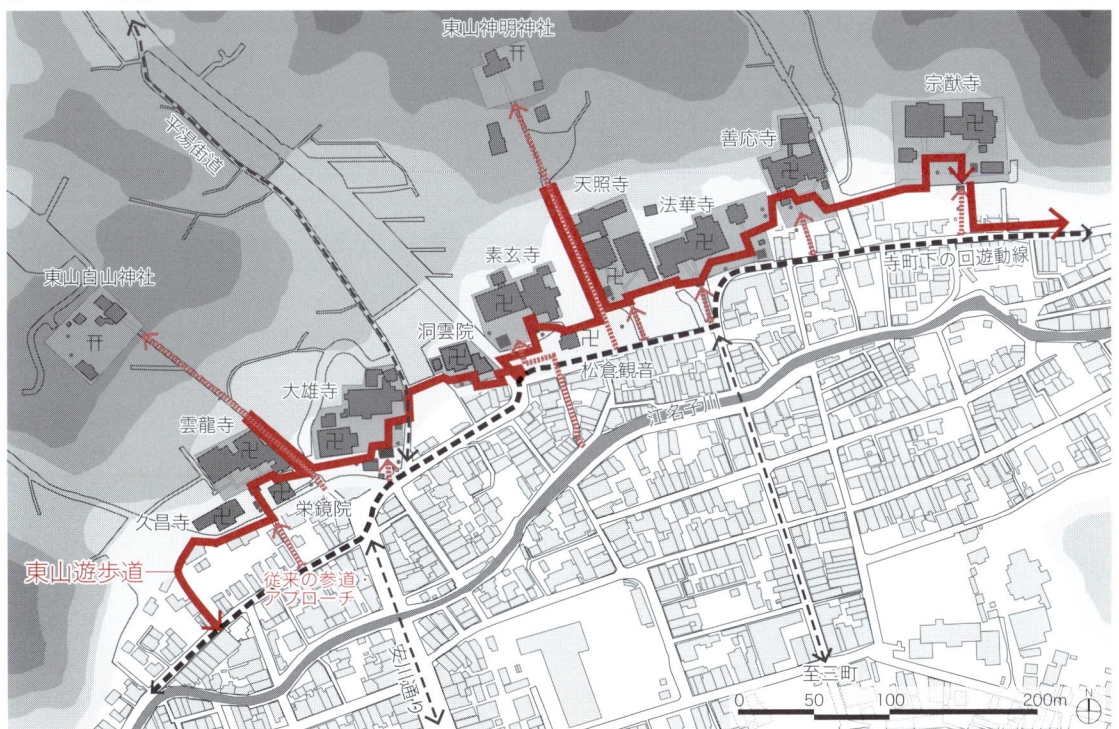

図 4-11　参道の構造の上に重なる新たな東山遊歩道の軸線、飛騨高山
斜面に位置する各寺社への参道とは別に、各寺の裏側をつないで進む東山遊歩道が、寺町の構造を再認識させてくれる。
（写真左上：素玄寺境内、写真右上：雲龍寺境内および鐘楼門）

1　都市に大きな物語を配する　107

がある。

たとえば、城下町の城郭は、軍事・政治拠点として重要な1点を押さえながら秩序を生み出している。また、日本の地方都市の多くは、その都市を見守る神の祀られる「山」があり、この山が1点で都市空間全体を秩序づけている。

図 4-12　富山・セントラムがつなぐ環状の芯
富山の中心市街地を約20分で循環するLRT（セントラム）は、富山駅、富山城、国際会議場、大手モール、総曲輪中心市街地、グランドプラザなど、多様な都市資源をつなぎ、新しい環状の「芯」となっている。

ここで、日本の温泉街に目を向けてみる。そこでは、湯、つまり、温泉が、地域経営の資源として、都市空間を統御しており、温泉源が限られる場合、「湯元」や「総湯」が地域の中心を形成する。草津温泉では、すり鉢状の地形から温泉源の湧出点となっている「湯畑」が、地形的にもシステム的にも中心であり、ここから樋で引湯する各温泉は、これを囲む形で発展し、湯もみの観光名所や土産屋、公共浴場等もこの周囲に集まり、現在でも街の「へそ」を形成している。

道後温泉や山中温泉でも、共同浴場である「総湯」のある部分がまちの中心を形成している。山中温泉は、慶安元年の大火後の町割り以来、総湯を中心として町が形成されており、総湯を囲うように湯宿が建ち並んでいたが、再び発生した1931年（昭和6年）の大火後の土地区画整理事業や、湯宿の内湯化、そして、鶴仙渓遊歩道等の周辺部整備によって、本来は湯治客が集まる共有空間が、本来の役割を失いつつあった。

しかし、へそとなる中心街区は、総湯（菊の湯）とともに、山中座（文化ホール）や広場として再整備され、その広場は、拡幅された幹線道路を含めて夏の夕涼みや盆踊りの場としても使われるな

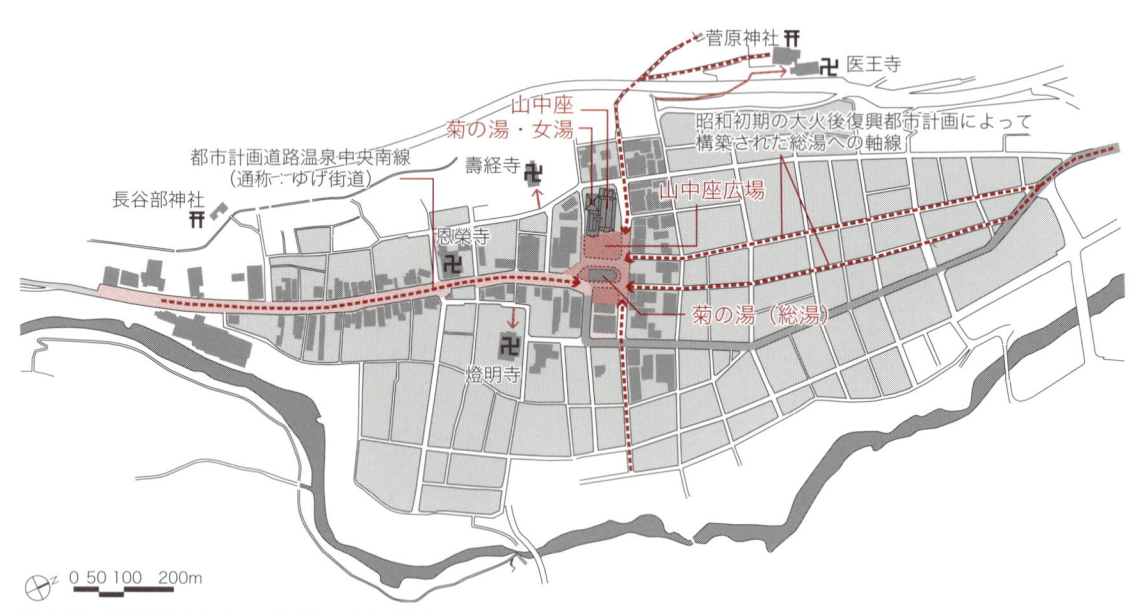

図 4-13　総湯が中心となって構成された山中温泉
山中温泉地域では、少しずつ姿を変えながらも、いつの時代も地域の「へそ」として総湯（菊の湯・山中座）が存在している。かつては、東西南北に配された寺社から、卍のように動線が総湯へと集まっていた。その後の大火復興の軸線、区画整理による街路の軸線も、この中心に向かう軸線をつくる。

ど、かつての中心性を新たな形で取り戻している（図 4-13）。

◆見えない心が緩やかに統べる

日本の都市空間は、中心やエッジが緩やかであり、見えない「心」が中心性を帯びることもある。

日本の城下町は「キャベツ状」であると言われるが、前述の城郭も、「城」という核があるものの、外側から、寺町・町人地・武家地、そして、濠を挟んで三の丸・二の丸・本丸と、皮を一枚ずつかぶっており、心となる「城郭」だけが重要なのではない。江戸城は、現在では城郭機能を失いつつも、皇居の森として、ヴォイドでありながら東京の「心」であり続けているのである。

文京区本郷、旧森川町に見られる三角の広場状のみちは、不思議と中心的な感覚を帯びた場所である。この周辺は岡崎藩本多家下屋敷であり、屋敷内に設けられた神社（映世神社）前であった。年に一度は御開帳されたとも言われる「宮前」通りが、宮のなくなった現在でも商店街となっており、周囲が住宅地として開かれた後も、お屋敷の「心」として周辺空間を秩序づけている（図 4-14）。

◆複数の点が領域を形成する

「三」というのは、面的領域を規定する最小限の数字であるとともに、空間的に安定な数字である。三点がわかれば、三角形も円も特定される。三脚は、構造的にも安定しているし、三角測量の技術からもわかる通り、三点で空間の位置を特定することもできる。

海の男は、海上での位置をそこから見える「山」の位置で把握しており、全ての山の形状を記憶した漁師には、三つの山が見えれば、その位置関係を通じて自らの位置を把握することができた。正

明治40年頃の映世神社
（『東京江戸名所図会』1906年）

お祭り時の旧映世神社前広場

旧映世神社前に向かう宮前通り

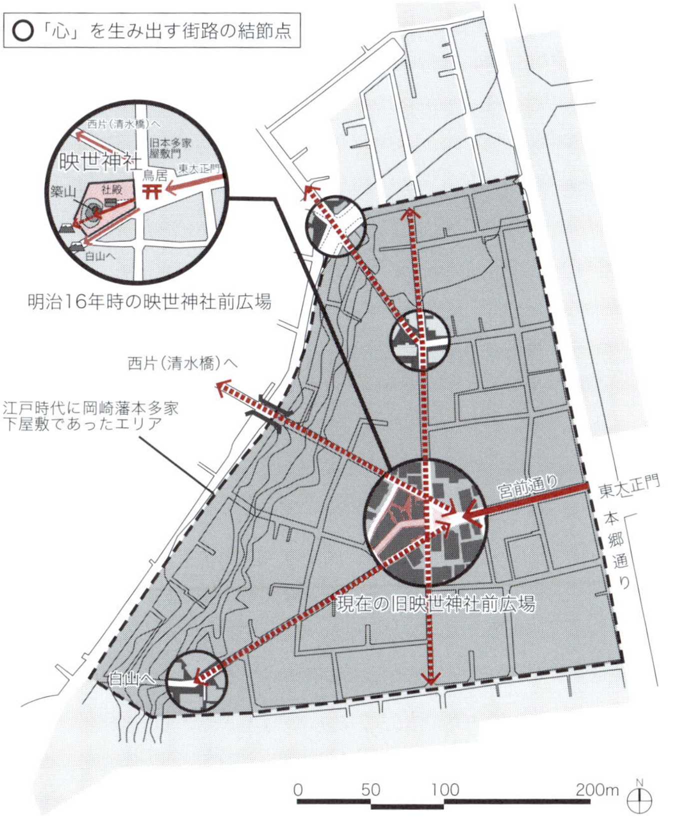

○「心」を生み出す街路の結節点

明治16年時の映世神社前広場

西片（清水橋）へ

江戸時代に岡崎藩本多家
下屋敷であったエリア

宮前通り　東太正門

本郷通り

現在の旧映世神社前広場

白山へ

図 4-14　本郷・森川町の見えない心、三角広場
不思議な三角形の「みちひろば」には、なぜか自ずと人の流れがあつまり、整除されていく。かつては、岡崎藩下屋敷内に置かれた神社と、そこに向かう御開帳の参道をもとにしてつくられた広場と商店街は、隠された森川町の「心」である。

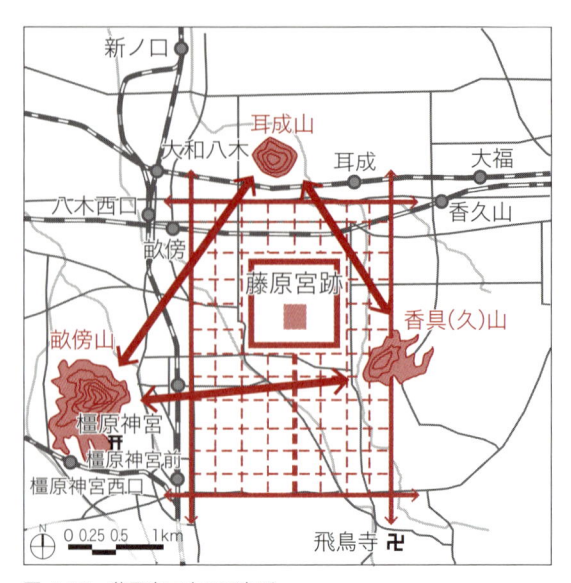

図 4-15　藤原宮三山の三角形
藤原宮は、畝傍山、香具（久）山、耳成山という大和三山に囲まれた中に計画された。

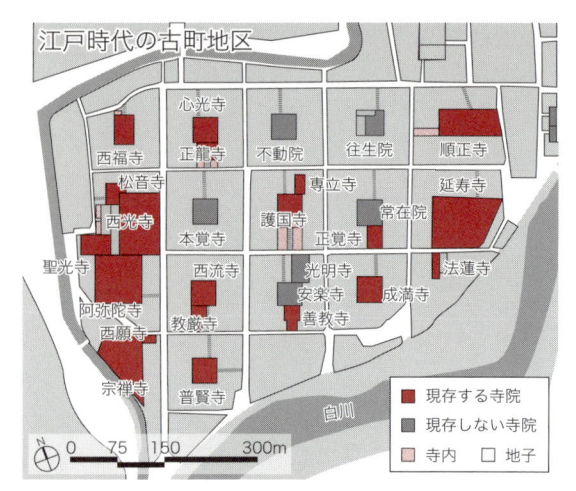

図 4-16　一町一寺による熊本市の旧市街地
熊本城下町に形成された、各街区の中心に寺院が配された旧市街地（古町）には、今でも、いくつか寺の残る街区がある。中心を公共空間として再編する都市デザインが望まれる。

に三角測量と同じ原理である。

　また、日本初の本格的な都である藤原京は、畝傍山、香具（久）山、耳成山という大和三山に囲まれた土地を中心に計画されるとともに、藤原宮は、この三山の中心に配されており、この三点の山によって全体が秩序づけられている（図 4-15）。

　さらに、もっと複数の点を押さえることで、細やかに、かつ強く領域を形成することができる。

　横浜中華街に目を向ければ、入口には牌楼と呼ばれる門が、東南西北（朝陽門・朱雀門・延平門・玄武門）のほか、計 10 基設けられているが（善隣門・西陽門・天長門・地久門・市場通り門 2 基）、この「門」を把握することで、中華街の面的な領域をも把握することができる（p.68 参照）。

　鎌倉は、三方を山に囲まれた地形に守られた要塞都市であるが、この要害性を失うことなく都に向かうために、切通しが七か所設けられた（鎌倉七口）。この切通しが、都市と周辺を分かつ結界として機能していると同時に、この山を最小限に切り取った、空を仰ぐクレバスを通過しながら、他の切通しに想いを馳せれば、鎌倉の地形と領域を把握することができるのである。

◆「布石」のツボ押し

　複数の点を戦略的に配置することで空間を押さえる「布石」の手法は、日本の緩やかな秩序づくりの中では、よく用いられる手法である。西洋の外科的治療法と比較すれば、この方法は、東洋の鍼灸治療のような、ツボ押し型の治療法である。体中を面的に手術するというよりも、重要な点を押さえれば、神経を通してこれらの刺激が体中を巡り、じんわりと効果があらわれてくる。

　今一度、温泉街に話を戻してみると、中心が明確な総湯型温泉街に対して、「外湯」と呼ばれる共同浴場がまちじゅうに散らばる形でできた温泉街は、この「布石」型の都市構造を有している。たとえば、渋温泉、城崎温泉などでは、複数の外湯がまちじゅうに配されることで、一つひとつは点でありながら、点同士の配置によって、都市空間の領域性がうかびあがり、各地域のコミュニティや温泉街としての佇まいが生み出されている。

　日枝神社（上町・春）と八幡神社（下町・秋）で執り行われる高山祭（高山市）の見どころの一つに、屋台と呼ばれる山車があるが、これらは、地区ごとに氏子が「屋台組」を形成して屋台を所有・管理しており、屋台組がまちの単位の一つとなっている。屋台は、現在でも下町で 11 台、上町で 12 台残存しており、これらを保管する「屋台蔵」は、各町（屋台組）に点在している。これが、まちじゅうに散らばっていることによって、地域

図 4-17　倉敷・水島市街地公園
戦中期の工業社宅市街地形成の中で生まれた、小さな生活圏単位の核となる小公園は、今でも町丁目ごとに設けられており、住宅地の中央で周囲に潤いをもたらす公園（写真左上）や、子供たちの遊具中心の公園、沿道住民の花壇となっている公園（写真中上）、スナックに囲まれた公園（写真右上）など、周辺環境によって多様な空間として変容している。

全体を通して、普段から祭りを通した地域のコミュニティを認識することができ、正に、街のツボを「おさえて」いるという意味でも非常に重要な空間を形成している。

また、加藤清正により計画されたとされる熊本城下町（古町）では、大きく 60 間角に分割されたグリッド街区の中心に一つずつ寺社が置かれており（一町一寺）、これらの寺社が各街区（町）を秩序づけながら、古町全体をも秩序づけている。近代化以降の建替えによって寺院も含めた街区構成は崩れつつあるものの。敷地の構成は受け継がれている。（図 4-16）。

さらに、こうした、点の散らばりが空間全体を秩序づける方法論は、近代以降の都市空間形成においても見ることができる。

戦前期の工業都市形成時の社宅街をもとにして生まれた水島市街地（倉敷市）では、小さな生活圏単位の都市空間形成を企図して、計画当初から小公園が地区レベル（各町丁目）で設けられており、格子状均一な街区割のまちに、緩やかなうるおいを与えている。

各地区に同じように設けられた小公園であるが、住宅地の中央で周囲に潤いをもたらす公園や、子供たちの遊具中心の公園、沿道住民の花壇となっている公園、スナックに囲まれた公園など、周辺環境によって多様な空間として公園の役割が変容している点が、非常に興味深い（図 4-17）。

1　都市に大きな物語を配する

2 小さな物語を重ねて大きな物語を紡ぐ

欧米諸都市に見られるような、全体を鳥瞰して一目でわかる「大きな物語」を有する都市は、日本では例外的であり、むしろ、各場面から断片的な「小さな物語」を拾い上げることで見えてくるのが、日本の都市構造の特徴でもある。そこでは、脳神経系的に中枢から送り込まれるというよりも、細胞系のように小さな出来事が重なり合うことで、物語が汲みあげられる。小さな物語が連歌のように積み重ねられることで、なんとも不思議な魅力を放つ、新たな物語が構想される。

2・1　個性を織り込んだ協調

◆揺らぎを採り込む協調のルール

都市空間を短期間で効率的に面的に満たす方法の一つに、プロトタイプを作成しこれをコピーアンドペースト（複製）する方法がある。団地や戸建住宅地をはじめ、高度経済成長期の我が国ではこれによって急速に市街地を拡大してきた。しかし、ミニ開発などに見られるとおり、余りに同じ形態の連続は、心地良さよりも冷たさを感じる。

町家は、一軒一軒独立して取り換え可能なシステムを内包していることは先に述べたとおりであるが（第3章）、ある意味で、その上にかかる厳しい建築規制の下に厳格に建っているとも言える。この厳しい規制を遵守する理由は、厳罰への畏怖

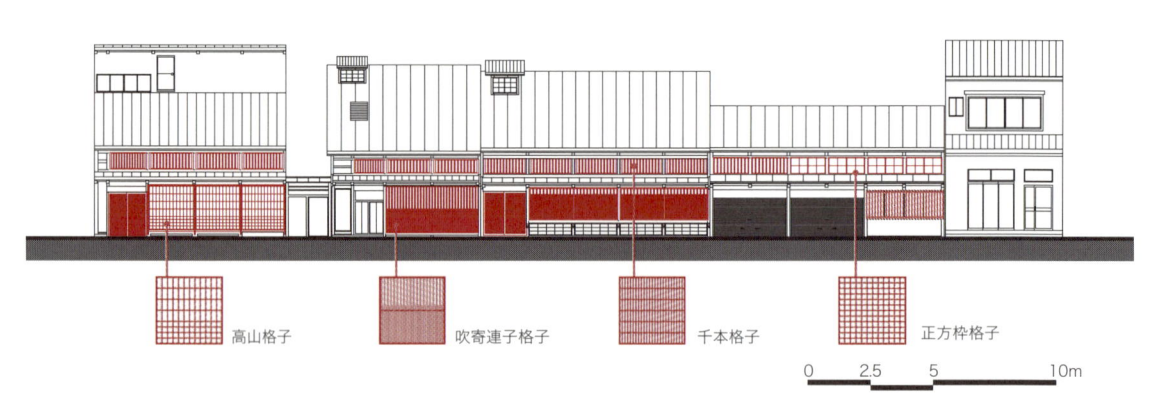

図 4-18　飛騨高山（越中街道）における格子のデザイン
町並みを構成する各町家では、そのファサードに、高山格子（下側が正方形、上側が縦長になるように配された格子）をはじめ、いくつかのルールを持ちつつも微細に異なる格子を設置することで、個々の個性と協調の織り合う町並みを形成している。

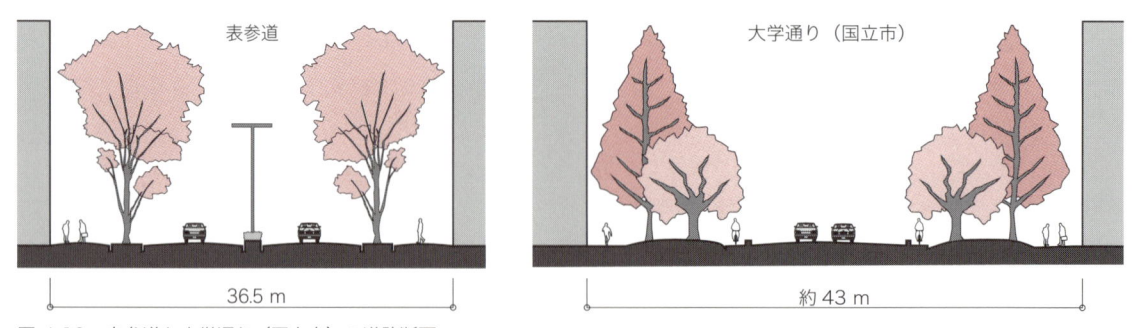

図 4-19　表参道と大学通り（国立市）の道路断面
表参道は、幅員36 mの道路いっぱいに枝の広がるケヤキの存在が魅力的だが、近年まで、このケヤキの存在が、沿道建物のボリューム感を規定する要因となっていた。大学通り（国立市）でも、サクラとイチョウの並木の木々が、自然と周辺空間を緩やかに導く存在となっている。

もあろうが、むしろ、周辺地域との関係性を持続することがすなわち生きることであったという側面も大きいだろう。

たとえば、歴史的市街地である飛騨高山では、「相場崩し」という言葉が大切にされており、周囲とかけ離れることに対する地域の社会的規範が自然と周囲との調和を導いている。しかしながらこうした近世都市における町並みは、全く同じ形の戸建住宅が並ぶ町並みとは異なり、よく見ると敷地形状や大きさ、開口部や庇の位置や意匠、虫籠窓や格子のピッチなど、町家ごとに個性がほんのりと色づけられており、個性と調和の心地良いバランスが生まれている。特に、飛騨高山の町並みでは、出格子のデザインを見ると、基本的なルールは守りながらも、細やかに異なっていることがよくわかる（図4-18）。

また、社会的存在としての人間が集まる都市空間では、制度において明確に規定されなくとも、地域の空間的規範が、見えない糸として地域の協調性を紡いでいることがある。

たとえば、10年ほど前までの表参道では、通りを特徴づけるケヤキの木の高さとの関係が沿道景観を整える目安となっていたし、学園都市国立における大学通りでも、サクラとイチョウが織りなす街路樹の高さが、はっきりと数値を規定するものではないものの、自然と地域のボリュームを規定してきた（図4-19）。

金沢市の竪町商店街では、建築協定で道路中心線から6ｍ下がった後に、全体を貫くアーケードではなく、個別に庇を設けており、形態的なまとまりは緩やかに保ちながら、詳細な意匠には各店舗の個性が発揮されている。しかも、1階ではなく、2階に庇を設けることで（最低高さ7ｍ）2階の店舗も町並みに参加できるようになっている。現在では、1階に設けられた庇と2階の庇の競演が、協調的かつ創造的な町並みを生み出している（図4-20）。

◆想いを受け継ぐ町並み

東京には、百万人以上の地権者がいるとも言われるように、日本の都市空間は、細やかに分割された土地の所有者によって支えられている。そのため、大きな都市計画的な絵を描いても、これを実現するには、これらの多くの土地建物所有者の理解と協力を必要とする。

横浜山手の麓に形成された元町商店街は、明治期には山手に住む外国人を対象に発展した商店街であるが、戦後、自動車と歩行者が共存するには幅員が狭いまま、歩行者環境の貧弱な街路となっていた。そこで、各店舗が協力して、各敷地内の1階部分のみを1.8ｍ後退させ、この後退スペー

図4-20　金沢・竪町商店街
竪町商店街では、共通する連続したアーケードとは異なり、また、庇のつながる雁木ともやや異なる、各店舗の特徴的な庇が突き出している。庇は、1階部分もしくは2階部分に各店舗によって選択的に設置されている。その姿が、個性と連続感のバランスを両立させている。

図4-21　横浜・元町商店街
各店舗が低層部分をセットバックさせて、道路を広げずに店の前に連続した歩行空間を確保するとともに、道路と歩行空間を一体的なデザインとすることで、「みち」を「まち」へと変換している。

スをつなぎ合わせて歩行者空間を形成することを決めた。この空間が商店街で連続するまでに長い時間を重ねているが、この店舗下の空間を歩行者空間として維持するには、壁面だけでなく、商品を置かずにきれいに保つなど、町並みへの想いを受け継ぎ続ける努力が必要になる（図4-21）。

また、相模鉄道緑園都市駅前でも、商店街の各地権者が協力しながら、建築家山本理顕氏のアーバン・デザインをもとに町並みがつくりだされているが、ここでは、各敷地を貫く「通りぬけの通路」が設けられている。これらは、一人でも従わなければ生まれない空間であり、隣地から手渡される町並みへの想いを積み重ねる構想力が必要となる。

都心有数の遊園地、豊島園の南には、閑静な低層の「生垣住宅地」（練馬区、城南住宅組合向山住宅地）がひっそりと佇んでいる。かつては、「城南文化村」とも呼ばれたこの地は、米沢からの移転組を中心に設立された組合によって経営された住宅地であり、組合からの土地の賃貸によって住宅地経営が行われた。同時に、地域の町並みルールが協定という形で共有化され、これは今でも受け継がれている。その結果、現在でも家々の前には立派な「生垣」が整えられており、建物自体は建て替わっているにも関わらず、この柔らかな生垣の帯が町並みをまとまりあるものとして包んでいる。そして、この生垣の景観は、協定の締結範囲にとどまらず広がっており、緑の町並みへの強い想いが、緩やかに周辺のエリアにも伝播しはじめている様子が垣間見える（図4-22）。

◆町並みの遺伝子が波及する

特徴的・個性的なまちの生成プロセスを見てみると、まずはじめに、そのまちの空気をつくりだすような「核」がおかれ、その影響が周辺に浸透していくことによって、次第にまちの個性が地域に充満していくというケースも多く見られる。

原宿・表参道というまちは、核施設の挿入によって界隈形成が積み重ねられてきたまちである。東京オリンピックを経て、原宿駅から出た表参道沿いにあらわれた、複合型集合住宅であるコープオリンピア（1965）の存在は、沿道型建築のモデルとなり、表参道が賑わいのストリートとなる契機となった。

また、さらに表参道を奥に進むと、みゆき通りに建つフロムファーストビル（1975）は、通りと内部が外部空間で緩やかにつながるSOHO型建築のさきがけとなって、沿道の規範をつくりだした。さらには、かつては都市の裏側だった旧渋谷川遊歩道路では、パタゴニアをはじめとする小

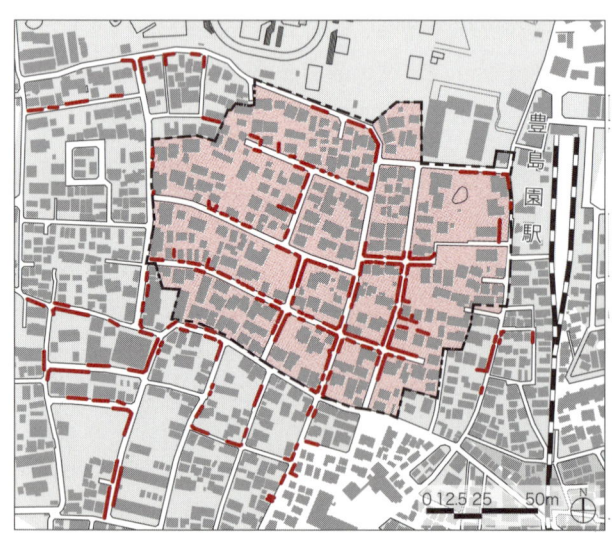

図4-22 豊島園・城南住宅組合住宅地内外の生垣（赤線部分）
当初は組合で土地資産を管理し、環境を保ち続けてきた城南住宅組合住宅地（向山住宅地）では、非常に立派な生垣が連続しているが、このエリアの外側にも、魅力ある生垣が伝播している。（写真上：組合エリア内の生垣、写真下：組合エリア外の生垣）

さな店舗ビルの挿入が、暗渠街路を小さな店舗の集積する「キャットストリート」に変えた。ほかにも、ラフォーレ原宿ビル（1978）によるショッピングストリート化された明治通り、ブティックCOUNTDOWN（1973）による竹下通りなど、一つの施設がそれぞれの通り沿いに波及し、異なる性格を持つ小さな界隈をつくりだしている。

　横浜市は、2000年代以降、芸術文化創造都市政策を掲げる中で、BankART1929と呼ばれる歴史的建造物を創造拠点として再活用するプロジェクト（当初は旧第一銀行横浜支店・旧富士銀行横浜支店を活用し、現在は、日本郵船倉庫を活用したBankART NYKを拠点としている）をはじめとして、都心部の老朽化した建物を次々に再生・再利用している。さらにこれは周辺に波及し、多くの「創造界隈」拠点が置かれている。状況に応じて生まれたこの界隈は、戦略的な「布石」の手法へと発展することができるだろうか。

◆時間の積層がまちの空気を浸透させる

　都市空間の整備によって新たにつくりだされたまちの空気を地域に浸透させていくには、都市空間を急いで整備するのではなく、時間をかけてゆっくりとつくり上げる、「時間の積層」が大切となる。

　小布施（長野県）では、落ち着いた和風の町並みが魅力の一つであるが、必ずしも古い町並みが連続的に残っていた訳ではない。北斎館建設を皮切りに、1980年代には、悠然楼周辺町並み修景事業を通して、「ソトはミンナのもの」という理念の下に、小布施堂再生をはじめ、5軒の建物の修景や「栗の小径」整備など、継続的に修景や再生を積み重ねてきた結果、その周囲に町並み修景の意識が広がりを見せ、魅力ある地域が育まれた。

　代官山ヒルサイドテラスは、この地に居を構えた朝倉家（朝倉不動産）と建築家槇文彦氏による空間整備の結果である。開発用地に描かれた計画の全体像は、あえてすぐには実現されず、外部空間と内部空間の呼応、「奥」を感じさせる空間構成、シンプルでモダンなデザインといった基本を受け継ぎながら、素材や用途、空間を少しずつ時代に合わせてカスタマイズしつつ、25年の時間を重ねて開発が進められた。その結果、農地の広がる郊外部であった代官山には、ヒルサイドテラスの空間性を引き継いだ、奥性を秘めつつシンプルなデザインの複合空間が、斜面に残る緑や、残存する旧朝倉住宅などとあいまって、周辺にも浸透している（図4-23）。

◆積層する大きな物語の上に小さな物語を重ねる

　人口減少時代の日本において、都市を構想することは、既成市街地を再構築することにほかならず、既に込められた都市の意図を読み込みながら、その上に新たな意図を重ねることになる。

　幾度か紹介してきた高山のまちは、16世紀末に金森長近により町立てされた城下町であるが、山・城への視線（山あて、城あて）や街道の折れ曲がりなど、細やかに計画された街路構造は、市街化とともに見えにくくなっていた。

　高度成長期を過ぎ、かつての面影を残す町並みが評価され、市街地の再編整備が計画される中で、こうした城下町のパタンに込められた意図を読み込みつつ、現代の課題にも対応する手段として、街路と街路の結節点である「まちかど」に着目した、新たな小さな外部空間の再整備が加えられている。

　この「まちかど」整備では、単に交差点から基盤となる都市構造を浮かび上がらせるのみならず、都市を豊かにするための小さな外部空間をみな、まちかどとして位置づけた結果、川沿いや路地空間をはじめ、「まちかど」の整備箇所は、100か所以上に及ぶほどまちじゅうに浸透している（図

図4-23　代官山ヒルサイドテラス
25年かけてゆっくりと築かれた町並みが、調和と変容を調停する。

図 4-24　高山まちかど整備
100か所に及ぶ、交差点や川沿い、お寺の前などに「まちかど」（植栽や小広場空間）が整備されている。町並みだけでなく、街路や眺望等による都市構造そのものに歴史的価値が宿っており、これを顕在化させるためのまちかど空間整備である。

4-24）。

2・2　類比や対比の仕掛け

◆「対比」と「類比」

　空間の存在は、二つ以上の空間を比較することではじめて相対的な位置づけとして確認することができるものである。この作業は、確認にとどまらず、時空間の認識をさらに豊かに意味づけするのに役にたつ。

　日本の都市空間では、こうした比較を用いた空間体験の芳醇化の手法がふんだんに織り込まれている。最もわかりやすいのは、「対」による把握であるが、「対」には、二つの視点がある。一つは、正反対のもの、あるいは異なるものを組み合わせて、お互いの相乗効果を発揮する「対比」（contrast）の視点、もう一つは、共通項の中に多様性を見出す「類比」（analogy）の視点である。

◆類比の手法

　日本では、多神教的宗教観を有してきたからなのか、個性的な七福神が一つの船に納められているかのように、多様な個性を一つの体系としてまとめる手法がよく用いられる。

　たとえば、関東大震災の震災復興橋梁として同時期にかけられた隅田川の橋たちは、それぞれ少しずつ異なるデザインで架けられており、これらは、両岸をつなぐ「橋」でありながら、それぞれが個性を放ちつつも、全体でロマンティックな隅田川の風景づくりに寄与している。

　こうした類比の手法は、この類比性を発見する想像力が導き出す。瀬戸内海という一つの「風景」は、近代以降、外国人がこの地を船で移動する中で発見された風景であり、それまでは、個々の島と海峡はまとまって認識されていなかったとも言われている。それが瀬戸内海という同質性、類比性を獲得することで、日本初の国立公園として位置づけられるに至っている。近年では、瀬戸内国際芸術祭と呼ばれるアートイベントが、瀬戸内に浮かぶ小豆島、直島、犬島、豊島、男木島、女木島などで開催されており、島内での活動、そして各島を船で移動する観光客が、類比性をさらに増幅させている。

　また、江戸五色不動の類比は、東京に「色気」を与えている。「徳川三代将軍家光が、9世紀から目黒の地に建つ「目黒」不動尊をもとにして、江戸の鎮護のために他の四つの寺院を選抜し、それぞれ目白・目赤・目青・目黄不動尊と名づけられた」という縁起に、実は、史実の裏づけはない。これらがまとめて語られるようになるのは明治期以降であるという。これは、明治期の人々の想像力によって、個々に存在していた都市空間が「目色」の類比をもとに再編集されたものであると考えることができる。

　さらに、1885年、日本鉄道開通の際、新宿駅を挟んで、目白駅と目黒駅が相似をなすように設置された。この「類比」への想像力が、都市にま

とまりある空間の魅力を導いているのである。

◆対比の手法

こうした類比的編集を、より身近なスケールで体感しようとすると、類比以上に「対比」（違いによる相乗効果）を意識することが多い。日本の都市空間では、身近な地区レベルにおいてこうした対比を用いた空間構造を多数発見することができる。

最も顕著な例の一つに、前述の目黒不動尊をはじめ、山王神社や愛宕神社など、多くの寺社の伝統的アプローチとして見られる、男坂と女坂がある。直線的で傾斜も急な男坂と、緩やかに屈曲し、ときには踊り場も設けられる女坂という対比的な動線を併置することで、往来のルートを区分して実用的に交通整理するだけでなく、対比的な景観演出により、回遊する空間体験としての魅力を一歩引き上げようとする意図が見え隠れする。

対比を用いた動線は、寺社のアプローチに留まらず、都市空間には多数発見できる。たとえば、銀座（中央通りと並木通り）、原宿（明治通りと裏原宿・キャットストリート）、鎌倉（段葛の若宮大路と商店の並ぶ小町通り）など、いわゆる表通りと裏通りでは、井桁構造で併置された両者を往来することで、相乗効果が発揮される。

こうした対比の構図は、地区レベルでの秩序づくりにも用いられる。たとえば、城下町高山は、安川通りを境として上町と下町という二つの町に分かれ、神社も祭りも別々に執り行われる（日枝神社の山王祭（春）と桜山八幡宮の八幡祭（秋））。

また、喜多方市は、小荒井（1564年〜）と小田付（1589年〜）という二つの集落が、田付川を挟んでその東西にある双子都市であり、両者は互いに切磋琢磨しながら発展してきた。

前述の品川宿は、目黒川にかかる橋を変曲点として北品川宿と南品川宿に分かれるが、開設当時は規模の大きかった南に対して、徒歩新宿が加わり発展する北品川宿というように、分かちながらつなぐ川と橋の存在が、拮抗と緊張による成長管理を導いている。

さらにこの対比の構図が一つの都市で多様なスケールで用いられることもある。

伊勢神宮の本殿は、常に二つ用意された敷地を交互に用いて、20年ごとにつくり替えられる式年遷宮が有名であるが、ここにも、正と副の対概念を読みとることができる。そして、その対概念は、都市スケールでも五十鈴川上に鎮座する内宮（皇大神宮）と山田ヶ原に設けられた外宮（豊受大神宮）という形で埋め込まれている。

かつて、両者の周辺には、伊勢参りの案内人（御師）の住まいと細やかな路地（世古）の入り組む有機的な都市空間があった。戦災復興都市計画により改められた外宮周辺の都市空間は、伊勢市駅と外宮を結ぶ軸線をはじめとする近代市街地に生まれ変わった。一方で、内宮周辺は、しばらくは、通りすぎてしまう目立たない空間であったが、近年、おはらい町おかげ横丁の整備により、歴史を復元しながら、新たに賑わいを生み出しているところが「対」概念的である。そして、忘れたくないのが、この両者をつなぐ鎹である伊勢街道（尾根道）と長峰神社、そして後に新設された鎹としての御幸道路の存在である。現在ではやや脇役に回っているこれらの鎹を活用する構想力を育みたい。

◆「併置」：類比と対比の共存に潜む時間の積層

対比や類比では、付置される空間の両者（あるいは全て）の距離感はさほど問われなかったが、これらが隣接しあうことによって、より高い意味を持つこともある。あらゆるものは見方によっては必ず共通点と相違点を持ち、その意味では、類比と対比は常に共存し得るのであるが、隣接して「併置」されることで、この両者がより高い相乗効果をもって発揮され得る。

武蔵野台地の際に多い、湧水池を取り込んだ公園の中でも、二つの池を持つ石神井公園（三宝寺池と石神井池）と善福寺公園（上池と下池）が興味深い。これらはいずれも、古参の湧水池（三宝寺池・上池）の隣に、新参の人工池（石神井池・下池）が昭和初期に設けられたものである。木立の深い陰の三宝寺池に重ねられた、水面に陽の差し込む陽の石神井池は（善福寺公園では、陽の自

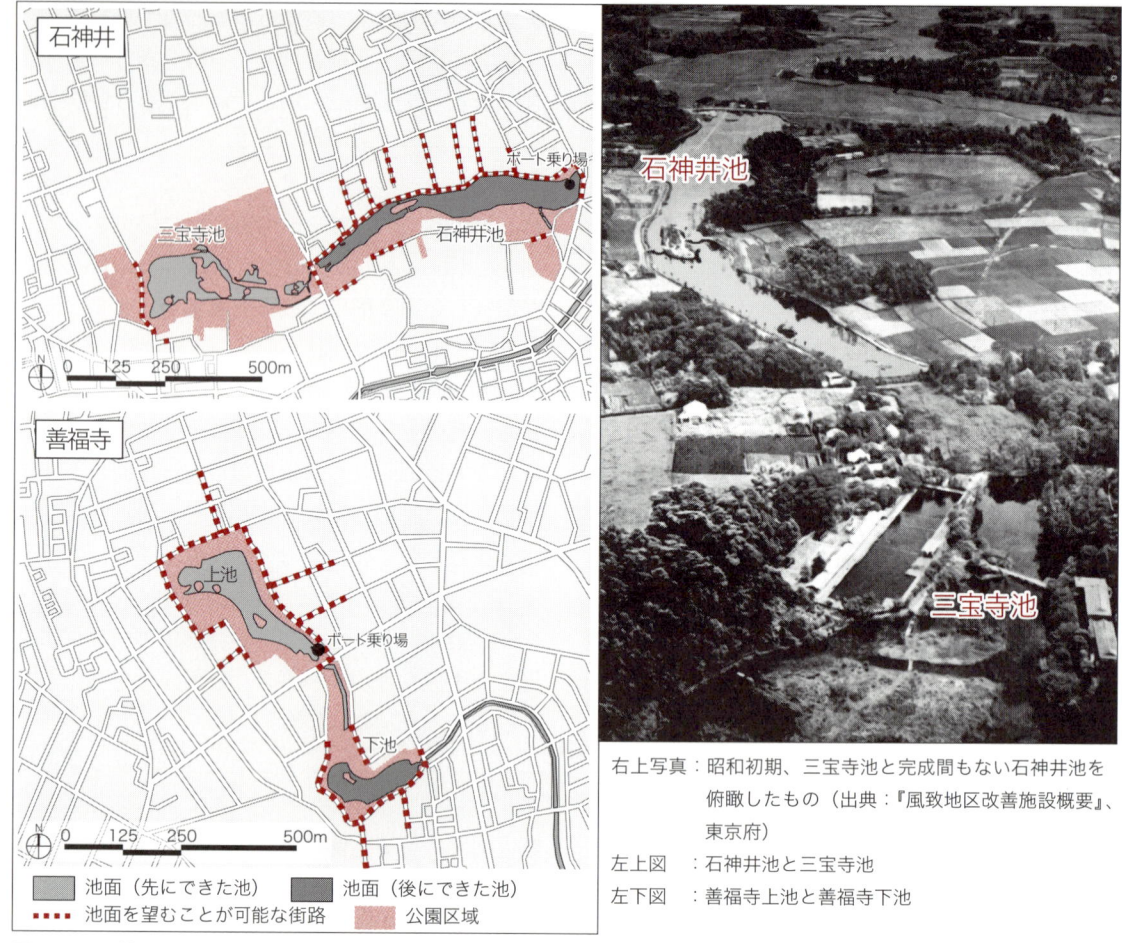

右上写真：昭和初期、三宝寺池と完成間もない石神井池を俯瞰したもの（出典：『風致地区改善施設概要』、東京府）
左上図：石神井池と三宝寺池
左下図：善福寺上池と善福寺下池

図 4-25　石神井池・三宝寺池と善福寺池の上池・下池
性格の異なる池のペアがまちの核となっている。古くからある三宝寺池に重ねられた石神井池［石神井公園］、（善福寺）上池に重ねられた（善福寺）下池［善福寺公園］は、いずれも昭和初期に造成された人工池であり、町並みならぬ「池並み」を創造している。

然を持つ湧水池である上池に木陰の下池が重ねられた）、単に同じような池の複製行為ではない。地域の核でもあった元の池の価値も高めるよう、類比に適い対比にも適う空間が時間を重ねて創造されている（図 4-25）。

また、もともと一つの空間が、時代の要請に伴って「対」の空間へと分裂した結果、類比にも対比にも適う空間が生まれることもある。

現在、寄り添うように隣り合って存在している清澄庭園と清澄公園（江東区）は、1880 年に岩崎彌太郎により造成された一体の庭園（深川親睦園）であったが、関東大震災時に下町の貴重な避難場所となったのを契機に、東側半分が東京市に寄付され、清澄庭園として開園された（1932 年）。

一方、西側は私有庭園のまま、企業用地として

図 4-26　清澄庭園と清澄公園
当初は一体の庭園であったが、様々な事象の積み重ねにより、併置される「庭園と公園」となった。

転用して使用していたが、今度は、こちらが、より開放的な公園空間（清澄公園）として再整備され（1977 年開園）、和のテイストを纏う庭園と近

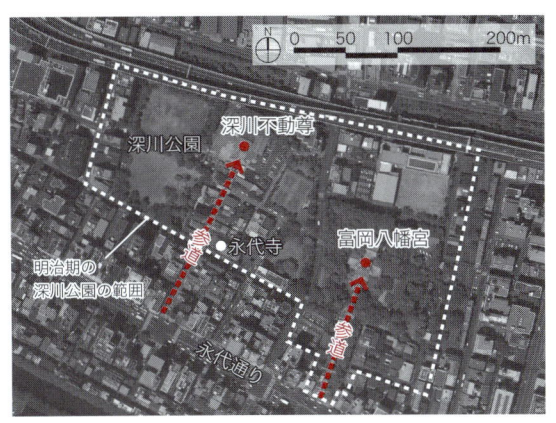

図 4-27　深川不動尊・深川公園と富岡八幡宮の併置
現在の深川不動尊・深川公園と富岡八幡宮は、近世までは神仏習合により一体的な境内を形成していたが、明治期の神仏分離と公園政策により、領域性の異なる空間が併置される形で受け継がれている。

代的な公園が併置される現在の状態が生まれた。両園の入口が隣接して設けられた街路に立てば、緑の類比と空間の対比に誘い込まれる（図4-26）。

　また、東京下町の重要な信仰拠点である富岡八幡宮とその境内に設けられた深川公園の空間配置も興味深い。当初この領域は、富岡八幡宮の別当永代寺の境内だったが、維新後の神仏分離によって、永代寺は廃寺となり、跡地が深川公園となったため、八幡宮を取り巻くように深川公園が位置している。深川公園には、江戸時代の永代寺で行われた成田山不動尊の出開帳の根強い人気から、1882年に不動尊が建立され、参道沿いには、店が連なるレクリエーション空間へと成長した。

　こうした時間の積み重ねにより、開放的で遊興的な西側の深川不動尊・深川公園と、社殿と社そうを備えた荘厳な空間である東側の富岡八幡宮という、対比的な空間が形成された。このような異なる質の組み合わせであるが、いずれも、不動尊の縁日と勇壮な深川祭りの拠点という、深川の欠かせない催時／祭事を支える表裏一体の空間である（図4-27）。

2・3　超界隈の創出

◆隣り合う界隈の連携が大きな物語を語る
　日本の都市空間が巧みな土地利用のパッチワークで生み出されていることは前述のとおりだが、逆に、偶発的に特徴ある地区がいくつも育まれたことで、これらがさらに大きな一つの界隈（超界隈）をつくりだすことがある。

　たとえば、歴史をまとう魅力的な界隈として人気の高い、谷根千と呼ばれるエリアは、上野と本郷の二つの台地の間に、寛永寺創建以来、続々と開かれた寺院の集まる、今でも谷中墓地など静謐な空間の広がる寺町の「谷中」、根津神社の門前と徳川家や旗本の屋敷地の広がる「根津」、そして、かつては農村と武家屋敷が広がり、その後も文人も多く住み着く邸宅地である「千駄木」という、それぞれ異なる性格を持つ三つの町からなる。いずれも、密集した下町でありながら、戦災の影響を大きく受けることなく情緒の残る別々の地域であったが、これらの地域の歴史的情緒を発信すべく地元の主婦によって創刊された地域雑誌『谷中・根津・千駄木（通称「谷根千」）』によってはじめて一つの超界隈として結ばれたエリアである。この情報発信によって、この三つの町はまとまった歴史的文化的市街地として広く認識され、新たな「超界隈」として多くの人に親しまれている（図4-28）。

　この「谷根千」の魅力に端を発したのか否か、こうした個性ある界隈の共存を意識する動きが各地で広がっている。新宿区・文京区では、大学を中心とした学生街（早稲田）、古くからの落ち着きある高級住宅街（目白）、鬼子母神を中心とした門前町的な懐かしさの広がる界隈（雑司ヶ谷）にある書籍関連の人々のグループに端を発する「早目雑」と呼ぶ超界隈が生まれつつある。また、大田区でも、文豪の集まる前衛の拠点馬込文士村、信仰の中心である池上本門寺、魅力的な郊外住宅地の環境を担保する洗足池による「馬池洗」、あるいは、こうした呼び名はないが、野田・福島（大阪市）などでも一体とした界隈が生み出されている。

◆大きな構想力が界隈をつなぎ、「超界隈」をつくる
　日本の業務機能の中心でもある東京駅周辺は、大手町・丸の内・有楽町という三つのエリアを合

2　小さな物語を重ねて大きな物語を紡ぐ　119

わせて「大丸有地区」と呼ばれる。もともとは、徳川家重鎮たちの武家屋敷街であるが、維新後、軍の練兵場であったこの地は、三菱財閥に払い下げられ、各時代に合った様式やボリュームを採り入れながらも、一貫してオフィス街であり続けた。

以前、丸の内界隈は土日には閑散としたオフィス街であったが、官庁の色濃い大手町から繁華街へと至る有楽町までの地権者や関係者が一体的にエリアマネジメントを実現することで、商業や文化機能を複合した、人々が休日にも訪れる「街」へと変貌を遂げた。今後は、南の日比谷－銀座－新橋－汐留、東から北には八重洲－日本橋室町－神田－秋葉原へとつながるさらなる大きな超界隈の形成に期待も広がる。

また、こうした超界隈は、既存の界隈同士をつなぐ大きな構想力のもとに生まれることもある。

横浜の都心を彩るみなとみらい21地区は、開港当時から発達する関内（旧都心部）と、戦後復興の中で急速に発達した横浜駅周辺（新市街地）という二つの核を分かつ「楔」であった産業用地（造船所）を「国際文化管理都市」（『横浜の都市づくり構想』）に生まれ変わらせ、両者をつなぐ「鎹」とすることで、横浜都心部に超界隈を導こうとする試みであった。

現在、みなとみらい線も開通したこの街は、横浜－みなとみらい－関内－元町－山手地区が串状につながり、さらに野毛や黄金町といった下町の再生も加わり、大きな「超界隈」を形成している。そして、横浜では、次の50年を目指した構想（「海都横浜構想2059」）も議論されている。よく見れば、横浜は内湾を中心にして埠頭や陸地が取り囲む円環状の構造をつくり上げてきた。これまでは、産業用地であった埠頭たちを「界隈」へと育むことで、さらなる「超界隈」を構想することができるだろうか。

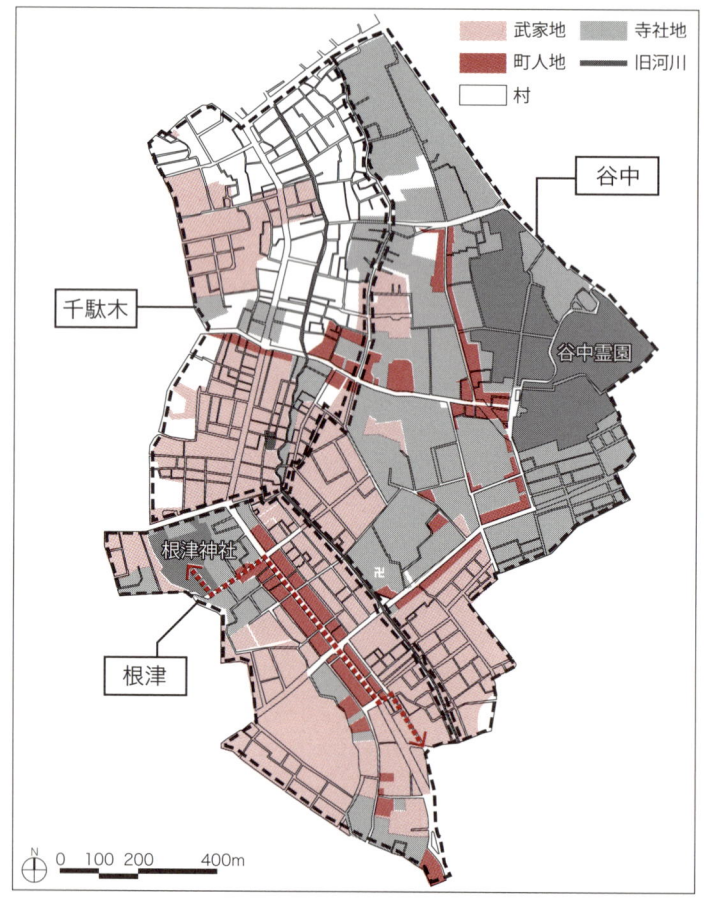

図 4-28 「谷根千」という超界隈の形成
寺院の集まる寺町や谷中霊園を中心とした「谷中」、根津神社の門前と徳川家や旗本屋敷地の広がる「根津」、村落や武家屋敷が広がり、その後も文人の集まる邸宅地「千駄木」という、それぞれ異なる性格を持つ三つの町が、地域雑誌『谷中・根津・千駄木』を契機に超界隈として結ばれた。

3 背景に隠された物語に乗じる

一つの都市や地域は、その地域の風土や文化、社会構造やコミュニティなどを下敷きとした地域構造の下に運営されている。しかし、そうした地域構造そのものが、もっと上位の概念・思想・制度・慣性といった大きな掌に乗っかってできていることもある。社会制度、通念規範、自然環境という、一見すると直接地域の問題ではないような根底に流れる「脈」のようなものを探り当てながら、地域のあり方を見出すことは、迫り来るビッグウェーブに立ち向かうのではなく、天候や海の状態をじっくりと見極めながら、あえて乗っかる、「波乗り」のような心地良さがある。

3・1 制度・思想のカタチに乗じる

◆思想を空間に乗せる

都市空間および人々の活動を秩序立てるために、人々の心を結びつける信仰や思想などが媒介として用いられることが多いが、この信仰や思想は、空間の秩序に置き換えられることによって定着化する。

たとえば、風水思想では、太陽の軌跡や地形が生み出す自然界の法則に人類の文化的思想的解釈を加えて、「方位」という、都市スケールを超えた大きな空間概念を媒介に都市を秩序づけており、風水思想に基づく都市空間は、方位を重んじる立地やプランニングを有している。そして、三方を山に囲まれ、東側に川の流れるような、地勢的条件や地理的状況の類似した場所が選定される。

京都の町も、風水思想の影響も受けた東西−南北のグリッド都市であり、北山や東山、鴨川などが方位をもって位置づけられる。地形も北側から非常に緩やかに南に下っており、水の流れを見るだけで方角を得ることができる。

そして、こうしてできた「京の都」を見習う日本全国の「小京都」たちもまた、間接的にこの大きな仕組みに乗じた都市形成を実現しており、日本全体に方位の秩序が散りばめられている。

また、前述の横浜中華街を見ると、中華街のグリッドが周辺都心部のグリッドの向きとずれている（p.68、図 2-18）。これは、中華街となる以前の新田開発の時点ですでにずれていたものだが、自然にひかれた用水の軸線が、ちょうど東西−南北の方位と近似しており、かつ周囲と異なる軸の方位により「異界性」が生まれていたため、風水思想にもかなう土地として選定されたのではないかという俗説がある。

奥州平泉は、藤原三代の都として栄えたが、回遊式の池と庭園による輪廻の表現、池や山、寺、邸宅など、自然物と人工物の巧みな配置によって、極楽浄土思想を空間化している。特に、西方浄土思想を背景として、陽の落ちる西側に向けての方位が重要視されており、都市空間は西方浄土を意識して構成されている。

こうした浄土思想を背景にしながら、三代にわたる領袖たちは、それぞれ異なる軸線を同じ平泉の地に描いていった。初代清衡は関山丘陵−中尊寺−御所という軸をつくり、二代基衡は金鶏山を須弥山と見立てて麓に金鶏山−毛越寺−観自在王院という軸を新たに加え、三代秀衡は同じく金鶏

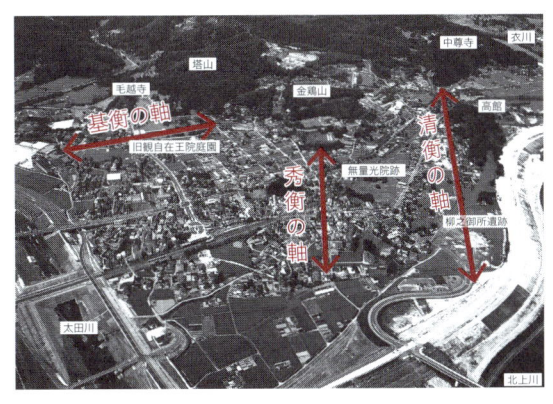

図 4-29 平泉の都市構造（岩手県資料）
平泉のまちでは、中世藤原氏による、自然物と人工物の巧みな配置を通して、極楽浄土の思想が空間化されている。こうした浄土思想を背景としながら、三代にわたる領袖たちは、それぞれ異なる軸線をこの地に積み重ねていった。

山を聖なる山と見なして金鶏山－無量光院－政庁という軸を両者の間に設けている。

これらはいずれも、阿弥陀如来信仰による浄土世界を現世にあらわそうとしたものだと考えられており、地形の中に埋め込まれた三つの信仰軸が平泉の都市構造の中に「意図」を織り込んでいる。この浄土思想は、寺社内部にも反映されており、池の配置と石や寺の位置、重なり具合、エッジの位置などが詳細に設計されている。旧観自在王院跡や無量光院跡などでは、現在、そこにアイコンとなる建物はすでにないものの、配置そのものが思想をあらわしており、これが現代にも受け継がれている（図 4-29）。

◆スケールを超えて一つの秩序に乗る

一つの枝から小枝に分かれ、小枝はさらに分岐する…、一つのルールが様々な他スケールで繰り返されるこの構造は、「フラクタル」（自己相似、入れ子）構造と呼ばれる。植物やリアス式海岸など、自然物の中に多く見られるこの構造は、一見、中心や幹線を持たないという意味で、強い構造に見えないかもしれないが、一つの構造（思想）がどんなスケールでも同様に空間化されるということでもあり、実は非常に強い「統御性」が潜在的に埋め込まれていると捉え直すこともできる。

富士吉田の御師集落では、日本一の名峰、富士山を信仰の対象とする富士講の秩序が空間化されている。我が国における山岳信仰においては、山は、奥に秘められた敬虔なる畏れるべき対象でありながら、親しむべき対象でもある。それは、近づき難くありながら、心の拠り所にもなっている。このような信仰への秩序は、直接触れることなくともその存在を感じるための「軸線」、そして敬虔さを生み出す「対称性」という形で空間化されているとともに、この空間構造が、都市レベルから住居レベルにまで入り込んでいる。

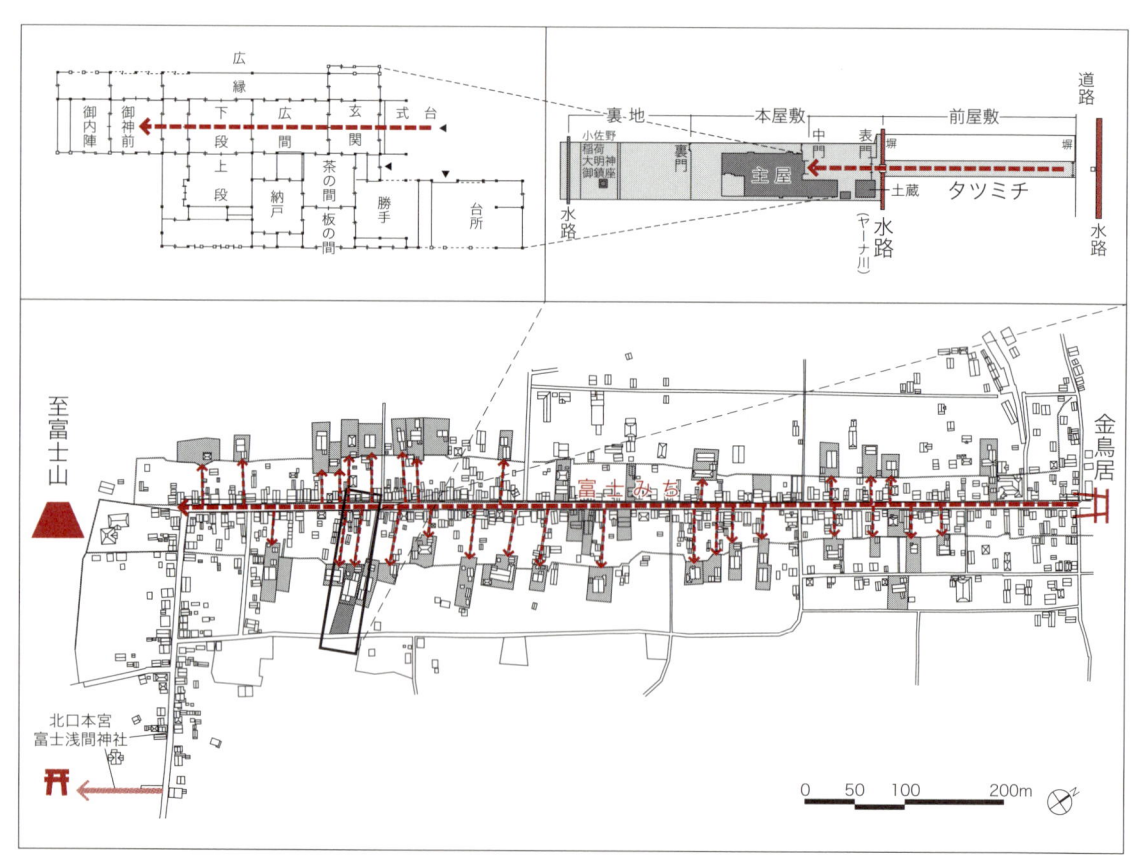

図 4-30　富士吉田集落の入れ子構造
鳥居から富士山へと向かう参道に直交して、御師住宅へと向かうアクセス路（タツミチ）が伸び、このタツミチが御師住宅の玄関、そして神棚へとまっすぐと向かっていく。

第一に、富士吉田の御師集落（御師町）は、富士登山道の玄関口に位置しており、富士山に向かってまっすぐに伸びた参道は、ヴィスタの向こうに見える富士山を、正に距離を置きながらも近くに感じるための装置として位置づけられるとともに、参道の入口には鳥居（金鳥居）が設けられ、その聖域性が演出されている。

次に、この背骨のような登山道に対して、櫛の歯のように設けられているのが、険しい富士登山者（富士講）を世話する者（御師）の住宅（御師住宅）と、これに至るアクセス路（タツミチ）である。タツミチは、各家の玄関の正面に向けて伸びる「軸線」となっており、入口に設けられた門の存在が、鳥居と同じように、起点の結界を意識させる。タツミチは、禊の滝と直交して流れる小川（ヤーナガワ）をまたいでまっすぐ続き、軸線上につくられた住宅の玄関にたどり着く。

さらに、玄関を開ければ、住居の中の神棚にまで軸線を意識した配置の秩序が浸透している。この聖なる軸線は、広域レベル（鳥居から富士山へ）から、敷地レベル（タツミチ）、住居レベルに至るまで、あらゆるレベルで秩序を生み出しており、富士道者たちは、至るところに込められた見えない秩序（世界観）を自ずと体感することになる（図4-30）。

◆ 制度という規範に乗る

日比谷濠から見る有楽町・丸の内の高さの揃った町並みは、新都市計画法制定以前の高さ規制（商業地百尺：約31 m）が生み出した風景であるが（図4-31）、そもそも、近世の町人地においても、町並みは、こうした規範によって形成されていた。

高山の歴史的な町並みでは、上から代官様を見降ろすことがないように、建築物の高さは、軒高4.2 m程度に制限されており、その結果、階高の低い「つし二階」を有する高さのそろった町並みが形成されている（図4-32）。

現代では、この規制の根拠が、支配者への敬意から科学的思考へと姿を変えるものの、基本的にはその秩序構造は同様である。たとえば、建て込んだ市街地に見られる、上部が斜めにカットされた町並みも、街路に光を採り込むために規定した斜線制限に、開発圧力が加わってできたものであり、景観を意図した町並みではないかもしれない。

図4-31 高さ100尺のラインが残る日比谷濠
旧都市計画法時代の絶対高さ規制（商業地区では100尺［31 m］）で生まれた建物のラインが現在まで継承されている。

また、非常用エレベータ設置を避ける11階建て、特別避難階段の追加を避ける14階建ての町並みなど、見えない法制と開発とのバランスが意図せずに高さを揃えてしまうこともある。あるいは、なるべく容積を節約するために削られていた共用廊下部分が、法改正により規制対象外となった余端に、余裕をもってつくられるようになる。制度は意図とは異なる方向でカタチを制御しているのである。

図 4-32 軒高で揃う高山三町の町並み
代官様を上から見下ろすことのないように、「つし二階」と呼ばれる階高の低い2階が設置され、軒高が4.2 mで制限され、軒線がそろった町並みとなっている。

図 4-33 日影規制を活用した青山の開発（AO）
周辺敷地への日照を確保する日影規制に則りながら、独特な形態デザインとして活用している。

こうした制度の上で都市に空間をつくる側からしてみれば、これらの制度は「制限」であり、この制限を緩和してなんとか開発しようと奮起することが多い。しかし、逆に、こうした制度の流れを乗りこなすという逆転の発想もある。青山通り沿いに見られる都市開発の事例（「AO：アオ」）では、日影規制によって生じた形態への制限を逆手にとり、これを意匠のポイントとしてデザインに採り込むことで、周囲に負けないアイコンとなるようにデザインしている（図 4-33）。

3・2　モノの流れがまちを結ぶ

◆「運搬」が生み出す連鎖

　都市を経営していくうえで欠かせないシステムの一つは、産業とこれを支える流通であるが、この産業と物資の流通は、自然と都市空間の連鎖を導く。

　世界遺産に指定された石見銀山では、「間歩（まぶ）」と呼ばれる銀山の坑道のみならず、代官所や商家の並ぶ町並み（大森町：重要伝統的建造物群保存地区）が並び、さらに、銀を運ぶ街道、港町の温泉街（温泉津（ゆのつ）：重要伝統的建造物群保存地区）、そして、物資を搬出する港湾までが一体的な世界遺産として評価されている。これらは、みな、物資の「運搬」を通してつながるネットワークであり、このネットワークを理解してこそはじめて産業風景の意味（意図）を享受することができるようになる。

　また、たとえば、関東の養蚕農家から運ばれる生糸は、中継地点である八王子から「絹の道」（あるいは鉄道（旧横浜鉄道・現JR横浜線））を通り横浜に運ばれ、赤レンガ倉庫のあるふ頭から、水運で世界へと運ばれるのであり、その意味では、農家とふ頭はつながっている。

　一つの産業が起点となって成長した大企業が都市を牽引する「企業城下町」では、近年、産業遺産が注目されるようになっているが、一般の観光客には、産業遺産は、単体のみでその意味を理解しきるのは難しいものである。しかし、遺産が

担っていた産業とその物資の流通ルートを辿っていくと、都市の産業遺産がみなつながっており、都市の骨格を生み出していたことがわかる。

新居浜では、別子銅山の坑道、坑道近くにつくられた従業員の居住空間、選鉱場と社宅、製錬所、そして港はみな運搬路によってつながっている。特に、別子銅山から港まで銅を運び、まちから銅山脇にある従業員の生活拠点まで物資を送るみちは、「登り道」と呼ばれ、多くの運び屋が往来するとともに、この道沿いには商店街も貼りついた。

後には、運搬が徒歩から軽便鉄道などに変化し、さらには閉山して以降は、都市空間の中でそのネットワークは見えなくなってしまったが、よく見ると登り道沿いには、今でもまちかどに灯篭が多く立っており、これを辿ることで都市に刻まれた運搬の記憶が思い起こされる。そして、鉄道自体も廃線「跡」となっている現在、今度は、産業の記憶を残す自転車道としての再整備が試みられている。モノと人の「流れの痕跡」を掘り起こすことで、途切れかけた都市空間は再編集される。

◆「素材」が紡ぎ出す物語

どんな材料もお金をかければ手に入り、ときには新素材が生成される現代では、地域ならではの素材で都市ができあがることが少なくなっているが、かつては、材料を運ぶこと自体が大変なコストであり、その分、それぞれの地域では、地場の材料を工夫しながら、いかに機能的で魅力的な都市を築くかという知恵を出し合っていた。逆に言えば、「運べない」という制約条件を逆手にとって、地域独特の物語をつくりだす基盤となっている。

帝国ホテルを設計したフランク・ロイド・ライトも愛用した石材である「大谷石」の原産地である大谷地区は、実際にまちじゅうが大谷石であふれている。そもそも切りだす地区の岩盤自体が大谷石である。自然にそびえる大谷石の岩々とともに、これを切りだす採掘場の垂直な壁面が壮大さを感じさせ、特に地下の採掘場跡地は、博物館としてその魅力を伝えている。

大谷では、地区内でもこの石材を利用した町並みが広がっている。住居や石蔵は多くが大谷石でできているほか、宅地の石塀の多くは大谷石でできており、地域性をあらわした連続的な町並みが並ぶ。細かく見ると建物の意匠にも巧みに用いられており、ここかしこに大谷石の文化的景観が広がっている（図4-34）。

また、宇部市は、石炭（その後、石灰石を原料としたセメント）によって栄えた工業都市であるが、ここでは、石炭を利用した後に生成される鉱滓（スラグ）を混入して焼いた煉瓦が生産されており、その柔らかな色合いから「桃色煉瓦」と呼ばれている。宇部興産の始祖でもある渡邊家の旧邸宅もある旧市街地（島地区）には、この桃色煉瓦を用いた煉瓦塀の町並みが広がっており、「リサイクル」の精神に包まれたまちの包容力を感じ

図4-34 大谷石に囲まれたまち（大谷市）
建築・土木資材として建築物や塀、舗装などに用いられるのみならず、自然に露出する石とも相まって独特の風景を生み出している。

図4-35 桃色煉瓦を活用した町並み（宇部市）
石炭生産時のスラグを織り交ぜた淡い色の桃色煉瓦がまちに散りばめられている。

ることができる（図 4-35）。

3・3　自然の「統制力」に身を任せる

◆自然の流れが都市を統括する

　日本の都市空間の中には、自然の力をパッシブに利用する工夫がここかしこで見受けられるが、自然の力は、都市空間から社会構造までをも秩序づける。自然とともに生きることが避けられない都市空間では、こうした自然の力が都市空間、そして、そこに活動する人々の社会構造を秩序立てているが、その過程としては、自然に秩序が形成される場合と、自然の力をうまく活かして、必要な秩序を生み出している場合がある。

　たとえば、1章でも述べられてきた自然地形は、都市の立地を大きく規定する。東日本大震災（2011年）で被災した三陸沿岸諸都市を見ると、高度成長期以降の都市発展により拡大した市街地の中で見えにくくなっているが、近世以前に街道沿いの宿駅などとして生まれた町の中心部は、海岸や河川から少し奥まった河岸（海岸）段丘の上、あるいは山の麓にある街道の結節点にあり、地形と経験を読み込んで、少しでも災害リスクの低い地に設けられている。

　もっと大きな自然とも言える「太陽の位置」も都市構造に大きく影響を与える。天然資源である日の光を浴びて過ごすことは、人間生活の中で大切であるが、近代以降の住宅地では、日照を得ることが衛生住宅の条件とされ、家々の多くが南面配置によって秩序づけられている。

　逆に、生鮮食料品などを扱う商店などの場合は、日射は商売の妨げであり、影の生まれる北側に配されるか、入射角の低い西日を日除け暖簾などで制御する町並みとなる。日照・採光の獲得が制度化されている現在では、日影規制や北側斜線制限などの規制により制御されているが、これらは町並みの中に立ちあらわれており、たとえば、鋸屋根の工場のように建物が切り欠かれている戸建住宅群の風景は、北側斜線制限により生まれている。

　一方、都市空間に影響を及ぼす自然要素は、地形や光にとどまらない。山あいの集落では、風から生活を守るために、山の裾野に集落が貼りついていたり、人間生活を執り行ううえで欠かせない水を得やすい川沿いや、地下水や湧水の湧きやすい場所に生活域が広がっており、地下水脈でこれらの生活は結びついている場合がある。また、熱帯的な地域では、通風や煙突効果が発揮できるような空間構成が必要となることがある。このように、風、空気、熱なども都市制御に大きく影響を与えるものである。

◆「利水」が共同の空間を紡ぐ

　水は、重力に応じて、高きから低きに途切れることなく流れるという、自然の力を有している。そして、これは、目に見える部分のみならず、地下を通じても共通しており、我々の都市空間はこの水の流れに、大いに依存して形成されている。一方、都市生活を送るうえでは、水を受け取り（上水）、これを流す（下水）ことが必要であり、効率的にこれを実現するために、水の自然力を利用した水利システムが設けられるが、この水利システムを利用して、都市空間の体系化（秩序形成）に用いる事例が日本各地に存在している。また、こうした水の利用は、都市空間だけでなく、社会の体系化も誘発している。

　まちの情報伝達の場は、川にかかる橋のたもとに設けられることが多い。また、井戸端会議と呼ばれるように、井戸があるとこれを中心に人々が集まり、情報交換の場ができる。そして、川や水路の一部に洗濯場や水場を設けると、洗い物をしながら、地域の会話も弾むのである。また、水は、様々な形に変わり、何度も都市を助けてくれる。水を池に引き込めば、潤いあるオープンスペースと鑑賞の場を与えてくれるし、水車や唐臼を用いれば、水の流れる力を動力に変えることもできる。温度変化の少ない水をためることで、冷蔵庫や保温庫にもなるし、大きな池は、地域の温度を抑えてくれる、空調機の役割も果たす。

　このように、人間生活に欠かすことのできない水の利用は、地域の秩序と一体である。農業・灌漑・生活・下水、どれをとっても、地域でうまく

管理運営しない限り、地域全体で円滑に利用することができない。そのため、水を円滑に共同利用するための管理体制が必要となる。

松代（長野市）では、連続する武家屋敷の前には、カワと呼ばれる水路が張り巡らされ、都市の水システムを担っているが、敷地の裏側には、セギと呼ばれる生活水路が流れており、裏配線を担っている。そして、各武家屋敷内部の庭園には、「泉水」と呼ばれる庭池が用意されており、これが、松代を庭園都市に仕立て上げている重要な要素なのであるが、この泉水同士が、敷地の境界を超え、第三の水路として結ばれており（泉水路）、水シス

図 4-36　カワ−泉水路−セギからなる三層の水利システム（出典：『庭園都市　松代』長野市教育委員会）
特に各戸の庭の泉水をつなぐ水路が相互につながっているのは新しい発見だった。

テムによって体系づけられている（図4-36）。

　また、神代小路（旧国見町・現雲仙市）の武家屋敷においても、かつては、屋敷前を流れる水路が各敷地内に取り込まれ、庭や生活用水として用いられていたと言われている。あるいは、このような様々な水利用システムが重層的に展開されてきたことで有名な郡上八幡では、至るところで水空間を目にすることができ、水を何度も利用する工夫が随所に込められていることがわかる。

　さらに興味深いシステムを持つのが、高島市針江集落のカバタ（川端）である。琵琶湖沿いの山々からの地下水が豊富なこの集落では、この地下水が、自噴する上水として用いられている上に、この地下水システムと、地域の水路システムとが、各家庭に設けられた「カバタ」によって結びつけられている。この地下水は、元池（不透水層の地下水）から水圧で吸い上げられ、管を通して壺池と呼ばれる数段に分けられた甕に流される。壺池上段は、飲料水や野菜を冷やすために利用され、この水が壇上の甕を経て、下段では、鯉が泳ぎ、浸けた食器の食べ残し等を浄化してくれる。そして、さらに水は端池へと送られ、そこでは、洗濯や中水利用もなされ、家の前の水路に流れていく。

　かつては、稲を船で運び出すのにも用いられた川（水路）には、カバタから集まる水に加えて、湧水や地下水のみが流れ、今でもモ（梅花藻）が繁殖し、ダボ貝が棲みつき、水質の浄化を助けている。この自然の流れや浄化力とうまく付き合いながら行われる節度のある都市生活は、現在でも続いており（100軒以上）、21世紀の都市空間を考えるうえでの示唆を与えてくれる（図4-37、図4-38）。

　こうした水システムは、何も特別な城下町や市街地だけにとどまるものではない。急峻な地形に囲まれ、大地に浸透した湧水があふれ出る構造は、日本の特徴の一つであり、こうした空間的特徴を有する地域ではどこでも似たような構造が築かれている。また、その操作自体も非常に軽快であり、たとえばセギ板と呼ばれる水路に設けられた水量調節用の木板一つで、大事な水利用調節が行われている場所もある。

　高山市荘川の一色惣則集落では、農業用水を中心とした非常に細やかな水路システムが構築され

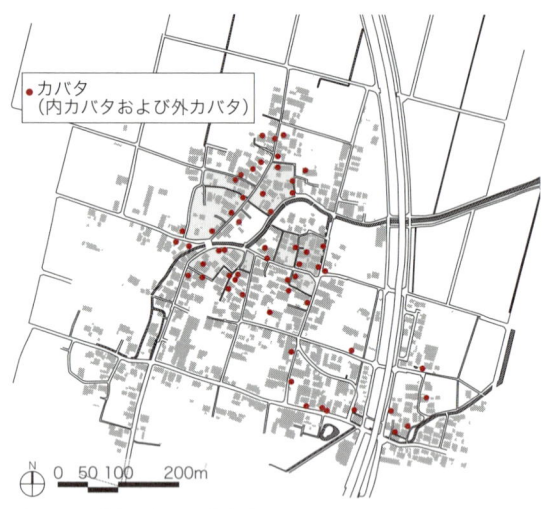

図4-37　「カバタ」の分布図（図版：内木摩湖・石川慎治・濱崎一志「滋賀県高島市針江地区におけるカバタについて」2008年度日本建築学会大会学術講演梗概集 E-2、2008年、pp.615-616をもとに加筆修正）
高島市針江集落には、地下水を利用する「カバタ」が100か所近く立地している。

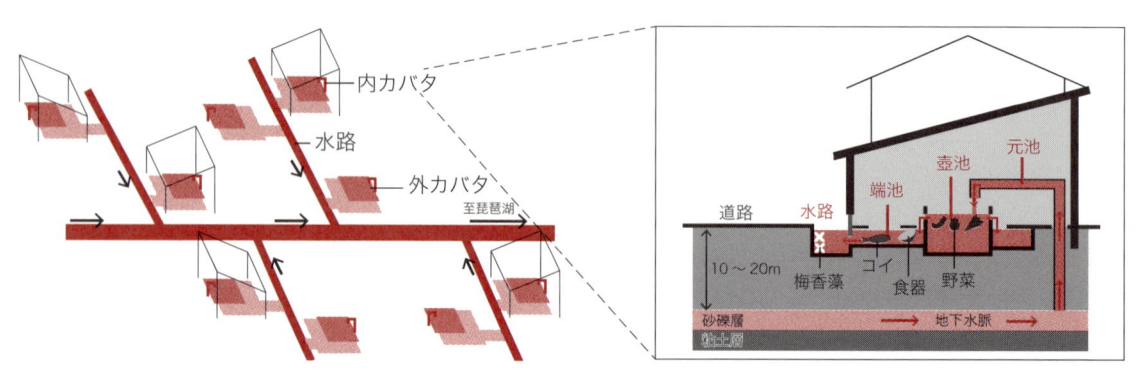

図4-38　「カバタ」の構造概念図
カバタは、元池―壺池―端池の三段階で構成される。屋内である「内カバタ」と、屋外の「外カバタ」とがある。

ており、今でも用水路ごとに水路組合が設けられ、定期的に管理巡回を行っており、これが地域コミュニティ醸成に一役買っている。水循環の工夫はここかしこに隠れている（図 4-39）。

◆風を受ける：屋敷林の風景と風の道

　流れを司る要素は、水にとどまらない。先述のとおり、集落形成の際に注意する自然要素の一つに、風がある。河川の扇状地などに形成された、周囲に起伏のない平野部の農村地帯などでは、住居を構える際に、風から隠れる場所がない。そこで、各家には防風林（屋敷林）を設けることによって生活を守るのである。多くの地域では、特に強風となる卓越風には方向性があり、この卓越風を防ぐ方向に屋敷林が設けられるため、集落や民家の空間構成はこの卓越風を受け止めるための方角に支配される。たとえば、砺波平野の散居村では隣家から 100 m 近く離れた各家にこの屋敷林が設けられるほか、仙台平野・水沢江刺地区などに見られる「居久根（いぐね）」など、各地でこの特徴的な風景があらわれる。

　松浦市（長崎県）に見られる「林叢（ひゃーし）」（高生垣）は、槙の木や椿の木を用いてつくられた高生垣であり、それぞれが非常に丁寧に剪定され魅力的な景観が生み出されている。出雲平野でも「築地松（ついじまつ）」が北西の季節風から生活を守り、きれいに整えられた

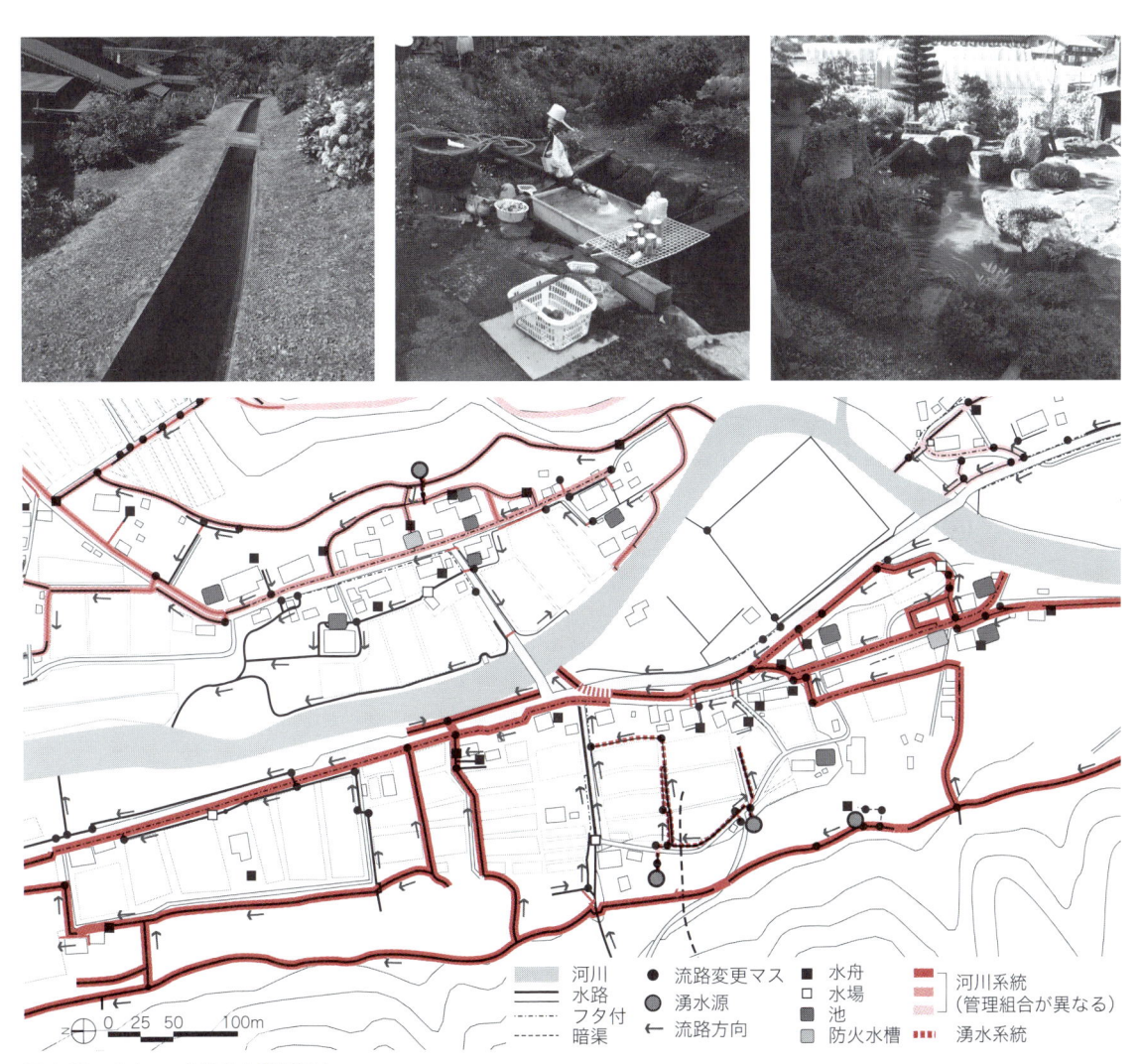

図 4-39　高山・一色惣則水路構造図
河川からの引水と、湧水を利用した、巧みな水路ネットワークが見られる。系統ごとに異なる管理組合で管理されているとともに、流路をコントロールするスギ板や水場、池によって細やかな水利用ネットワークが築かれている。

3　背景に隠された物語に乗じる

図 4-40 丹生川地域北方・法力集落（高山市）の民家群
線形に並ぶ集落は、風を受け流すかのように麓の等高線に沿って並んでいる。

大きな松の壁をつくりだしている。剪定された枝枝は、燃料として用いられるなど、資源循環の仕組みも担っていた。

また、茅ヶ崎の海岸にある松林などの海沿いの防砂林、防風林をはじめとして、単体としてだけでなく、木々を帯のように配して風を受け止める場合もある。北海道中標津町の格子状の防風林や、十勝平野では、カシワの原生林を開拓により伐採したが、防風のためのカシワ林だけは基幹防風林として残されたほか、農地境界には新たにカラマツやシラカバの防風林が設置され、燃料にも用いられたとされている。

また、風を防ぐツールは木々のみではない。台風など、風のみならず、雨もふきつける地方では、高くそびえる石垣などをもうけて環境を制御することもあり、先述の女木島（p.53 参照）のような石垣による風景がうかびあがる。

一方で、風を受け止めるのではなく、受け流す機構が働くこともある。高山市丹生川町の集落（北方・法力集落）では、東西に流れる川の北側の緩斜面に水田を設けながら、その北側の尾根の麓に民家が並んで建っている。これらは、全くの南面ではなく、斜面に寄り添うように、麓の等高線に沿って建っている。こうすることで、斜面が風除けの役割を果たしてくれるとともに、建物自身も地形に沿って町並みを形成することによって、風がスムーズに流れるように調整されている（図 4-40）。

人間がどんなに読んでも読みきれない自然の力を考えると、これに抗うのではなく、ときには受け止め、受け流すための知恵は、これからの都市にも求められているのではないだろうか。

第5章
ものごとを動かす

　人間は、能動的に空間に働きかける。城下町が典型的であるように、敵からの防禦や食物の生産や安全で快適な居住環境を求めて、強い意志によって町は築かれてきた。都市にはそうした人々の強くて直接的な構想力が反映されている。

　しかし一方で、全く逆の捉え方もあり得る。空間が、人に働きかけて人の動きに影響しているという捉え方である。たとえば、坂道は、地形の段差がある状態において、最も通りやすそうな場所に成立している。そのような空間の状態がなくならない限り、意匠は多少変わったとしても、世代を超えて人間は、坂道をつくり続けるであろう。つまり空間が人間に、その坂道をつくらせているのである。

　都市は時々の要請を受けて変化を遂げている。新しい利用を実現するために、従来の形態を、新しいものへとつくり変えることもあれば、一部のみを変えることもある。あるいは従来の形態の素型を敢えて変えないことで、想定していた利用が想いもかけない豊かな利用へと変貌することもある。いずれにしても、その変化の中に、都市の構想力を読み解くことができれば、都市の同一性は担保される。

　都市の持続性が議論されて久しいが、都市の何を持続させることが肝要なのか。全ての建築物が建て替わり、植物が生え変わり、町割が変わり、住民が変わっていったとしても、それぞれの時代の人間が空間に働きかけ、空間が人間に働きかける相互の力としての構想力が連続していれば、都市は持続していると言えるのではないか。

　そう考えると、都市が自らの構想力をもって、ものごとを動かすのは、都市が持続するための戦略であると捉えることもできる。その具体的な戦略を見てみよう。

1 地形への特化が行為を固有化する

空間には物理的な特性と社会的な特性がある。それらは互いに影響しながら、各々の時代の空間整備のあり方を導く。物理的な面において、とりわけ強く空間を規定する特性は、時代を超えて存在しつづけ、点、線、面の多様なレベルでの人間のアクティビティを決定することにもなる。
それほど地形に特化した空間が、地域社会に与える影響は原始的であり、強い。特に、それが心地良い感情につながる空間であった場合、地域社会が自ずとそうした空間を継承しようするだろう。そうして導き出された行為は、普遍性があるだけでなく、文脈に沿った固有性も備えている。

1・1　自己相似的な空間構造

◆水の流れとY字のフラクタル

　地面は、都市空間が形成される際の最も影響を持つ要素であろう。第一章で述べたように、都市の立地を規定するのは大地である。大地の地形や地質を読み解いたのは人間である。

　本節では、環境と人間の呼応関係として、大地を読み解いてきた歴史に着目するために、渋谷を見てみよう。渋谷の地形は、大きな低地がY字型に入りこんでいる。渋谷川である。そこから細かい谷地形が無数に延びており、Y字構造が何重にも繰返され、スケールの異なる自己相似の空間構造となっている。水の物理的な性質がしばしばもたらす典型的な空間構造と言えよう。

　近代がはじまる前、東京のはずれにあった渋谷は、大消費地に近い近郊農村であった。小さいY字を構成している少ない水量の流れが、一つランクの大きなY字の流れに吸収されるところに、水車が置かれて有効利用されていた。「春の小川」で歌われたのどかな田園風景は、宇田川水系の河骨川とされている（図5-3、図5-4）。

◆Y字空間編成による土地の意味

　戦後、特に高度経済成長期になって、東京が巨大化していく過程で、都市のフローは格段に増した。その中で、排水機能の確保も課題となった。そこで、源泉を持たない都市河川が暗渠となって下水道に変わっていった。そのような状況を背景として、昭和30年代半ば以降、渋谷の様相は激変していく。ターミナル機能としての役割を付与されて、地上では大規模開発が進んだ。地下では、渋谷川をはじめとする渋谷の河川が暗渠化、もしくは下水道化した。

　こうした都市化の過程を経て、現在の渋谷の形が決まっていくにあたって、Y字型の繰り返しを持つという特徴ある空間構成は、重要な役割を果たしてきたと言えよう（図5-2）。

　渋谷の地形を規定する最大のY字の枝が交わるところは、緩やかな南斜地形も手伝って、隣接する東西部分や北側の台地部よりも低くなっている。その低くなっている部分が、ちょうど渋谷駅前のスクランブル交差点である。スクランブル交差点の位置がここになったのはこうした周辺の地形を素直に読み込んだ結果とも言えるが、それだけで決まったものではない。新たなインフラストラクチャーの中心的施設である駅の設置は、それなりにまとまった広さを必要とすると同時に、江戸時代に整備された信仰の道である大山街道との適切な近さも重要だったに違いない。

　地形に端的に代表される物理的な環境と、計画時点までに蓄積された社会的な環境の双方が新たな計画を自ずと導き出す。

1・2　物理的な最低点という立地特性

◆渋谷スクラブル交差点の特異性

　渋谷駅から出てくる大量の人々が、一部はハチ公前で滞留しながら、最も低い高さにあるスクランブル交差点において、あちこちから水が集まっ

てくるように行き交い、再び一気に八方に広がっていく様は、世界的に有名な東京の風景となった（図5-1）。

地下鉄のはずなのに、銀座線は、高架となって建物に吸い込まれていく。現在の駅ビルは比較的低く小さめのボリュームで、それと対峙する繁華街の側はいくつもの街路がマッシブな建物の塊の足元に配置され、人々を迎え入れている。

こうした風景は、駅のあちらこちらから目に入り、何気なく足を止めてしばしじっくりと眺める人も出てくるぐらいだ。無意識に渋谷における人々の動きを認知できる状況が生じている。

駅とまちがどのように関係しているのかという認識を広く共有できているのは、渋谷という超絶繁華街における玄関口としての基本的な空間の型があるからだ。そしてそれは、地形の最低地点にスクランブル交差点があって、それを取り囲む人工の地形が、自然の地形に応じながら形成されている。

◆立地の特性の強化

近年、商業ビルの壁面が透明性を増している。さらにそこにデジタル・ビジョンが取りつけられたものが多くなってきたが、それらは若干の威圧感を持ってスクランブル交差点を見下ろしている。ビジョンは、スクランブル交差点だけでなく、それよりも一歩駅の方に近いハチ公前広場で滞留している人々の視線も集めている。駅から外に出た途端に上から語りかけられる。

そうした空間体験は、スクランブル交差点の位置を「低める」ことにつながっている。「低める」というのは、周りが高くなり、自分はあたかも井戸の底にいるような感覚であり、渋谷駅からまちへの移動の中で、体験される特有なものである。特に、大山街道は、スクランブル交差点を最低面として、道玄坂と宮益坂という二つの坂に挟み込まれることになり、大量の人が行き来している。

図5-1　渋谷スクランブル交差点
渋谷駅前のスクランブル交差点では、駅前から大量の人が押し出され、吸い込まれていくという双方向の流動が繰り返し生じている。こうした流動を強く意識できるのは、駅ビルの中から交差点を見渡せる視点場が存在するからである。

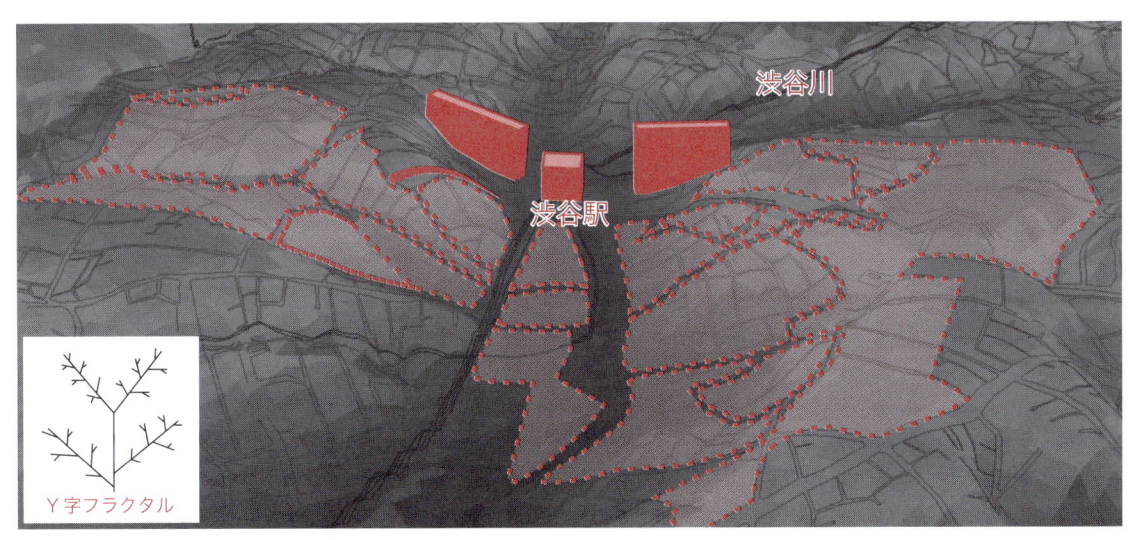

図5-2　渋谷駅の立地と坂や界隈の関係
渋谷駅は、図から明らかなように、最も低い地点に位置している。そのため、Y字フラクタルが渋谷駅に向って何本も流れ込んでいっている。渋谷という広い大繁華街のあちこちへ、駅から人が流れて行き、駅に向って戻って行く。そのような流れの起終点である駅と地形が呼応している。

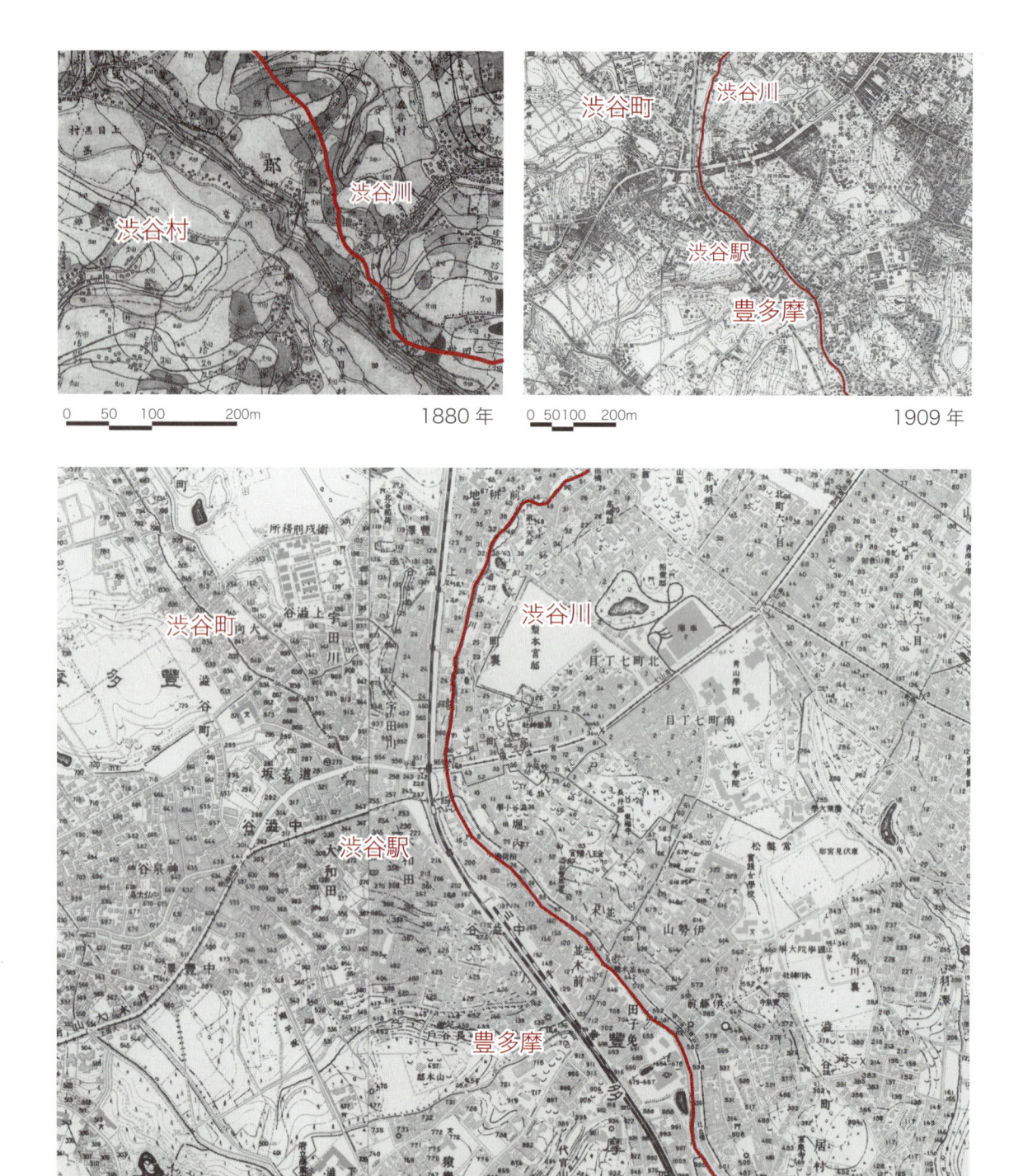

図5-3 渋谷の変遷過程
明治後期から大正までの図面において顕著なのは、直線がないことである。渋谷川（上流）・古川（下流）水系は武蔵野台地の東端を水源として、淀橋台地を通って東京湾に流れている。水源である内藤家中屋敷内の玉藻池は、現在は新宿御苑になっているが、大名屋敷を水源とする支流は多く、江戸時代の水のシステムが継承されているとも言える。
「春の小川」（支流の一つである河骨川）に歌われた田園の水車は、エネルギー産業を目的とするものへと変化し、そのために水路変更までが為されるようになったが、大正初期までにはなくなったと言う。
いずれにしても人が生活や生業のために使う川であった。

図5-4　渋谷の変遷過程

大正から昭和に入るころには、水田の宅地化の際には町村は川を廃水路として位置づけ国から無償で下付を受けて敷地利用や民間払い下げを行っていたと言う。こうした経緯は田原光泰『「春の小川」はなぜきえたか』に詳しい。渋谷村を決定していた水の流れは、暗渠や改修による川の下水化によって、人々の暮らしから消滅した。

都市観光を楽しむ人々は、その後、地形の面白さを発見し、宮益坂や道玄坂などの近世から継承してきた名前の他に、スペイン坂や公園通りなどの名前が通用するようになった。

1　地形への特化が行為を固有化する　135

スクランブル交差点には、Y字型の付け根にある最低点としての際立った空間特性がある。ビジョンの設置は、ここならではの「井戸の底」という感覚を強化する側面がある。

　念のために付け加えると、だからビジョンを設置した方が良いと言っているのではない。環境と人間の呼応関係の中で、強烈に放たれている空間特性があって、計画にあたっての与条件となる。そのような与条件が形になっているのが、現在の風景である。地形をわかりにくくするような改変は論外であるが、それだけでなく、空間の読み解きを敢えて意識化すべきだ。そうでないと、空間特性をふまえた計画によって実現される空間上の工夫が安易なものとなって画一化し、乏しい空間体験しか提供できなくなるおそれがある。

1・3　坂と施設立地と回遊性

◆立地の特異性に呼応する建物の形

　地形が反映された、渋谷の空間特性の一つであるY字型の街路は、二股に分かれるところの視認性を非常に高める。そのような敷地の条件を活かした建物が数多く出現している。

　その筆頭の例として、ファッションビル109が挙げられよう。ファッションビル109は、渋谷駅を降りてから、気が向いた方向に進むという歩き方をしている人をとにかく惹きつける。上記のスクランブル交差点からの銀色の建物曲面の見え方や、地上部の小さな広場とエントランスの位置による人の流れの引き込み方は、そうした目的に適した工夫であろう。

◆スペイン坂の特異性からの連鎖

　渋谷の特徴でもある坂には、より直裁に地形が反映されている。中でもスペイン坂は強烈だ。地形の等高線を合わせると、スペイン坂の部分は等高線を直角に横切っている。つまり、一本西側の道路は地形に沿うようにして高度を稼いでいるので、ゆったりとした坂になっているが、スペイン坂は斜度が急になる。だから階段処理が必要になるわけだが、そこで滝のように人の流れが集まり、滝壺で跳ね返っているようなエネルギーをもたらす。

　スペイン坂に物理的な強さがあるだけでなく、人が集まる賑わいの中心となっていることには、社会的な背景もある。1960年代半ば、在日米軍施設ワシントンハイツが返還されたとき、渋谷区役所や渋谷公会堂が、その跡地である現在地に移転となり、整備された。そうした状況を受けて、駅とそれらを結ぶ間の街路を歩いて楽しんでもらおうという戦略がとられたのだ。

　「公園通り」という命名はそうした戦略を端的にあらわすが、そこから多様な街路が派生していき、放射状の道路や円環状の街路と特徴のある坂がつながり、個性的な店舗も散見されるようになった。その結果、回遊する街としての評価を得るようになった。

　渋谷は回遊して歩ける街であるという認識が、さらに、個性的な個店の出店を広範囲に促し、心地良い空間があちこちに仕掛けられるような循環を生み出した（図5-4）。

◆特異な空間の体験

　こうした回遊性のある渋谷の肝は、駅と街とのつながりにある。さらにあちこちにY字構造の繰り返しがあらわれ、一つひとつの街角は個性的であるにも関わらず、それらに通底する渋谷という地形を歩きながら感じ取っている。

　このように、一つのまちを読み解いていくと、地形と、同時代の社会的要請が反映されて空間が整備されていくが、そうやって形成された都市に触発されて次の空間が整備されていくという関係性を理解できる。そのような過程の中で、強烈な特性を備えている空間構造や敷地特性は、都市の形成過程を貫いて存在し、激変をしてきた渋谷における空間体験を、渋谷ならではという固有のものにしている。

2　ハレの場を演じる

祭りの日、都市空間は普段見慣れている町並みとは、違った様相を見せる。日常と非日常の共存が、集落の構造の原理であるということを、祭りの日には垣間みることができる。そのようなハレとケのデュアル・ユースを成立させているのは仮設的な装飾だ。布や植物や灯、裏山に自生している蔓のような素材と工夫によって、特別なハレの領域がつくりだされる。辻惟雄は日本の文化の特徴の一つとして「かざり」を挙げている。日常生活を円滑に営むための都市空間が、舞台となり得るのは、かざりの手法を用いたからに他ならない。

2・1　ハレの日の空間の読み替え

◆都市内部に広がる伝統的祝祭

　1年という時間が経つと、同じ祭りの季節が巡ってくる。この日ばかりは平時の都市の往来はすっかりと様変わりをして、祭りの舞台が都市内に設営される。設営されるといっても仮設的な舞台が設けられるとは限らない。都市の一部分が舞台と見立てられさえすれば良いのだ。いつもの見慣れた街路であっても、祭りの演者たちが集えば、そこが立派な舞台となる。伝統的都市祝祭である神田祭（図5-5）や浅草三社祭は、神社と地域の祭りである。神輿の出し方に多少の違いはあっても、いずれの祭りも氏子の居住域の全てを、神輿を担いで練り歩く。町内の各街路は、神輿の巡行路になることで、面的な広がりを持った舞台として立ちあらわれる。ここに都市の劇場的賑わいを見出すことになる。

◆祝祭への眼差しが都市を炙り出す

　新たな都市祝祭的賑わいを演出することは可能であろうか。戦後の東京には商店振興を目的とした都市祝祭がいくつもある。これらは、時代や場所に合わせて、細部が変化可能な伝統的な祭りの型を借用し、それぞれの場所に祭りを適応させてきた。そして、商店街という独特の都市空間の中の賑わいを演出し、その都市の持つ可能性を炙り出している。

　仙台の七夕まつりに倣い、1954年にはじまった阿佐ヶ谷七夕まつりは、蛇行したアーケード街であるパールセンターの天蓋から様々な飾りが吊るされ、多くの見物客を集める祭りとなっている。商店街の店先では、普段と異なり、祭り用の商品（ビールや食べ物等）が売られる。見物客はこれらを物色しつつ、なかなか進まない雑踏の中から、先の見通せない蛇行した街路上に浮かぶ七夕飾りを点々と発見する。天井の閉じたアーケードに篭る祭りの熱気を視線の向こうに感じながら、街路を巡っていく。この見上げの視線は、七夕飾りを眺める中で、一本の蛇行した街路形状の特徴を、より強調して人々に体験させる（図5-6）。

◆多様な街路空間を舞台に変える

　一つの祭りが一つの街の中の様々な街路を舞台に見立て、展開することで、各々の空間の特徴を強調することもある。1957年にはじまった高円寺阿波おどり（杉並区）は、当初は駅の南口にある全長約250mのパル商店街だけが会場だったが、祭りの盛況と街の成長に合わせて演舞場が増えていった。2007年にはアーケード付き商店街、歩車共存の商店街、歩車分離の商店街、駅前広場、駅前の目抜き通りに設けられた合計九つの演舞場で、70余りの「連（踊りのグループ）」が同時多発的に踊りを披露した（図5-7）。

　演舞場といっても、常に舞台と客席が設営されるのではない。ここでもまた、舞台に見立てた一般道や商店街を「連」が踊りながら練り歩く。広幅員の目抜き通りには桟敷席が設けられ、そこでの踊りは、様々な隊列を組み、大通りに相応しい壮大さを感じさせる。一方、幅員の狭い商店街で立ち見の観客の間を縫いながら披露される踊りは、

観客と踊り手の一体感を感じさせる親密なものになっている。かくして、普段看過ごしている都市空間の性格が、ハレの日に阿波踊りを通して、より明確に浮かび上がるのである。

2・2　祝祭のあり様の伝播

◆祝祭が明示する都市空間の可能性

　高円寺の成功を受けて、東京 23 区下だけでもいくつかの商店街で同様に阿波踊りが開催されるようになった。その一つが、大塚阿波踊り（豊島区）だ。大塚駅前広場を起点に緩やかなカーブを

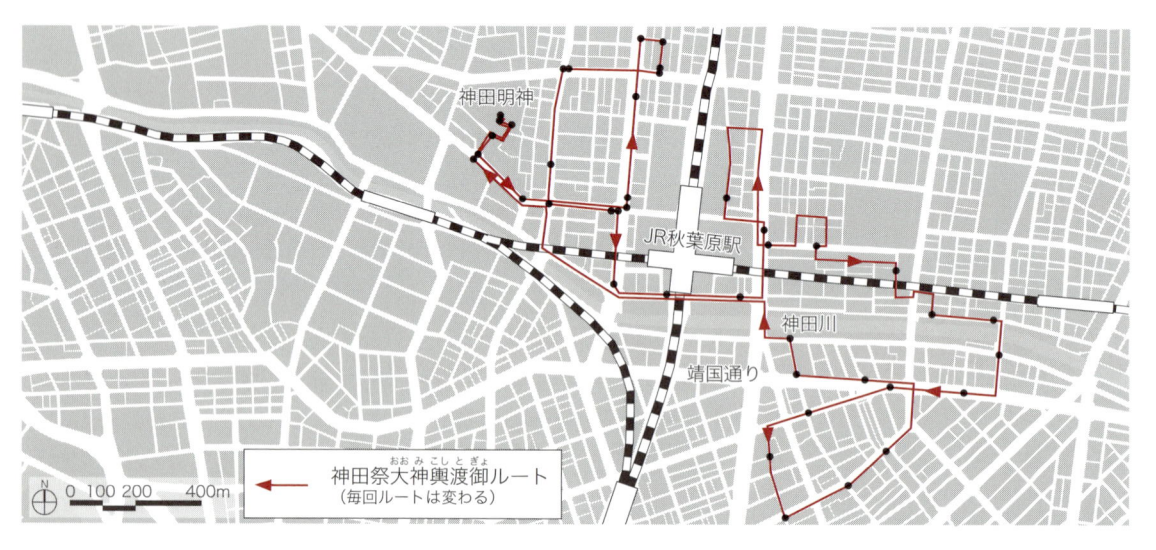

図 5-5　神田祭大神輿渡御
神田のまち全体を使ってハレの日が展開する。

図 5-6　阿佐ヶ谷七夕まつり

描く南大塚通りをメイン会場として開催される。この大通りの西側の街区に広がる商店街の臍に位置し、ケの日には単に広々とした交差点として認識されている叉路がある。ここが、ハレの日には踊り手たちが楽しむために輪踊りをする裏会場となる。この場所をよく見ると、幹線道路から一本裏側の立地、五叉路の中心を眺めやすい西高東低の地形、視線の抜けない閉じた空間、大きめにとられた街区の隅切り、正面を叉路の中心に向けた商店の配置等、人々が集うための空間としての資質を備えていることがわかる。

◆ハレとケの呼応

このように、ケの日に見逃している場の可能性をハレの日の都市空間の使い方が鮮やかに描き出す。こうした空間は、祝祭によって、潜在的に有していた活用の可能性が引き出されたとも言えるが、一方で、ハレの日の使い方があるからこそ存在が担保されている空間であるとも言える。

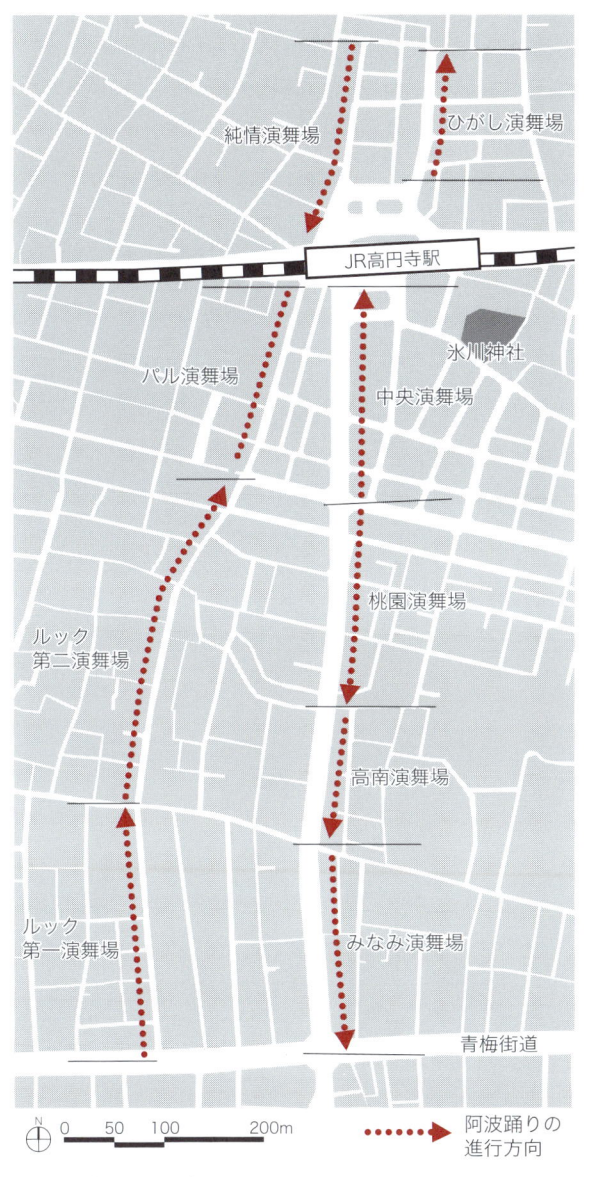

図 5-7 高円寺の阿波踊り
高円寺のまちが、阿波踊りの連の舞台になる。

2 ハレの場を演じる

3 空間の様式が継承を支える

高度経済成長期以降の都市計画は、人間の感性への配慮に乏しく、計画で想定した機能を満たすことのみに重点を置いてきた。そうした空間は、実は脆弱で、時代の変化に対応しにくい。

こうした空間の対極に、固有の敷地の立地特性を丁寧に読み解きながら、明確な配置と自然との洗練された関係をつくりだしている空間がある。設計されている／されていない、という対極ではなく、設計されつくしているという意味では両者は同じであるが、設計する目的の設定の仕方が全く異なるのである。

3・1 潜んでいる計画意図

◆人工の杜と賑わいの門前町をつなぐ

東京、原宿の表参道には、非常に強い設計意図が込められている。大正期に造営された明治神宮への表参道である。明治神宮を最終到達地点として、3%程の勾配を登っていく、まっすぐな参詣空間である。戦前期より、「東京最初の公園道路」あるいは「近代都市の代表的街路」として評価されてきた。

全幅が20間、歩道の幅は4間7.3mの広さが

図5-8 表参道図面（永瀬節治「近代的並木街路としての明治神宮表参道の成立経緯について」『ランドスケープ研究』2010年）
参道は、交通をさばくという機能だけではなくて、神社に向かって心を鎮め準備をする空間であり、神宮の格を高めるための表徴的な空間であり、杜と都市をつなぐ空間である。それに相応しいデザインが丁寧に議論された。

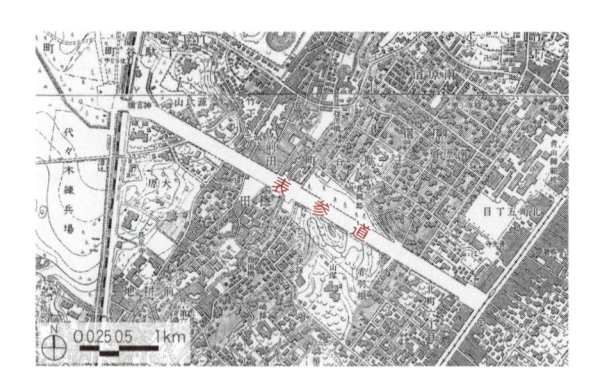

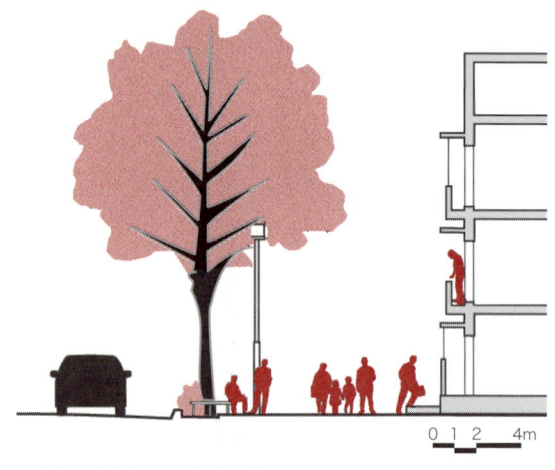

図5-9 表参道の歩行者空間（上・1921年測図の1万分の1地形図『四谷』および『三田』）
神宮に向って上がっていく緩やかな傾斜、上部を覆うケヤキの緑、沿道沿いの建物の豊かな表情、いずれも歩いて楽しめる歩行者空間を演出している。

あり、行き交う人は少なくないが、ぶつかる心配もない。すっぽりと樹冠の下に潜り込んでも余りある欅並木は、葉張り15m、高さ20mはある。航空写真を見れば、広大な緑の塊があって、そこから堂々とした緑の軸線が延びている様子がよくわかる（図5-8）。

歩きながら楽しめる葉っぱの瑞々しさ。幹の荒々しさ。交差点で立ち止まったときに、ふと認識する表参道全体の迫力。まっすぐな参道とそこから派生している対比的な流線型の脇道、そこに生まれる街角。この脇道の流線型はかつて河川だった名残であることを明示している。緩やかな水平方向のうねりは水が自然に流れる軌跡の心地良さでもある（図5-9）。

◆空間の魅力による自然（じねん）の城

表参道という表の空間に軒を構える店舗は、ミセすなわち商品の質の良さをアピールする情報発信機能を備えている。多くの店舗のファサードは遊び心を持ち、季節感のあるショー・ウィンドウ

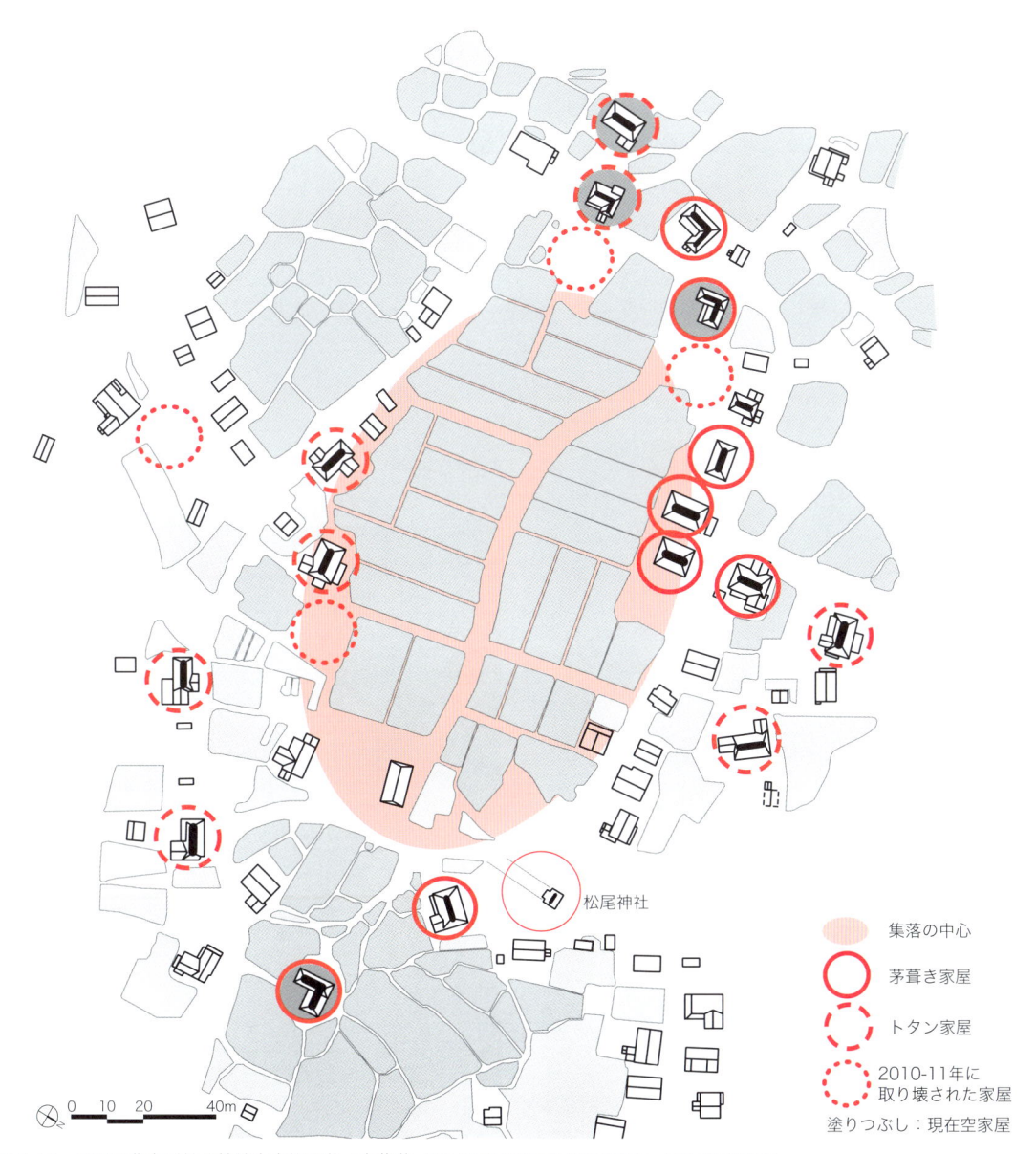

図5-10 田圃と農家が並ぶ柏崎市高柳町荻ノ島集落（『荻ノ島地域協議会作成の図面』に基づき再作成）
最も日当たりが良く平らな土地は田圃となり、周辺を農家が囲んでいる。荻ノ島集落でも人口減少や高齢化による空き家化が進んでいる。しかし、それに落込むことなく、地域住民自らが空いた茅葺き屋根の住宅の状況を調査し、修理し、活用を考えている。

3 空間の様式が継承を支える　141

が並んでいる。原宿駅から246号線に向けて、緩やかな下り坂を下る方向で、利用することも多いだろう。だらだらと下り続ける心地良さがある。これらの要素のいずれもが、歩きたくなる空間を演出している。

すでに欅も十分に成長し、人為的なものに感じられなくなっている。計算され尽くした空間でありながら、それが自然(じねん)の域に達している。設計者の意図が押しつけられることもなく、自分の意思で心地良く歩いているように錯覚する。

自然の森を感じさせる域にまで変容した人工の杜があり、最先端のショッピングストリートは典型的な賑わいの門前町として捉えると、その両者をつなぐ参詣空間として表参道はある。それがさらに適切な勾配を持った坂となっている。

こうした空間構成は、日本の神社や寺への参詣道に多く共有されているものと言えよう。すなわち空間の様式の一つと言える。

3・2　集落が共有する空間の価値

◆明確な生業空間

農村集落にとって最も大切な場所は、農業を営むために使われる。新潟県柏崎市高柳町荻ノ島は、大きくなだらかに東南方向に下がる斜面に立地する集落である。沢の水は確保できるものの、平坦な場所も限られている山里で、冬の雪も厳しい。集落の共同作業はおびただしく多い。農作業に直結するものはもちろんのこと、茅葺きの葺き替えや雪下ろしなど、力仕事も少なくない。にも関わらず30戸を切る世帯は、高齢化も著しい。空き家も増えている。しかし最近では、茅葺きの里として有名になり、訪れる人も少なくない。彼らが体感しにくるものは、非常にわかりやすい集落の構造である（図5-10）。

◆集落にとって最も大切な場所

荻ノ島にとって最も価値が高いのは、集落の真ん中にある平で日当たりの良い場所である。そこは田圃として使われ続けている。それを道路が取り囲むようにして廻っており、茅葺きの民家が建ち並んでいる。その環状の道路の内側に建っているのは集落センターのような特殊な建物などに限られており、内側の田圃を十分に望むことができる（図5-11）。

中心の田畑の真ん中を東西方向に道路が横切っている。沿道には何も建っていない。道路沿いは有効利用ができるはず、と考えると不思議な光景にも見えるが、30年程前に農作業を行うための道路として普請されたものであり、作業用道路が

図5-11　荻ノ島集落の真ん中に位置する田畑
最も日当たりが良くて、わずかながら平坦になっている場所が、田畑となって、周りの家屋や家屋の中心になっている。周辺の斜面地がさらにその外側を囲んでいる。

図5-12　荻ノ島の公民館に掲げられた町民の笑顔の写真
公民館には荻ノ島集落を支えてきた方々の写真が掲載されている。亡くなった方々もいらっしゃるが、印象的な笑顔のお一人おひとりに対して、現役で頑張っている住民が思い出を語ってくださった。

中心の田圃の価値を高めている。

　環状道路の北東部には松尾神社が位置している。その参詣道は環状道路に対する垂線となって、ゆるやかに環状から離脱して境内にまっすぐとつっこみ、集落の端部を形づくる。

　かつて集落に世帯がもっとあったときは、一重の環が複数になって、主に南西方向に拡張していった。しかし世帯数が減ってくると、外側に住んでいた家は、内側に増えてきた空き家に移転して、集落全体の大きさが縮小した。

　誰かの命令や法制度の規制で動いているのではなく、あたかも集落自身が意思を持って、膨らんだり縮んだりしているかのようだ。なぜこのようなことが可能かといえば、集落の共同体によって土地の価値に対する認識が明確に共有されているからだ。その価値を最大限に活かすことが、集落そのものとそこに生きる人々の生活を持続させる最も確実な方法なのだ（図5-12）。

3・3　避難を助ける集落デザイン

◆リアス式海岸集落の避難を担保する空間

　リアス式海岸の集落には、非常にわかりやすい空間構造がある。海浜から垂直方向に伸びる高台への路があり、途中には神社などの宗教空間か、明治三陸津波や昭和三陸津波後の復興計画で整備された小学校等の公共施設が配置されている（図5-14）。

　逃げはじめるのが遅れたり、身体が思うように動かず逃げられなかったことにどう取り組むのか、という深刻で大きな課題は忘れてはならない。しかし、地形とこれまでの復興計画の積み重ねに基づく、逃げやすい特性を備えた空間があることは確かだ。海と山の自然の恩恵を受けながら、山崩れの履歴があるところを避けて、海が見渡せる高台を合理的に配置し、いざというときに集まれる場所を確保し、それらを孤立しないようにつなぐという基本的な空間計画の考え方は確立されていると言えよう（図5-13）。

　地震があって津波に襲われると感じたとき、実際に何が起こっているのか、次に何が起こるのか、知りたいという欲求は当然のことながら非常に強く、全体が見渡せる場所に行きたくなる。集落の誰もが知っている神社や寺は、高台に配置されていることが多い（図5-15）。そこからは津波の襲来が見通せるので、海を見通すためにそこに上がる人もいるし、逃げるために向かう人もいる。またこうした高台にある場所は、散り散りに逃げたあとに再び集まれる重要な場所である。いずれにしてもそのような行動を誘発できる神社や寺の配置は、避難を助ける集落デザインだと言える。それは、これまでに多くの命を犠牲にしてできあがった貴重なものだ。

　しばしば指摘されることだが、災害が起こったときの行動は、日常の行動によって規定される。普段からよく通っていたり、知っている場所への避難はすぐに思いつくが、知らない場所へは逃げにくい。

◆災害後が震災前でもあるという認識

　災害の直後には、次の震災への備えとして、地震があったらすぐに避難をしなければならないという意識が強まると言われる。しかし、個人の恐怖によって形成された意識が、その後、どのように薄まっていくのか、あるいは次第に薄れていった頃に整備された防潮堤が、人々をどのように動かしたのか、あるいは動かさなかったのか、整理しておく必要がある。もしそうした避難への意識が薄まるものだとすると、どうすれば薄まらないのかという方策を考える必要があるが、同時に、たとえ薄まっていたとしても、思わず避難する集落デザインを実現しなければならない。

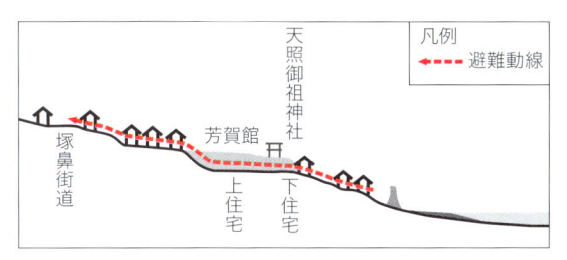

図5-13　避難を助ける集落デザイン（岩手県上閉伊郡大槌町吉里吉里）
リアス式海岸集落の土地利用には被災経験が蓄積されている。

図5-14　大槌・天照御祖神社の参道登り口と吉里吉里小学校への通学路
写真奥は、昭和三陸津波後の復興で位置づけられた吉里吉里小学校。そこまでまっすぐに坂道が続く。手前右は天照御祖神社への石段の登り口で、神輿がここで行ったり来たりを繰り返すのが震災後に復興したお祭りの山場となる。

図5-15　大槌・町方の小鎚神社から臨む大槌湾
大槌の小鎚神社境内からは、鳥居の先は津波によってほぼ全てが流されてしまっているが、高台の灯籠も樹木も残っている様子がよくわかる。鳥居の先には、まっすぐな参道が低地部の町と神社を結んでいる。

3・4　時間を経たものの継承

◆名前による意味の継承

　湊は、港とも書く。

　水都であった大阪を述べるにあたって、橋爪紳也は著書『「水都」大阪物語』において、港という漢字をふまえて「さんずい」に「ちまた」、すなわち、水際にある人が賑わう場であることを強調する。水と陸地の接合場所である港は、もともと水門や水口とも言われ、物理的な空間の形状がよく表現されていた。特に、大阪では港のことを「浜」と呼んだ。

　この「浜」という言葉によって想起されるのは砂浜であろうが、野本寛一『神と自然の景観論』は、浜のもともとの意味は、秀間(はま)であると説く。目立つ優れた場所という意味である。様々なものが漂着し、富をもたらし、新たな文化を運んできた場所が浜であり、港であり、河岸である。

　河岸に潜む力は、さらに、水辺沿いの空間ならではの快適さを感じ取る人々に訴えかけることによって、その町ならではのアクティビティを担保し、それに対する愛着を喚起する。

◆小野川の記憶

　佐原（千葉県香取市）は、利根川の支流である小野川の交易を土台として発展してきた商家町であり、在郷町である。近世では、小野川沿いの「だし」と呼ばれる船着き場から荷揚げをしていた。間口で税金が決まるので、敷地の道路境には店が出てきて、一般的に蔵は敷地の奥に設置される。にも関わらず、佐原では、小野川沿いに建っている蔵を見かける。それらは、小野川が物流の幹線であったことを背景にして、荷揚げされた荷物を手広く扱うことによる富の証であった。

　「だし」は、個人が自分の家の前に造作するものであったが、例えば、子どもらは自由に遊ぶことができたし、透明な魚がたくさんいて、それを穫っていたそうだ。そのような記憶も70歳代以上の方から聴かれる。亡くなった方が出ると、特定の「だし」から送り出していたと言う。「だし」

の使い方には、生活に密着しながら高度に洗練されたルールがあった。

◆ものがもたらす行為の再生

　近代になって、舟運が途絶え、上水道が完備されるようになり、小野川の水を汚染しても構わない生活様式が広がると、人々の生活は水から乖離していった。「だし」は不要なものとして埋め立てられていった。そのことがますます人々の意識を水から遠ざけることになった。

　しかし町並み保存運動が盛んになる中で、「だし」の重要性は再認識されるようになり、いくつかの「だし」は復元、再生された。

　今でも夏場になると子どもたちが釣りをするために、川面ぎりぎりまで「だし」を降りきって、寝そべっている。車道から下がったところで、柳の下に入り込ませてくれるからだ（図5-16）。

　また「だし」はその機能上、一つではなく、適切な距離をあけながら分散配置している点も興味深い。自分のお気に入りの「だし」や自分の領域にある「だし」、魚がよく釣れる「だし」など、一見、同じように見える「だし」でも地域住民がそれぞれにとっての多様な機能を持つように働く。

◆空間が継承する文化観

　祭りのときはまた格別だ。観光客も含めて皆が「だし」に降りていって階段に腰掛けてまんじゅうや綿菓子をほおばっている。「だし」は、柳に揺られながら、いつもとは違った見方の機会を与えてくれる。水に近く、風が流れ、腰掛けるのに都合の良い段差がある、一番快適な場所なのだ。

　地域における文脈の意味に加えて、日本文化において、水は時とともに流れていくものの象徴である。そのことが水辺空間に特別な意味を付与してきた。個別のまちでの水辺沿いの行為や空間は多様であるが、そのような象徴を想起するという点では共有する場所である。

　しかしそのような象徴は、多くの場合、他の直接的な機能の他に結果として感じるものだという点は留意しておいた方が良い。水辺をめぐる直接的な機能が変容し、人が水辺に佇むという行為が失われると流れる水をじっと見つめるという機会がなくなる。そうなると水の象徴的な意味を体感することもなくなり、実態を失った文化は消えるのかもしれない。

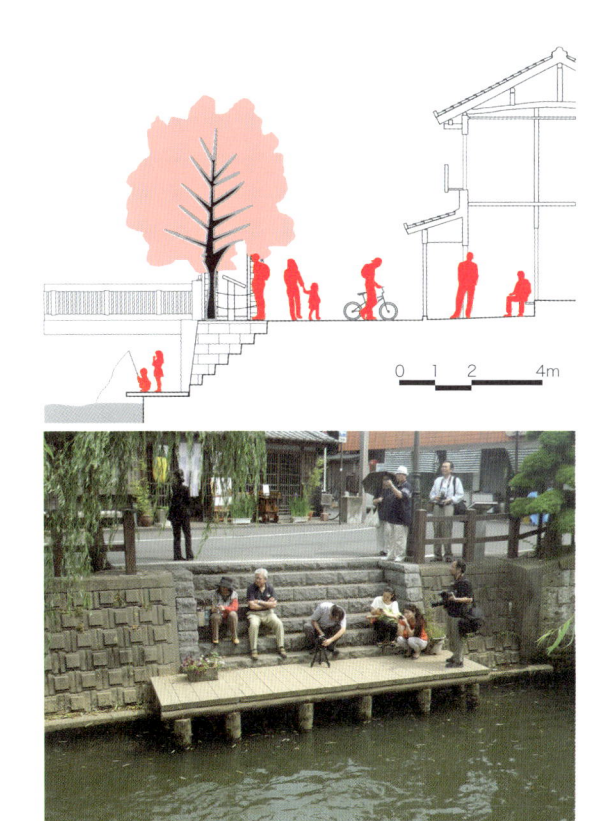

図5-16　佐原・小野川の「だし」で祭りを楽しむ観光客
お祭りのときには、小野川沿いの「だし」と呼ばれる船着場だったところに、観光客が佇んでいる。「だし」の階段は、道路面から下がって落ち着いて一休みするのにも最適なベンチとなる。また、橋の上、橋のたもと、だし、それぞれの視点や距離感で、小野川と関係を持つことができる。

4 構想力が「今」を歴史的な時間にする

強い設計意図によって実現した空間が、社会的な要請の変化によって役に立たなくなったり、機能性や合理性に乏しいものになる場合がある。それでも生き延びる空間がある。その背景には、空間そのものの突出した魅力がある。
その町の人々に深く愛されたことによって、その空間を継承すること自体が地域社会の目的となるとき、空間の保存運動がはじまる。

4・1　街路空間の恢復

◆街路の道路化

近代都市における街路は、為政者の意志によって配置されていることが多い。横浜の日本大通りも、大火を経験したあとに、火よけの役割を担った防火街路として整備された（4章1節参照）。つまり、もともと大量の交通機能をさばくための広幅員ではなかった。そのことが、街路での休息や社交などを目的としたオープンカフェとして利用される現在の風景の下地となった（図5-17）。

大正時代には、道路法のもとに、道路構造令と街路構造令があった。「道路」とは、都市間道路や地方道路、ロード、ハイウェイであり、「街路」とは、都市内道路、ストリート、アベニューだった。「道路」と「街路」は、別個のものとして認識されていた。しかし戦後、1958年に道路構造令に一本化され、都市内部でのアクティビティと連動した「街路」の役割は、法制度の上では抹消されたのだった。

都市が「街路」を取り戻すのは、祭事のときのみになってしまった。

図5-17　横浜・日本大通りの断面構成
交通機能ありきではなく、防災のためにつくられた火除け地であったために広幅員となっている日本大通りは、その広さに相応しい近代建築物が並びつつ街路樹越しに空も楽しめる。

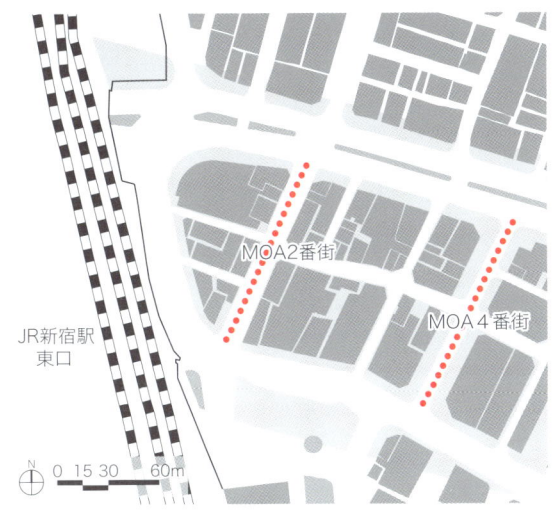

図 5-18　新宿 MOA 2・4 番街の平面図
新宿東口と歌舞伎町という二大繁華街に挟まれている界隈は、ともすると単なる間の空間になってしまう。そこに断面構成を工夫した街路をデザインすることで、界隈の固有性を獲得している。

図 5-20　新宿 MOA 4 番街の街路空間
2 列の欅がところ狭しと並ぶことで、4 番街のどこにいても欅の樹冠の下にいるという体験が可能になる。路面では店からの賑わいと街路の人の流れが交錯する。

図 5-19　新宿 MOA 2 番街の街路空間
新宿という繁華街にあるからこそ、各所から欅が見える街路風景にこだわった。道路の真ん中に街路樹が 1 列に並ぶデザインは、他になかなかないものだ。

図 5-21　オープンカフェ実験中の新宿 MOA 街
ひときわ目立つ緋色のカーペットが、繁華街の中に領域をつくりだしている。もともと商店主の方々の強い思いによってつくられた特異な MOA 街を舞台にして、さらに特異な空間がつくられた。街路を交通のためではなく滞留の場として捉えるという、発想の転換があった。

◆街路空間の再評価

　近年になって、「街路」としての多様な使われ方と都市の豊かさが直結しているという認識は社会的に広まった。その結果、オープンカフェも実験として取り組まれるようになった。それが、日本初の都市計画とも評価される日本大通りや街路の真ん中に街路樹を列植した新宿 MOA 街において実現している。

　新宿 MOA 街は、多層な世代が皆一緒に楽しむことのできる、すなわち Mixture of Ages を基本的なコンセプトとしてデザインされた。巨大な新宿駅の東口の界隈と、歌舞伎町という二つの超絶繁華街に挟まれたところに立地している。二つの色の濃さに埋もれずに存在感を持つために、この新宿の立地において、どこからでも欅が眺められるという強烈な空間特性を生み出そうとした。驚くべきことには、こうした方向性が地元の商店主

4　構想力が「今」を歴史的な時間にする　147

らによって強く打ち出されたことだ。このように地域による強い設計意志が、現在のオープンカフェの実験につながっていると言えよう（図5-18～図5-21）。

「道路」の幅員についても、一律に4mを求めない建築基準法第42条三項道路が、より柔軟に運用できるようになってきた。埼玉県川越市で伝統的建造物群保存地区を指定するにあたって都市計画決定されていた道路幅員を変更したのは1990年代の終わりのことであったが、ようやくそうした運用が例外ではなくなる兆しが出てきた。

過去に形成された空間が「心地良い空間」として捉え直されつつある。

4・2　遺制の転用

◆都市構造の変容

時代の価値観によって成立した、制度と空間の連動したあり方が失われると、それを遺制と呼ぶことができるだろう。こうした遺制の転用は、道路や街路だけではなく、都市構造レベルでも取り組まれつつある。

近世の城は、明治時代に突入するときの多くの戦争やその後の明治政府による解体破壊指示によって失われていった。1871年（明治4年）の廃藩置県、1873年（明治6年）の廃城令を経て、町の構成を決めていた城がなくなった。

城がなくなっても濠や城門、石垣、城からの眺めなど、城を成立させていた景観要素や空間構造は、簡単には壊せない。またその城を自分たちの城として大切に思ってきた庶民の気持ちもそう簡単には変化しない。城の中心性は非常に明確である。そこで多くの城下町は、城があったあたりを市民公園として、周辺に市役所等の公的施設を集中的に配置し、新たなシビック・ゾーンを形成するという転用方法をとった。

駿府城（静岡市）では、県庁や税務署、地方裁判所等の他、市民文化会館、体育館、病院、小学校、中学校などが、外濠内部に配置されている。新たな機能を面的に導入する地区再生手法とも言えよう。

また、天守を復元して、さらに動物園等を誘致し、多くの市民のレクリエーションの場として親しまれるような公園整備も目立った。そのような利用は、城周辺の中心性や地域社会における意味を低減させなかったと評価できるかもしれない。

◆転用の哲学

しかし一方で、近年、都市形成史への関心が高まるに連れて、元城郭であった敷地に多様な施設を導入する地区再生で良かったのか、という疑問が投げかけられるようになった。多くの市民にとって楽しむ場ではあるかもしれないが、繁栄、滅亡、戦争などの特異な重みのある歴史がもたらし得るはずの豊かさを十分に享受できる空間整備のあり方は、さらなる熟慮が要るのだろう。同時に、近世から現代に至る時の積み重ねが体感できる空間の価値にも配慮が必要であろう。

さらに、城そのものがあった場所だけではなく、惣構えとしての城下町全体を認識することの意義は、ごく最近指摘されるようになってきた。

小田原城の惣構えを見てみよう。北条氏が関八州を支配した中世の城郭遺構に、豊臣氏との小田原戦に備えてつくられた約9kmにわたる掘と土塁を含む近世の城郭遺構が融合している。いざとなったときには、惣構えの中に、城下町の人間全員が立て籠もれるための食料を供給する田畑地は、今でも美しい。城郭の規模は、共同体の広がりを視覚的に伝えている。そこでは持続する城下町が構想されていた（図5-22）。

国指定史跡となっている三の丸外郭新堀土塁からは、石垣山一夜城が構築された笠懸山が良く望見できるとともに、相模湾も一望できる。防塞としての眺望のあり方を追体験することができる。すでに防御の必要性がなくなった今では、惣構えを縁取る外堀を回遊ルートとして位置づければ、掘沿いに広がっている畑を眺めながら都市の立地の意味や地形を実感できよう（図5-23）。

小田原市では三の丸外郭新堀土塁一帯を整備して、市民がこうした風景に親しむ場をつくっている。

敵の襲撃を見張るための高台は、見通しが効く

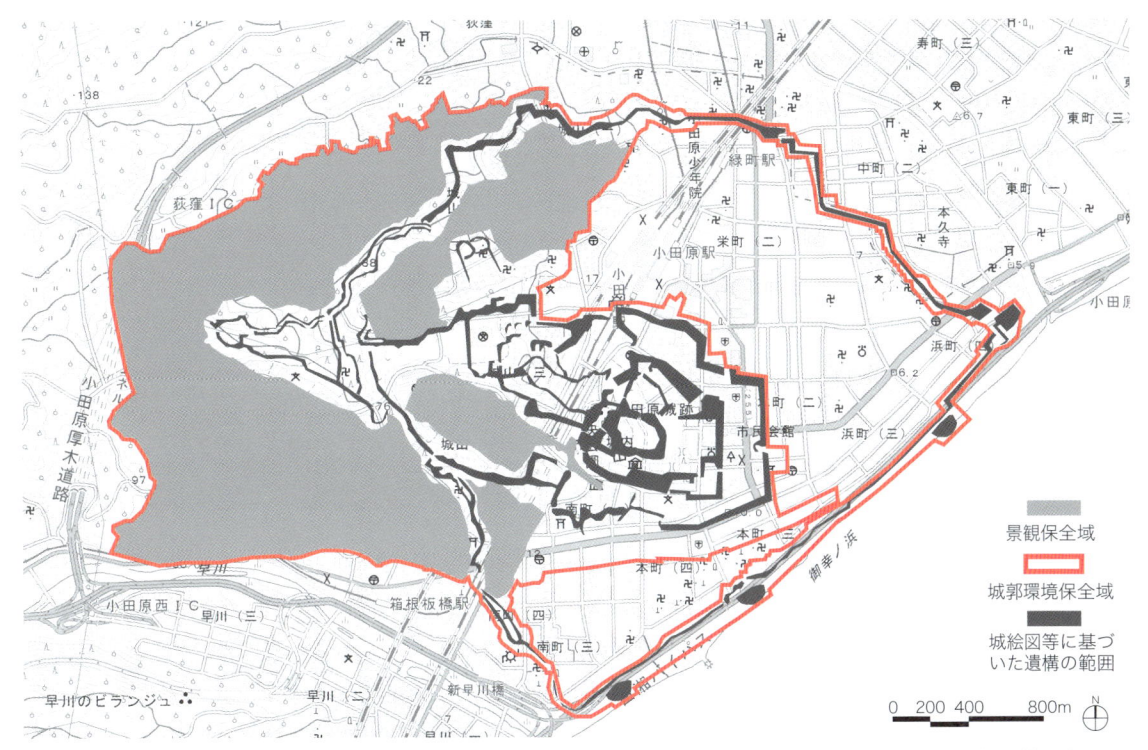

図 5-22 小田原城の城郭環境保全域の区分及び保全管区分図（『史跡小田原城跡八幡山古郭・総構保全管理計画（概要版）』に基づく）
小田原城は激しい戦乱を生き延びねばならなかった。守りやすくて遠くまで見渡せるという立地が選ばれた。惣構えは、有事の際に領民が立て籠り、水や食糧を備蓄するだけでなく野菜を育てて持続できるような広さにしたという説もある。

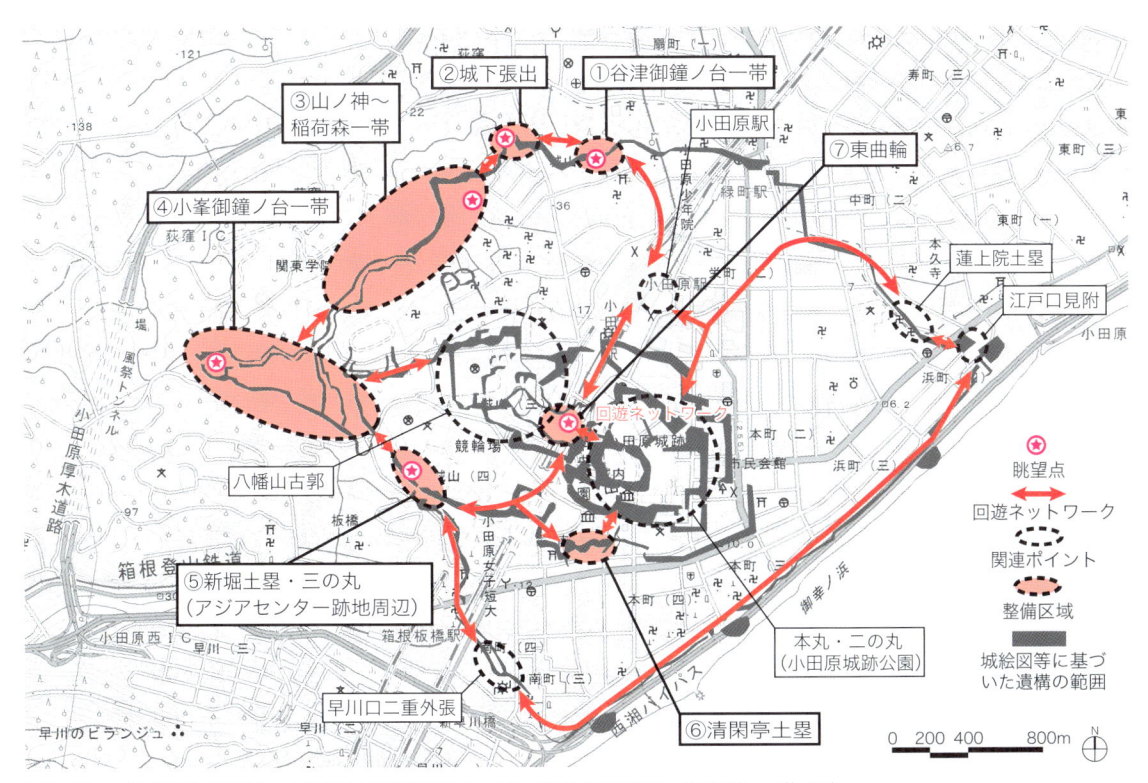

図 5-23 小田原城郭の活用案図（『史跡小田原城跡八幡山古郭・総構保全管理計画（概要版）』に基づく）
小田原城郭は、近世だけでなく、その後の都市構造も規定してきた。これらの遺構を活かして、新たな魅力を創造するための案も議論されている。たとえば濠／壕を歩きながら、城郭の意味を知る構想である。

4 構想力が「今」を歴史的な時間にする　149

図 5-24　小田原城三の丸外郭新堀土塁から相模湾を臨む
広々とした広場からは相模湾が一望できるだけでなく、土塁の形を認識することもできる。皇室関係の施設が明治期には置かれていたが、戦後は国際会議場や研修所などがあるアジアセンターが置かれていた。

うえに敵からは距離があるため安心できるという、原始時代から人間が感じてきた心地良い空間である（図 5-24、図 5-25）。

今後は、こうした惣構えの価値を顕在化するために、自治体の都市計画や景観計画と連携しながら、効果的な場所に空地を誘導したり、歩行者ネットワークを形成したり、眺望の障害となるような建築工作物を適切に規制することなどが模索されよう。

地形や周辺の関係性を読み解き、明確な構想力を持って形成された空間には、次世代の社会が読み解くべき意味が詰まっている。

図 5-25　小田原城三の丸外郭新堀土塁から一夜城のあった笠懸山を臨む
手前が三の丸外郭新堀土塁として整備された広場で、早川越しに西に対面する笠懸山が見える。ここに豊臣秀吉が、完成直前まで樹木で隠していたことで、一夜城と呼ばれた石垣山城を築いた。相互に良く見えることがよくわかる。奥に双子山、右手前には細川忠興が陣にした場所がある。これらの風光明媚な場所には明治期以降、政財界人の別荘地となった。

第6章

時を刻む

　人々が日常生活の中で時を意識するのは、何も時計やカレンダーを眺めるときばかりではない。我々は都市に流れる様々な時間を、日々の情景や、時代とともに変化する都市の風景から感受している。都市は人生を映し出す鏡である。

　現代都市は高度に人工化された空間からなり立っているが、太陽の動きや気象の変化、そして一年を通じた季節の変化は、都市環境を根本的に規定し、人々に時の感覚を与える主要な要因であり続けている。

　人は時を映し出す様々な都市の情景の中で、自らの生活のリズムやプロセスを確認し、また繰り返される日々の生活の中で、ときに鮮明な情景に出会う。夕暮れの町並みがある種の情感を喚起し、紅葉に彩られた近くの山並みに、秋の深まりを意識する経験は、誰しもが有するものであろう。

　一方、時の積み重ねの中で、都市そのものも変化する。しばらく離れていた故郷のまちに戻るとき、新しい建物や道路によって風景が変化し、あるいは見慣れた町並みが失われた場面に遭遇し、大きな時の流れを実感することがある。何年かぶりに訪れたまちで、かつて出会った印象深い風景に再会することで、どこかほっとした気分になることもある。時を越えて受け継がれた建物や風景は、過ぎ去った時代の記憶を呼び覚ますとともに、世代を超えた人々の共有資産となる。

　都市空間の様相に生き生きとした変化が感じられるのは、それを構成する無数の要素に刻み込まれた時間のコントラストが、それぞれの瞬間に鮮明に感得されるからにほかならない。本章では、都市のアイデンティティの基底をなす時間と空間の相互作用に、構想力を見出したい。

1 移ろいを映し出す

わが国では昔から、一年の巡りに二十四節気、七十二候といった節気をもとに、時の移ろい、季節のうつろいを細やかに解釈し、都市空間の中にその像を看取し、反映してきた。つまり、ここまで論じてきた都市空間は、決して固定的な像として一面的に語り得るものではない。たとえ同一の場所であっても、一日の時間の流れや季節の移り変わりによって鮮やかにその表情を変えてゆき、その空間に新たな意味を生じさせる。私たちの種々の営みにおいてはっきりとした情景を感じる瞬間の、その背後に潜む空間の構想力こそ、われわれが発見しようとしなければならないものである。

1・1 時の輝き・移ろいを生け捕る

人類の叡智を結集して紡ぎ出された都市空間の中にも、人智を越えた変化や情景がある。

都市には様々な時間が流れている。一日の時の流れを映し出す日常の光景、季節の変化を映し出す情景、そして過ぎ去った時代の記憶を呼び覚ます風景がある。時々刻々と変化する天候や気候は、管理できないながらも、都市の魅力的な情景に改めて気づかせてくれる。

◆光の変化が時の流れを映し出す

都市や集落を構成する住宅は、太陽の位置・高度（角度）を根拠に形成されてきた。南向きでやや東が良い、というように。そうした原理によって建築された住宅が立ち並ぶことでできあがった古くからの町並みや新たな住宅地の中に、道路や歩道、参道といった街路空間が走り、図書館や美術館といった施設が埋め込まれている。

どこにでもありそうな市街地景観も、当然ながら太陽の動きに応じて日差しが変化することで、その空間の表情を様々に変化させていく。光が差し込むことで明らかになる空間があると同時に、その光が生み出す影のコントラストが加わり、移ろいの情景はさらに際立つ。日本の多くの都市空間に見出すことのできる、晴れやかさの中にある一種の落ち着き、落ち着きの中に宿る一種の華麗さは、日常の時間を光と対比の中で鮮やかに印象づける演出にある。

琵琶湖の湖畔、打出の浜のなぎさ公園に、小さな四つのレストランやカフェを設けた「なぎさのテラス」と呼ばれる空間がある（図6-1）。もともと、地元住民のための公園だったが、北西には比叡山の雄大な山並み、北東には草津方向への水田地帯が広がる風景を一望できるという立地上の特徴を活かした場所づくりが行われてきたわけではなかった。

公園という、営利目的の飲食活動が禁じられている空間に、敢えてカフェを挿入することで、散歩者はふと立ち止まるきっかけが増えた。公園から琵琶湖を眺める行為が徐々に一般化していく。水面は、朝夕、そして季節の移ろいとともにその色彩を変えていく。水面に映える光を味わえる空間となっている（図6-1）。

◆都市に据えられた陰影の空間：並木道の効用

英語でアベニュー、フランス語でブールバールと言われる並木道は、近代都市計画が編み出した大きな成果の一つであり、都市のイメージを象徴

図6-1　琵琶湖畔、なぎさのテラス
近隣の住民の散歩道として使われていた公園であったが、中心市街地活性化事業の一環として拡張整備された。4棟の飲食施設を核に求心性の高い広場的空間が生まれている。

する空間として重要な役割を担っている。

東京の表参道、仙台の定禅寺通り、ボストンのコモンウェルス・アベニュー、パリのシャンゼリゼ通り、バルセロナのディアゴナル通りといった都市の気品を代表する並木道の効用は、昼の日差しの中で特に強く体感される。

日本を代表するブールバールである大阪の御堂筋では、木々がつくりだす木陰の中で強い日差しが一瞬遮られ、木漏れ日が路面に綾をなす（図6-2）。木陰と風に揺れる木々のざわめき、そして歩道や並木道の両側の建築物のファサードに映り込む、あるいは反射する木漏れ日が渾然一体となり、どこにもない空間を演出している。

また、隣接する船場との連続性、中之島への近接性が、ブールバールとしての御堂筋に重層的な魅力を付与している。こうした多様な都市空間の魅力が近接していることじたい、大阪の近代都市計画の賜物であるが、そうした政策や計画の時の流れをも反映した空間となっている。

戦前から続くケヤキ並木の中でも東京有数の美しさを誇る表参道では、等間隔に植えられた二列のケヤキから抜き出た木陰が、光の空間と陰の空間が共存した心地良い世界をつくりだす（図6-3）。南東から北西の明治神宮へと向かうこの参道には、朝方は南西側の沿道に並木の陰が落ち、今度は徐々に北東側の沿道に木陰の揺らめきが映る。光と陰の混ざり合うその様相は、時間とともに変化し、その割合は季節によっても変化する。

都市空間として、この情景への感度を高めているのは、絶妙な距離感で対峙する並木と沿道の建物群との関係性である。控えめな陰を浮き立たせる淡色系の町並み、ガラスのファサードが織りなす透明な町並みには、映り込むケヤキの緑と光を浴びて生まれる木陰とが混ざり合い、揺らめく情景が最大限に増幅される。

◆朝日と都市

都市の一日のはじまりを、朝日が告げる。朝日とともに活動を開始する典型例が市場だろう。市場は活気溢れる市民のための空間として現在でも大切に受け継がれ、その存在自体が都市のアイデンティティとなっているところも少なくない。

アーケードのためやや薄暗い朝の錦市場（京都）を東に進むと、やがて光の差し込んだ錦天満宮が目に入る。俗なる空間としての市場と聖なる空間としての錦天満宮のコントラストが、周辺の商店街の中でもひときわ目立つ。

朝日は伝統的に希望の象徴でもある。地名に「朝日」が数多く使われているのがその証左だろう。鹿児島市は西南戦争や太平洋戦争で戦火にさらされ、幾度となく市街地の焼失を経験した都市である。西南戦争後、都市の再建の中で、県庁から海岸へまっすぐに向かう骨格道路として「朝日通」が整備された（図6-4）。

その後の県庁の移転に伴い、朝日通は延伸され、現在はその両脇に中央公民館（1927年完成）と中央公園（戦災復興事業によって整備）が位置する通りとなっている。

図6-2 大阪の近代を象徴する御堂筋
十分な幅員、個性的なファニチャー、道路に面する店舗が歩道に醸し出す賑わいも、御堂筋の魅力を支えている。

図6-3 表参道
参道という伝統的な日本の都市空間に、ガラスやコンクリートを用いた現代建築が華やかに町並みを演出する。その両者の混淆を、木漏れ日の落ちる遊歩道で体感できる。

1923 年の鹿児島朝日新聞は「旭通りは、県庁前から海岸に向かって、一直線に通れる大通りで…（中略）…この通りは、旭の昇る方に向かってまっすぐに旭光の直射をうけるので、かくは命名したものである」（唐鎌祐祥：『天文館の歴史　終戦までの歩み』、春苑堂出版、1992）とその呼び名の由来を書いている。現在でも眺望景観の面で重要な都市軸となっている。このような形で朝日の重要性が都市に刻印されていることも多い。

◆潮の干満が海辺の風景を変える

　月の満ち欠けと連動した潮位の変化も、時のサイクルを映し出す自然現象である。古くからの港町では、漁業や交易に水際が利用されてきた必然的結果として、水面の変化を身近に捉える場を備えている。

　潮待ちの港町として知られる鞆の浦（福山市）。「つ」型に包み込まれた古くからの港湾には、潮の満ち引きをやわらかに受け止めながら、船を接岸させる装置として、雁木が備えつけられてきた。一日の時の流れの中、潮の干満によって港の風景は刻々と変わりゆく。満潮時には、緩やかな波が雁木に打ちつけ、心地良い音を演出する。潮が引く夕暮れ時には海底が顔を見せ、小さな蟹を追いかける子供たちの遊び場と化す。雁木はときに海の居場所であり、ときに人の居場所となる。時を受け止める装置でもあるのだ（図6-5、図6-6）。

1・2　季節の変化を都市に刻印する

　一日という時の流れをさらに超えて、季節と関

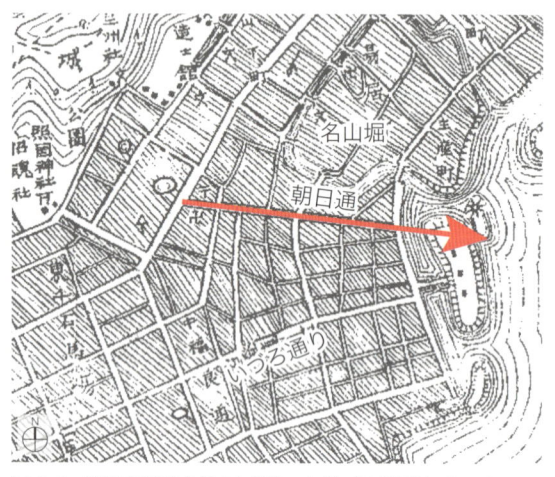

図 6-4　鹿児島県庁を起点に桜島へと伸びる朝日通（『陸軍迅速測図（1889年）』に加筆）

朝日通は、1877 年（明治 10 年）に勃発した西南の役によって破壊された鹿児島のまちなかを当時の岩村通俊県令のリーダーシップのもと復興する中で整備された。

図 6-5　鞆の港の雁木

一日の干満の差が大きい鞆では、時間に応じて露出する雁木に、潮のサイクルが投影される。干潮時には雁木は子供たちの格好の遊び場へと変わる。

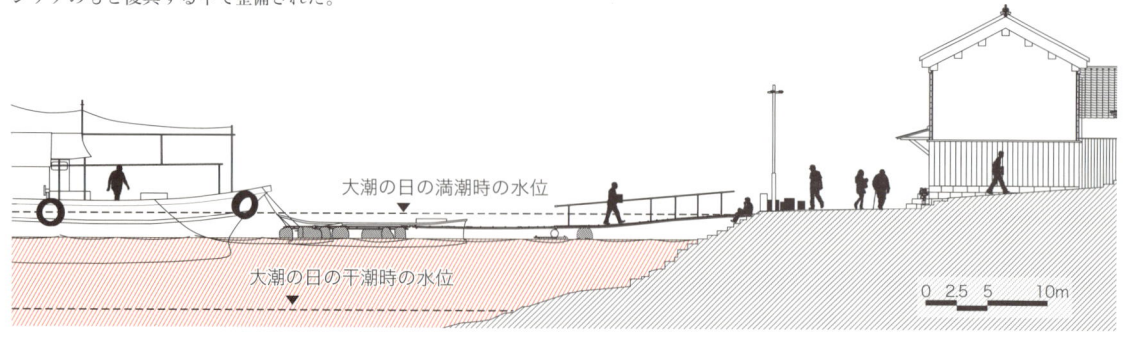

図 6-6　鞆の水辺空間の断面図

雁木と小さな路地空間。港から、そして路地からの水面の眺めは時間帯によって変化する。

連して空間が特別な輝きを放つことがある。都市に季節が刻印される瞬間、時の価値を孕んだ空間の構想力を見出すことができる。

◆季節の到来を告げる植物がもたらす情景

われわれの生きる都市空間は、季節の潤いをもたらす草花や樹木を内包し、時を刻んでいる。季節の変化は、樹木の変容と一体となった町並みの風情のちょっとした変化によって強く実感することが多い。

球磨川とその支流胸川の合流点の山に位置する人吉城址は、相楽氏の繁栄を偲ばせる都市空間のヴォイド（空隙）として、普段は町を見下ろしながらひっそりと佇む聖域である（図6-7）が、春には一転し、球磨川に沿って植えられたソメイヨシノを鑑賞する市民の憩いの場として、多くの人出で賑わう。人々の認識の内にあるかつての中心地が、桜の存在によって一瞬のうちに視覚的にも明確な中心地へと変貌するのである。

里坊の町、穴太衆積みの門前町として知られる大津市坂本（図6-8）。比叡山を背景に、日吉大社の参道からは、日差しを受けながら湖面の色を細やかに変えていく琵琶湖を遠くに眺めることができる。里坊群・門前町の町並みと参道に沿って植えられた桜や紅葉が、シンボルである琵琶湖を包み込む。秋の終わりには紅葉が舞落ち、雨に流されることで街路が紅色に染まる。冬のはじまりが告げられる。町並みの価値は、彩りによっても再照射されている。

◆夕闇による安らぎの時への移行

一日の活動のはじまりを告げる朝日に対し、夕闇は安らぎの時への移行を暗示する。まちを赤く染める夕日のスペクタクルは、われわれの存在が時の流れに包まれていることを再確認する場面でもある。古くから夕暮れのイメージが地域のアイデンティティとなっているところもある。視点場の立地を活かしながら、日没の方向性を都市空間に取り込むことで、場のイメージを補強する手法は、今後のまちづくりの手がかりにもなり得るだろう。

水辺は時の移行を移す鏡でもある。たとえば、松江市や大津市のように、優れた水辺空間を有する都市では、往々にして夕日を眺める視点場が備えられていることが多い（図6-9）。

東京・武蔵野台地の東端にも、夕日に包み込まれたまちがある。情緒ある寺町と昭和の活気を持つ商店街が健在の谷中（台東区）である。まちの中心に谷中銀座商店街がある。駅から商店街に向かう入り口の、台地を真西に向かって下る階段状の坂道は、「夕焼けだんだん」と名づけられ、夕暮れの様子を背景に賑わう商店街を眺める場とし

図6-7　人吉城址

図6-8　里坊のまち・大津市坂本

図6-9　夕日を眺める湖岸のテラス（松江市）
湖のまちのイメージを定着させる「時」の情景

て親しまれている。まちの地形と方位が、この坂道を谷中の懐かしさ、変わることのない永遠のイメージの象徴としている。自然の摂理が生み出す永遠の情景をしっかりと捕まえている都市は、すべからく魅力的だ。

1・3 一瞬の情景を印象づける

　都市空間は一般的に複雑に入り込んでおり、ときに風景として認識することが難しい。特に生活時間の多くを移動が占めるようになっている昨今では、結節点でふと捉えた風景が残像となり、それらが幾重にも層をなして心の中に沈み込むことがある。

◆都市の中に立ちあらわれ、時間の流れに消えていく移動風景

　一つの例が車窓である。昔から、車窓の風景は都市空間を語るうえで重要なトピックであった。それは、電車に乗っていなければ決して体験することのできない視線の奥行きとスピードがあるからだろう。車窓を流れ去る風景の残した捉えどころのないイメージの破片は、一瞬で体感した情景に意味を与え、けれどすぐに逃げ去っていく。車窓から、建築群の切れ目に自然が生み出す都市の情景を思いがけず発見することがある。

　山手線を一周するときに我々の脳裏に焼きつく多様な都市景観は地形と相談しながら敷設された鉄道の賜物である。

　電車だけでなく自動車からの車窓もある。戦後、東京は交通混雑の緩和のために既存の都市空間の隙間を縫うようにして、首都高速道路を建設した。様々な条件をクリアしつつ建設された首都高は、地形の機敏を組み込みつつ、高架、地下、旧掘割と様々なアップダウンによって、印象的な風景を我々に見せてくれる。

◆水面への映り込みが喚起する情景

　思わぬ方法で、建築や都市空間の存在を理解する瞬間がある。たとえば、太陽光や夜景によって水辺に「映り込んだ」風景である。

　古くから、月見の名所は水辺である。「風景の八景的認識」の起源が琵琶湖を懐に抱く近江であったことは、決して偶然ではない。

　「逆さ富士」も鑑賞する対象である富士山そのものとともに、移し込まれた鏡像を同時に眺めることで、雄大な時の流れを看取することができるのである。

　もちろん、そうした名所だけでなく、日常の生活の中においてちょっとした仕掛けによってそれらを演出する試みもある。

　マジックタイム時の日比谷のお濠端では、業務地区としての日比谷の実像がゆらめく水面に映り込み、その存在感をくっきりと増幅させている。高層ビルの建ち並ぶ東京の都心部にひときわ存在感を放つ皇居の深い森と、それを取りまく庭園のような緑や石垣を映すお濠の水の組み合わせから、山水都市の構想力を読み取ることができる。

　また、雨に濡れた路面は、薄い皮膜として瞬間的にあらわれる水面である。首里金城町石畳道や南禅寺三門前、神楽坂をはじめとした石畳の路地が雨に濡れると、光や周囲の風景が映り込みながら、石畳の粒子がこれを情緒的にぼやかせる。水溜りに切り取られる都市の姿は、何気なく接していた都市空間を再認識させる。

◆夜の表情を彩る

　絶え間ない時間の移ろいの中で、空間が特別な輝きを放つ場面がある。夜のライトアップは、そうした効果を狙った演出手法であるが、季節を限って、特別な表情を見せることで、空間が孕む時の価値を高めるのである。

　わが国の都市計画家のパイオニアである石川栄耀は、盛り場を愛し、盛り場を広場として計画・設計することを都市計画の柱に据えようとした。その計画思想そのものはいまだ伝統として実ってはいないものの、何気ない都市空間が夜の時間帯からその表情を変え、存在感を増していくことがある。

2 記憶を重ねる

歴史を重ねてきた都市には、様々な「時の刻印」が存在する。時代とともに姿を変える都市の中で、変わらない場所、受け継がれる風景は、その土地の原像や、曲折を経た都市の営為を私たちに垣間見せてくれる。都市空間の記憶はまた、そこに暮らす私たちの人生と分かち難く結びついている。個人の記憶の重なり合いが織りなす集団の記憶が、空間に刻み込まれた場所がある。それらは異なる時代の記憶を呼び覚まし、ときに現代の風景と調和し、またあるときには、変わりゆくものとの対照性を示しながら、都市空間の来し方と行く末を雄弁に物語る。

2・1 樹木と地域の歩み

◆まちを見守る樹木

ときに数百年もの寿命を全うする樹木は、土地の歴史の証人である。通り沿いや敷地の片隅に生い茂る樹木が、まちかどのランドマークとして存在感を示す場面に出会うことも多い。

日本の都市空間は、伝統的に樹木の植わった屋敷地や境内を内包しながら発展してきた。中でも社寺境内に見られる鬱蒼とした木立ち（社叢）や樹齢を重ねた神木は、聖域に取り囲まれ、自らもその構成要素となることで、変貌する市街地の中にありながら旧来の姿を受け継ぎ、量塊感のある貴重な緑を提供している。境内地そのものは、かつての敷地に比べると大きく規模を縮小している例が多いが、残された樹木が、かつてそこが境内であったことを物語る例もある（図6-10）。このような樹木は、歴史的な都市空間の成り立ちを捉えるうえでの、視覚的な手がかりとしても重要である。

一方の屋敷地の代表は、城下町の要所をなした武家地であろう。それらの多くは、近代を迎えて以降、公共施設や民間用地へと土地利用を変化させるが、その過程で、樹齢を重ねたいくつかの樹木が継承され、屋敷地の名残を伝えている例が多い。

金沢市の中心部にある旧石川県庁舎の正面を飾るのが、「堂形のしいのき」と呼ばれる二本のスダジイである。樹齢300年とも言われるこれらの大樹は、かつて米蔵や馬場などが設けられた城郭に隣接する一角に、藩政期から植わっていたものである。1873年（明治6年）に県庁がこの地に移されてからも受け継がれた一対の樹木は、1924

図6-10 西宮・海清寺の大クス
市役所などの庁舎が建ち並ぶ西宮の官庁街となっている一帯には、古くは六湛寺などの伽藍や塔頭があり、現在も残る境内や庁舎敷地の一角に見られるクスノキやイチョウなどの巨木が、かつてあった寺域の広がりを伝えている。

図6-11 金沢・旧石川県庁舎と堂形のしいのき
近年「しいのき迎賓館」としてリニューアルした旧石川県庁舎の正面玄関を引き立てる「堂形のしいのき」。金沢城に面する旧県庁舎の反対側はガラス張りの現代建築に改修されているが、通り沿いの外観は保存され、二本のしいのきとともに、大正期以来の風格ある景観を伝えている。

年に竣工した旧県庁舎の正面玄関の配置計画に取り込まれたことで、県庁のシンボルとしての価値を加え、県都の歩みを数世代にわたり見守り続けている（図6-11）。

◆路傍樹・街路樹の来歴

敷地内の樹木以上に、多くの人々の目に触れるのが、道路や街路に植えられた樹木である。路傍の木々や並木道は、国や時代を越えて、人々に親しまれてきたものである。

東京の本郷通りを駒込から飛鳥山方面へ進むと、車道の中に突如としてこんもりと茂る樹木があらわれる。盛土に植えられた樹木は、道路を挟んで西側のものと対をなす。これらは本郷通りが日光御成道と呼ばれた頃の一里塚である。「二本榎」と呼ばれた一里塚は、大正時代の市電の軌道敷設の際に消滅の憂き目にあうが、当時、付近の飛鳥山に居を構えていた渋沢栄一をはじめとする地元住民の運動により保存され、後に史跡に指定される。現在の樹木は、その後に植え継がれたものであるが、かつての人々の、郷土風景を保存しようと尽力した物語を孕みながら、江戸近郊の街道筋の記憶を伝える（図6-12）。

境内へと連なる参道の並木も、地域の風土を体現するプロムナードである。

八王子へ向かう京王線に乗ると、府中駅を出た

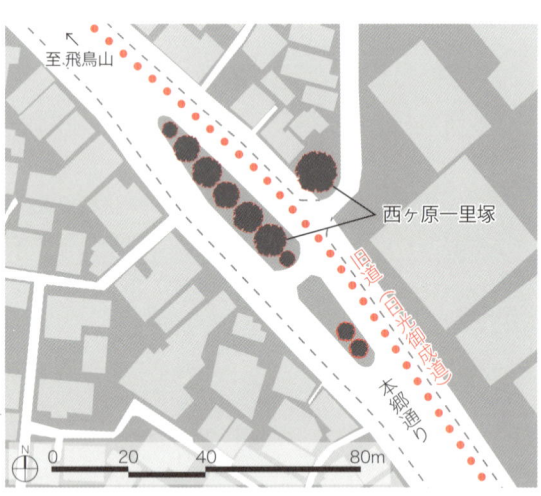

図6-12　東京都北区・西ヶ原一里塚
街道の両側にあった一対の一里塚のうち、西側の塚は、それを避けるように両側に電車の軌道が敷設されることで除去を免れ、1922年に国の史跡に指定された。都電が廃止された後の現在も、道路の上下線に挟まれ、緑に覆われた島のように浮かび上がっている。

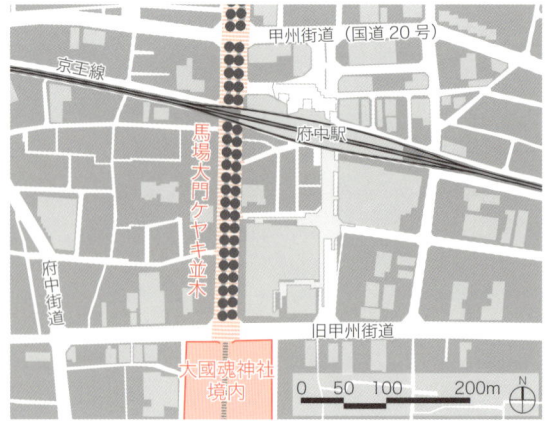

図6-13　府中・馬場大門のケヤキ並木
その起源は平安時代にまで遡るとも言われる。1924年に国の天然記念物に指定されるが、1916年には付近に府中駅が開業しており、一帯の都市化が進む中で、地域の人々の尽力により歴史的風景が保全されることとなった。

ところで、左手眼下に緑の連なりが飛び込んでくる。600mに及ぶ一直線のケヤキの並木道は、馬場大門と呼ばれる大國魂神社の参道である。この道の断面は、両側に並木を有する中央部の馬場中道と、側道東馬場、西馬場からなり、両側の馬場では、幕末期まで文字どおり馬市が開催されていたと言う。こうした歴史的遺産としての価値は、大正期の郷土保存運動の中で再認識され、やがて国の天然記念物に指定されることで保全されることとなる。並木道は鉄道の開通や市街化の進展とともに、自動車道へと変化していくが、ケヤキは時代を超えて植え継がれながら、府中の要をなす駅前の都市景観に、歴史の風格を与えている（図6-13）。

明治神宮表参道も同様にケヤキ並木の参道であるが、この並木は代々木での神宮造営に伴って大正時代に整備された都市計画道路の街路樹としての側面を有している。樹冠の広がりのあるケヤキは、当時は市街地の周縁に位置していた神宮へ歩いて向かう参拝者に豊かな緑陰を提供するとともに、計画当時は最大級の幅員（20間）を有する近代的なブールヴァールに相応しい壮麗な景観を形づくった。

関東大震災後、沿道には同潤会アパートが立地するなど市街化が進むが、1925年に風致地区に指定されて良質な景観の保全が図られた。戦災を受けて大半のケヤキは焼失するものの、戦後に植え直され、その後の商業集積により若者文化の発信地として発展してきた周辺界隈の良質な都市空間形成に寄与している（図6-14）。

宮崎県庁前の通りには、樹齢百年を越えるクスノキの並木が堂々たる緑のトンネルを形づくっている（図6-15）。1932年に近代都市の象徴として装いを新たにした県庁舎とともに、発展した宮崎市の確固たる礎を標す存在となっている。

歴史的存在として、都市空間だけでなく市民の意識の中に深く根を下ろしたこれらの街路樹は、戦前から戦後へと大きく変貌する都市風景の中にあって、当初の姿を維持しながら沿道のまちづくりの触媒となり、都市活動の個性的な舞台を提供している。

図6-14 戦前の明治神宮表参道（『庭園と風景』17巻7号(1935年)）
当初、森厳な参道としての側面と、計画時の都市計画（市区改正）道路の最大幅員（20間）を有する近代的ブールヴァール整備の観点から、街路樹としては初の試みとして、高木のケヤキが植えられた。現在の東京を代表する商業地の一つである表参道のシンボルとなっているケヤキ並木は、この界隈の都市空間形成の基軸となった歴史的存在である。

図6-15 宮崎県庁前の楠並木
1933年（昭和8年）の新たな県庁舎（現存）の竣工に際し、もともと知事公舎などに植わっていたクスノキが移植され、県都の顔となる青々とした緑のトンネルができあがった。

◆桜の植樹と場所性の継承

　都市の中で目にする樹木の多くは、人の意志により、何らかの機能的あるいは象徴的な意味を付与されて植えられている。豊かな木陰と緑の潤いを提供する街路樹や公園樹は、人々が集い行き交う公共空間に欠かせない要素である。

　また「記念植樹」と呼ばれるように、ある出来事の記憶を後世に伝えるために木を植える行為は、住宅の庭、校庭から大きな公園まで、様々な場所で行われてきた。都市空間への植樹は、単にある時点に起こったものごとを刻印するだけでなく、特定の場所を樹木で個性づけることにより、その土地に特別な性格を付与する行為でもある。

　春の一時期を華やかに彩る桜は、最も象徴的で記念碑的意味を込めやすい樹木である。たとえば、河川改修の後に堤防や河岸の遊歩道に植えられた桜並木からは、地域史に残る治水事業を記念するだけでなく、市民に親しまれる公共の苑地を創出しようとした意図が読み取れる。

　各地の城址公園に植えられた桜も、かつての統治の拠点であり象徴であった城郭を、市民の憩いの場へと転化するうえで重要な役割を果たしたと言えよう。そこには、桜が植えられて以降、市民に花見の名所として認知され、次第に定着し、世代を超えて親しまれてきた歴史が刻まれている。

　大阪の旧淀川（大川）沿いにある造幣局の「桜の通り抜け」は、かつての大名屋敷から引き継がれた桜が、1883年（明治16年）に一般に公開されたのを発端とする。やがて多くの人出を集めるに至った通り抜けの桜は、戦災を受けた後も新たに植え継がれ、種類を増やしてきた。春の風物詩として地域に根を下ろしたイベントは、植樹と市民開放の数世代にわたる記憶を宿している（図6-16）。

　「桜」のつく地名は、その由来において実質的な関連を有するだけでなく、植樹を通じた風景の創出とも結びついている。先の旧淀川沿いには「桜宮」の地名があるが、この地に鎮座する神社境内に見られた桜は、河岸の公園整備に際して広がりを見せ、一帯の風景を特徴づけるものとなった。

　一方、都内23区で「桜」を冠する地名を挙げると、桜、桜丘、桜上水（以上世田谷区）、桜丘町（渋谷区）、桜川（板橋区）、桜台（練馬区）な

図6-16　大阪造幣局の桜の通り抜け
現在は130種もの桜が植えられ、4月になると南門から北門へ至る560 mの散策路が開放される。対岸の桜之宮公園にも多くの桜が植えられるなど、大川沿いには近世から続く観桜の名所としての場所性が受け継がれている。

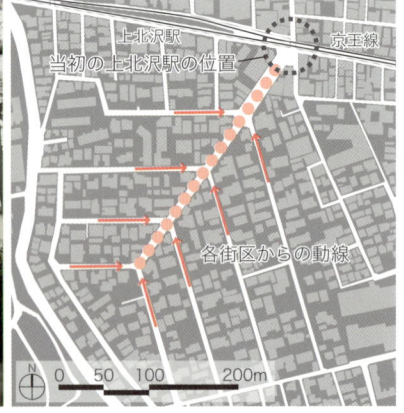

図6-17　上北沢の桜並木
関東大震災後に造成された上北沢の住宅街は、駅前通りを中心に肋骨状の特徴的な街区割がなされている。住宅街の中心軸に植えられた桜並木は、春の訪れを彩りながら、理想的な郊外生活の実現をめざした近代住宅地開発の息吹を伝えている。

ど、いずれも郊外の住宅地である。特に例の多い世田谷周辺では、大正期から昭和初期の耕地整理後に、好んで桜が植えられた。

郊外の新天地に住まいを求めた人々は、桜を植えることで新たな生活空間を祝福したのであろうか。昭和初期に開かれた西が丘の住宅地（北区）では、グリッド状の街路の随所に桜樹が散りばめられた。大正期に開発された新町住宅地（世田谷区）では、地区内を一巡する街路に植えられた桜がこの地の個性となり、やがて「桜新町」と呼ばれるようになる。同時期の上北沢の住宅地（同区）では、各街区からの動線を集めて駅へと向かう骨格街路に、堂々たる桜のトンネルができあがる（図6-17）。日常生活の通り道に設えられた桜並木は、住民らが共有する春の光景を、時代を超えて見守り続けている。

2・2 都市形成の刻印

◆多世代同居の町並み

町並みは、時の流れの中で新陳代謝を繰り返す都市のあり様を伝える。異なる時代の建物が並ぶ風景は、数世代にわたる暮らしの営みを語りかける。現代の町並みの中にも、存在感を示す神社、寺院や、歴史的建造物がある。現役を退いた建物が、役目を譲った新たな建物に付随して残され、新たに息を吹き込まれ活用される例は各地に見られる。歴史的建築物や構築物を受け継ぐことの意味も、そうした時代に応じた地域の営みが、年代の多様性の中に映し出されていることにある（図6-18）。

人々の生活の器である建築物は、生活の要請や社会変化に応じて発展し、様相を変えてきた。ある時代に建てられた住居も、ときに増改築を重ねながら、そこに暮らす家族の構成や社会生活の変化に応じてきた。

庄川上流の山岳地帯に隣接する白川郷（岐阜県）と五箇山（富山県）は「合掌造り」と呼ばれこの地方独特の民家建築で知られるが、集落を構成する建築群は、各時代の社会環境の変化に呼応した、合掌造り家屋の発展段階を示している（図6-19）こうした家屋の表情の多様性は、単に文化財としての学術的な価値のみを投げかけるのでは

図6-18　山梨県北杜市・旧津金学校の三代校舎
北杜市須玉町の旧津金学校には、明治・大正・昭和の三代にわたる校舎が連なり、1985年まで現役の小学校として利用されていた。現在、1873年（明治8年）に竣工した擬洋風の明治校舎（右）は資料館として、大正校舎（中）は農業体験施設として、昭和校舎（左）はレストランやパン工房として活用され、地域の交流拠点となっている。

図6-19　南砺・相倉集落の合掌造り家屋の発展段階
五箇山地域（富山県南砺市）にかつて広く見られた合掌造り家屋は、大正期から昭和初期にかけての社会生活の近代化と電源開発により多くが瓦葺き家屋へと転換し、まとまった家屋群が残されているのは相倉・菅沼の2集落のみである。両集落では、近世から近代に至る合掌造り家屋の変容過程を読み取ることができる。左から原初的形態を伝える天地根元造、合掌造り、2階建て茅葺き、2階建て瓦葺き（旧茅葺き）。

図 6-20　高岡・山町筋の町並み
高岡の中心商業地を構成する山町筋の町並みは、1900 年（明治33 年）の大火後に建築された土蔵造りの町家を基調としながら、1914 年（大正 3 年）に建築された赤レンガの銀行建築や、看板建築風の町家など、明治中期から昭和初期にかけての経済発展を跡づける多様な年代の建築群により構成されている。

図 6-21　復元保存された旧大阪株式取引所市場館の玄関部分
1935 年（昭和 10 年）に竣工した大阪株式取引所市場館は、難波橋近くの堺筋と土佐堀通りの交差点に、曲線の列柱が印象的な新古典主義の玄関口を設け、北浜の金融街のランドマークとして親しまれてきた。新たなオフィス棟の開発に際しても、交差点に面する昭和初期の外観と内装の一部が継承されている。

ない。それは長い年月をかけて集落が生き続け、現に人々が暮らし続けていることの確かな証しである。

　近世から近代へと商都として発展した地方都市には、往時の繁栄を伝える多様な年代の建築物が残されている。川越や佐原、高岡、倉敷など、伝統的建造物群保存地区となった商業地の町並みにおいても、それを構成する建物の年代は一様ではない。商家の伝統的な町家とともに、近代的な銀行・事務所・公共建築が混在し、スケールの一体感を有しつつも、素材や形態・意匠において多彩な表情を見せながら、商都の近代化の記憶を伝えている（図 6-20）。

　戦災や開発の波を受けながら発展してきた大都市においては、ダイナミックな時代の移り変わりが町並みに映し出される。

　江戸時代の商都の繁栄を下地に、近代の商工業の発展を牽引した大阪の中心部、中之島・船場周辺は、年代の多様性に富んだ建物が集積する代表的な界隈であろう。高層ビルが建ち並ぶ現代の町並みに歴史の風格を与えているのが、中之島の顔とも言える公会堂や図書館といった公共建築、開口部まわりの意匠に時代の息吹を感じさせる事務所建築など、明治・大正期から昭和初期にかけて建てられた近代建築群である（図 6-21）。さらに北浜界隈には、適塾や小西邸など、江戸時代の町家建築も残存する。これらの町並みの顔であり続けた建築の中には、近年の都市再生の流れの中で姿を消したものも少なくない。

　都市の存在価値に貢献してきた個性豊かな建築が、それらの面する通りや界隈に流れてきた時間の厚みを映し出す存在であるとすれば、多様な時代の建築が同居する町並みは、そこで幾世代にわたって繰り広げられる都市生活のドラマを包み込む舞台装置として、市民や来訪者に記憶され続けることになろう。

　同じ意味において、長らく失われていた歴史的建造物を復元する動きも、市民の記憶を呼び覚ましながら、都市にとってのかけがえのない場の再生を指向することで、その公共的価値が発現するはずである。

◆都市の年輪

　段階的な都市形成のあり様は、市街地の形態に映し出される。主要な西欧都市においては、封建時代に城壁の内側に密度高く形成された市街地が、19 世紀以降、城壁の撤去とともに開放され、その外側に新たな市街地が発展する例が少なくない。日本においても、近世のはじめに築かれた城下町が、幾度かの拡張を経て町割を広げ、近代には鉄道の開通により駅前の市街地が加わる、といった発展過程は一つの典型であろう。

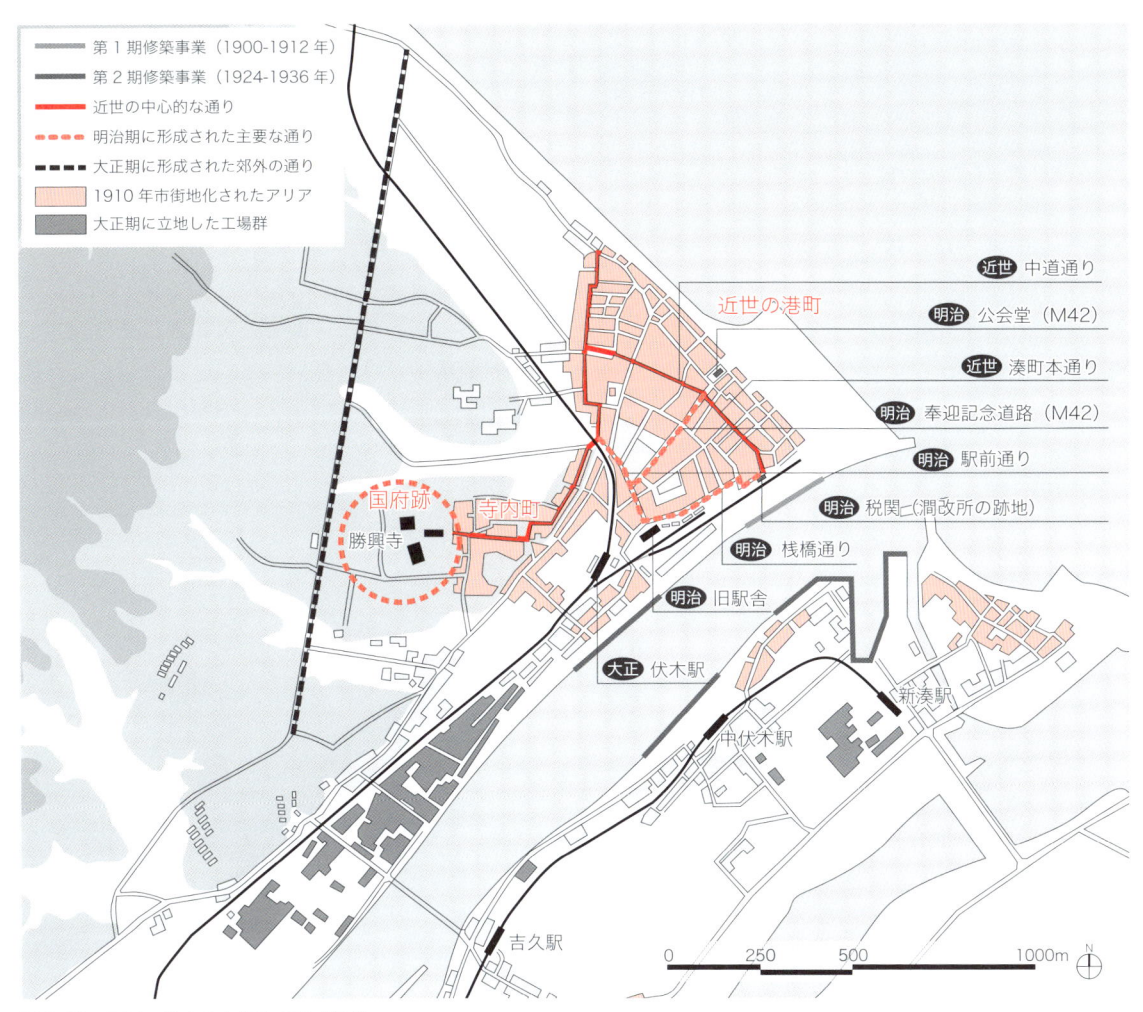

図6-22　高岡・伏木の市街地の形成年代
伏木（富山県高岡市）の市街地を俯瞰すると、東側の山際から続く丘陵地と河口に挟まれた地形条件のもとで、近世から昭和初期にかけての港町の発展の中で形成された重層的な都市構造を読み取ることができる。

「新町」「新開地」などの地名は、それらが既存の市街地に対して新たに開かれた地区であることを示し、「明治町」「昭和町」のように誕生した時代をあらわすものもある。さらにそうした市街地拡張の履歴は、町割や区画の違いが明瞭に示している場合も多い。形態の差異は、単に空間の形成段階を示すのみならず、それぞれの時代にいかなる空間的条件が重視され、何を拠り所として都市が根づいていったのかを教えてくれる。

富山湾に面する能登半島の付け根、小矢部川と庄川の河口付近に位置する港町・伏木の都市形成を捉えてみよう。万葉の昔から国府が置かれ、戦国期には勝興寺の門前町、近世には北前船の寄港地として栄え、明治以降は近代的な港湾都市・工業都市として発展した。こうしたまちの履歴は、「古国府」と呼ばれる勝興寺を中心とする寺町、海際に連なる近世の町割を残す港町、その手前に敷かれた鉄道と、川沿いに挟まれた工場地帯、さらに昭和初期の耕地整理によって生み出されたグリッド状の市街地など、市街地を鳥の目で俯瞰するように地図を眺める際に浮かび上がってくる（図6-22）。

一方、時代による市街地形態の差異は、地区レベルの漸進的開発の中にも見出すことができる。

たとえば、東京には、武家地や寺社地などの比較的大きな敷地が近代に開発される中で、都市形成の履歴が空間構成にあらわれている場所がある。文京区本郷の住宅街である西片町では、中山道に

沿った大名屋敷を下地としながら、段階的に宅地開発が行われ、地区の骨格が形成されてきた。台地上に位置する不整形の旧屋敷地を構成する街区は、中山道沿いに矩形の町割がなされた明治のまちと、台地の縁に囲まれた所有者の屋敷を中心とする昭和のまちで、明らかに街区の方向性が異なる。（図6-23）

市街地の形態の違いは、それぞれの時代背景のもとで、求められる地勢的・空間的条件が異なるが故に生じたものである。当初は異なる論理のもとで形づくられた都市空間が、時代の流れとともに重層的に組み合わさることで、今日の都市空間ができあがっている。こうした市街地の「年輪」は、個性的な界隈をもたらし、都市の歴史の厚みを、訪れる人に呼び起こさせる。空間の年輪は、多様性のある都市デザインの重要な手がかりである。

2・3　災禍と創造

市民が共有する都市の記憶として深く刻み込まれているのが、都市を襲った災害と、そこからの復興の軌跡である。復興はまた、単に以前の状態に復旧する以上の、都市の再構築に向けた創造的行為である。

◆防火都市の所産

台風や地震など、周期的に自然災害に見舞われ

図6-23　本郷・西片町の段階的開発
福山藩阿部家の中屋敷に由来する西片町（東京都文京区）の住宅街は、学校（誠之舎）や西片公園などの公共空間とともに段階的に開発された。1964年までの住居表示に用いられた「い・ろ・は」の番地区分をもとに読みとくと、明治期に開発された「に・ほ・へ」が街道に沿った方向性を有するのに対し、「い」は昭和以降の開発地であり、誠之舎が立地した「は」の街区を境に空間軸が異なる。特に「いの新開地」には十字型の区画に大きな邸宅が建ち並び、特徴的な雰囲気を醸し出している。

る日本において、木造建築が密集する都市を頻繁に襲ってきたのが大火である。喜多方や川越など、各地に残る土蔵造りの町並みは、明治期の大火からの復興を契機に、その耐火性能が評価され、普及したものである。

「蔵のまち」として知られる喜多方では、近世からの漆喰壁に加え、鉄道建設により地域にもたらされた煉瓦が用いられるなど、新たな様式を加えながら、表情豊かな多くの蔵が地域の風景を特徴づけている（図6-24）。

1923年9月の関東大震災においても大規模な火災が被害を拡大させ、都市の不燃化は、防災計画の基本項目として確立されていく。そうした中で、東京の復興事業においては、小学校を鉄筋コンクリートで不燃化するとともに、公園を併設することで、災害時の避難所として、平時にはコミュニティの拠点として機能させることが企図された。大正末期から昭和初期にかけて建設されたモダンな校舎は、近隣のランドマークとして親しまれ、現在まで受け継がれているものも多い（図6-25）。

都市の防火対策として近世から用いられているものに、火除け地がある。多くは広幅員道路として計画されてきたが、単に延焼を防ぐために広々とした空間を確保するだけでなく、札幌の大通公園に代表されるように、創造的造作が加えられることで、日常生活に対しても積極的な存在価値を獲得した事例は数多い。

飯田市の中心部に見られるりんご並木は、それを生み、育んだ物語とともに、市民にとって特別な価値を持つ存在となっている。1947年4月に中心市街地の7割を焼失させた大火からの復興に際して、防火帯として整備された広幅員街路を前に、たわわな実のなるりんごの木々の姿を描いたのは、地元の中学生たちであった。生徒の総出で植えられ、長年にわたって育て上げられたりんご並木は、駐車場整備の危機、老木化と植え替えといった幾多の困難を経ながら、まちの風景と市民の心に根を下ろした。春には白い花を咲かせ、秋には赤い実をつけ、行き交う市民の目を楽しませるりんごの木々は、市民の手による空間創出の歩みを鮮やかに象徴する（図6-26、図6-27）。

◆戦災の超克

国や民族間の紛争が引き起こす戦災は、その都市のみならず、空間・時間を越えた多くの人々にとっての極めて苦い経験である。戦災都市の復興は、戦後を生きる人々に希望と誇りを与える創造的行為でなければならない。

「杜の都」と呼ばれる仙台の都市景観を代表する定禅寺通りは、戦災復興の所産である。1945年7月の空襲により城下町時代からの中心市街地の大半が焼失した後、復興に際しては、旧来の

図6-24　喜多方・小田付地区の蔵の町並み
在郷町として発展した喜多方では、1880年（明治13年）の大火を契機に土蔵造りが普及し、現在も市内には農村部まで含めると4千棟余もの蔵が存在すると言われる。用途も倉庫や店蔵に加え、醸造業の貯蔵庫、作業場、座敷、厠、寺院まで、様々に利用され、喜多方の風土を象徴する存在となっている。

図6-25　震災復興小学校（中央区立泰明小学校）
関東大震災により、当時の東京市の小学校196校のうち117校が被災し、帝都復興事業の一環として小学校の復興が進められた。うち52校には校舎と小公園が一体的に設計され、鉄筋コンクリート造の校舎にも斬新なデザインが施された。現存する19校舎のうち、11校は現役の小学校として維持され、他も公共施設に転用されるなど、地域の歴史的資産として保全・活用する取り組みが進められている。

図 6-26　飯田のりんご並木

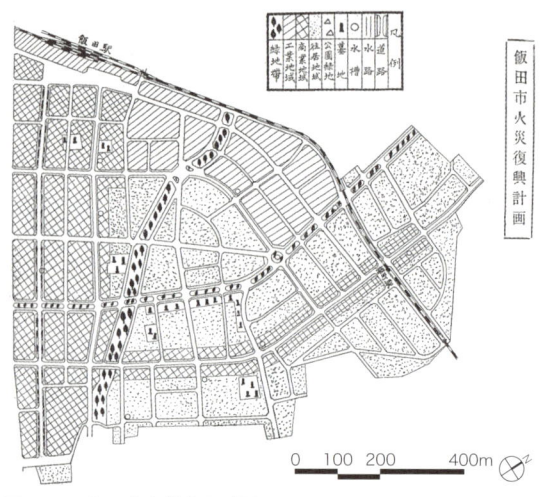

図 6-27　飯田市火災復興計画図（出典：『都市計画より見た復興飯田市の表情』飯田市、1950 年）

飯田市火災復興計画

りんご並木は、大火復興後の都市計画の図面上で構想されたものではない。復興都市計画は、悲劇に見舞われた飯田のまちを、広々とした幹線道路と緑地帯を有する理想的な防火都市へとつくり変える大きな青写真を提示した。その上に、りんごがたわわに実る生活風景を描いたのは地元の中学生たちであるが、まちの復興は、そうした夢を具現化する新たな気運を育んだに違いない。

図 6-28　仙台・定禅寺通り

「杜の都（森の都）」は、もとは緑豊かな屋敷林に彩られた藩政期以来の市街地の様相を捉えた呼称であったが、復興街路に植えられたケヤキの街路樹の成長とともに、街路景観に表象されるものへと変化していった。

町割を下地としながら、東西・南北に広幅員の街路が通された。中でも幅員 46 m の定禅寺通りは、両側の歩道と、中央の遊歩道を備えた緑地帯に計 4 列のケヤキ並木を配し、両端で接する公園・緑地へと連なる緑の帯を現出させた。ケヤキの深い緑陰と枝振りは、彫刻を配したプロムナードとともに、沿道に都市文化創出の素地をもたらし、ジャズフェスティバルやイルミネーションといった現代の市民文化の創造に大きく寄与している。（図 6-28）。

8 月 6 日の原爆により灰燼に帰した広島の市街地においては、平和記念都市としての象徴性と実体を備えた復興計画の青写真が描かれた。太田川が二手に分かれる中島地区を象徴的中心として、復興計画の基準線となった幅員 100 m の平和大通りや、太田川の河岸空間には、ゆとりある緑地が連続的に計画された。

中島地区の公園計画に際し、平和大通りと直交する形で、対岸に残された被爆建築物を焦点とする象徴的軸線を通し、静謐な祈りの都市空間を具現化したのは、この地で青年期を過ごし、終戦の翌年から復興計画に携わった建築家・丹下健三であった。平和記念公園は 1954 年に完成するが、これは都市再生の通過点にすぎない。

平和大通りでは、1957 年、1958 年にかけて全国各地から樹木や苗木が集められ、市民の手で緑

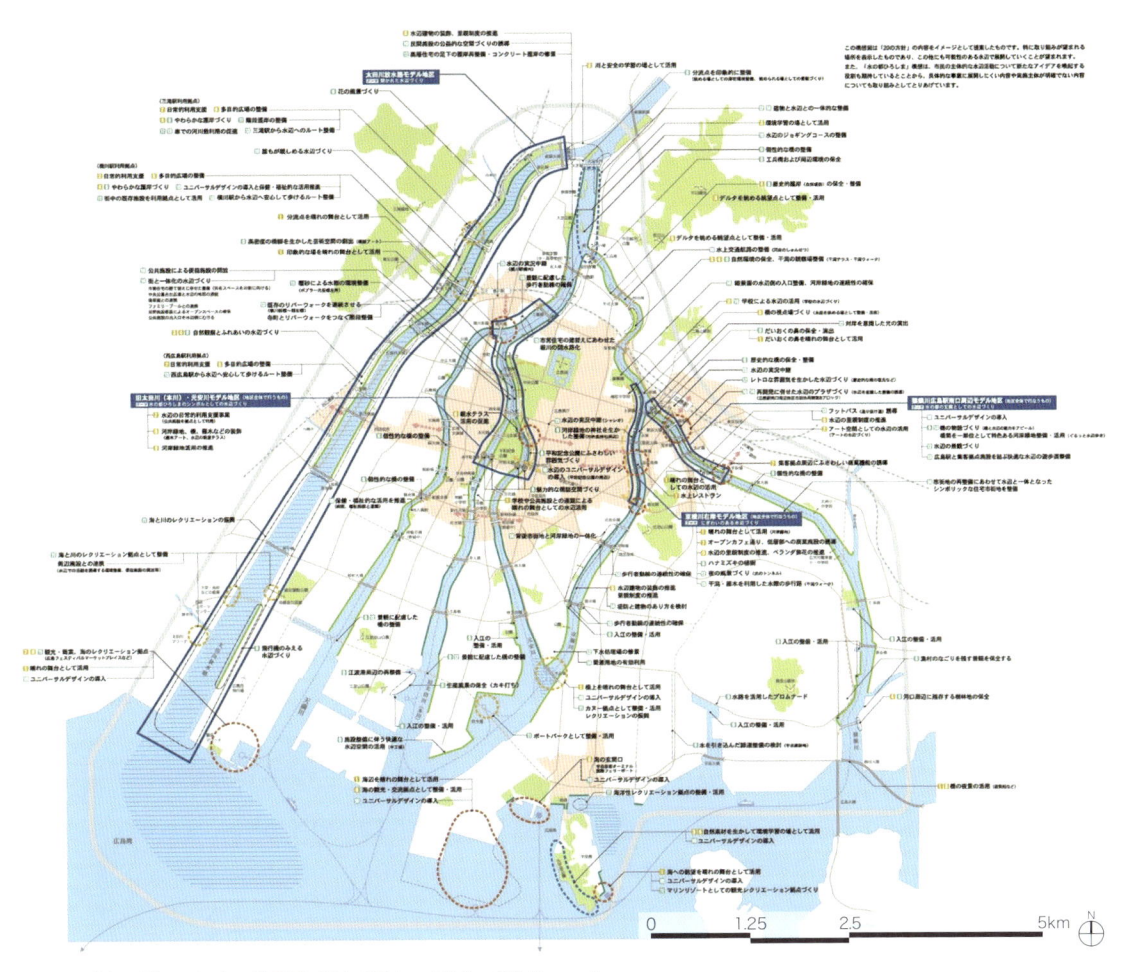

図 6-29 「水の都ひろしま」構想図（国土交通省、広島県、広島市、2003）
景観と親水性に配慮した太田川の整備は、昭和50年代に相生橋上流の基町護岸から開始され、平和公園周辺の元安川の護岸整備へと拡張されていった。1990年の「水の都整備構想」、2003年の「水の都ひろしま構想」を経て、平和都市のシンボルとなる水辺を磨き、市民生活の中で活かす取り組みが進められている。

化が行われた。公園予定地となりながら応急住宅が密集していた基町地区には、1970年代に立体的居住環境と都市機能を備えた画期的な高層アパートが建ち上がる。太田川では1980年代に護岸の修景が行われて周辺の山並みとの調和が図られ、近年はオープンカフェの試みも開始されている。復興計画に描かれた水辺と緑の空間は、それらを実体化し、市民的価値を高める持続的な取り組みの上に、成熟した表情を見せつつある。（図6-29）。

◆自然災害への構え

人為的回避が可能な戦災に対し、ある土地に根ざし続ける限り受け入れざるを得ないのが自然災害である。日本列島を構成する地域の歩みは、台風などの気象現象がもたらす風水害、土砂災害に加え、数十年、数百年単位で起こる地震や津波、火山の噴火など、様々な自然の猛威と向き合ってきた歴史でもある。

かつて、たとえば多くの地域が直面してきた風水害に対しては、築堤などの構造物に加え、樹林や地形の高低差を組み合わせ、一定の浸水を受け入れながら生命と財産を守る技術が用いられてきた（1章3節参照）。やがて近代に至り、西欧から導入された治水技術が日本の風土に根を下ろしていくが、甚大な災害は、ときに集落や地区そのものの大規模な移転や空間再編を強いてきた。

自然災害に対する空間の歴史的構えは、地域が

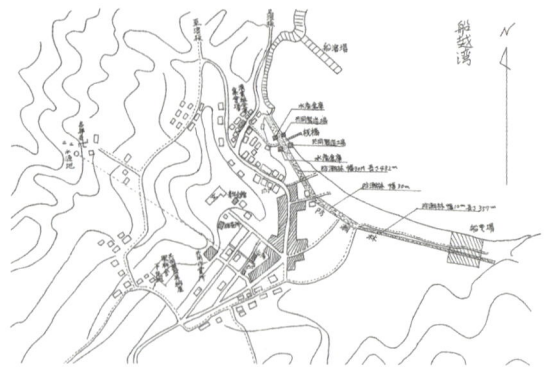

図6-30 大槌・吉里吉里新漁村建設計画図
昭和三陸津波により総戸数の7割以上が流失した岩手県大槌町吉里吉里地区では、被災から4か月後に「新漁村建設計画」が策定された。住宅地の高所移転とともに稚蚕飼育所、作業場、集会場などの共同施設も整備され、産業組合・漁業組合を中心とする自律的な集落運営が指向された。

図6-31 和歌山県広川町・広村堤防
堤防中央部の海側には、1933年に「感恩碑」が建てられ、毎年11月に開催される津浪祭の舞台ともなっている。広村堤防は1938年に国指定史跡となり、広川町の地域防災の象徴となっているが、現在はその前面に港湾や市街地が拡張されており、津波への対策が求められている。

生き抜くうえでの多くの示唆に満ちているが、中でも、過去に津波に襲われた集落や都市の空間には、自然の猛威を知った先人たちからの、後世へのメッセージというべきものが含まれている。

三陸沿岸の社寺の立地からは、信仰の要地を高台に確保し、災害時の避難場所を提供する知恵を読み取ることができる。明治と昭和の大津波の後には、数多くの「大海嘯碑」が立てられ、居住地の高所移転を敢行した集落も少なくない。1933年（昭和8年）の津波からの復興に際しては、近代の都市計画技術を導入し、山側への避難路を配しながら、高台に居住地を集約した復興計画が立案された（図6-30）。

しかしこうした過去の教訓に根ざした地域空間の構成は、生活上の利便や経済発展を指向する時勢の中で崩れ、人々の記憶からも忘れ去られる中で、再び災禍を被るといった歴史を繰り返してきた。未だ鮮明に記憶される東日本大震災からの切実な教訓は、自然災害の記憶を風化させず、人々の意識喚起を促すような都市空間をあらためて構想し、受け継いでいくことの重要性であろう。

「稲むらの火」の物語のモデルとして全国的に知られるようになった紀州広村（現・和歌山県広川町）の浜口梧陵の事績は、長期を見据えた防災思想の原点となっている。物語の題名は、安政南海地震の大津波に際し、村人を高台の神社へ避難させるために稲わらに放たれた火に由来するが、事績の核心は被災後の行動にある。

梧陵は村民に家屋や農漁具等を供したのに加え、今後再びこの地を襲うであろう津波を想定し、私財を投じ村民を雇用して、4年がかりで堤防を築造した。高さ約5m、根幅約20m、長さ約600mに及ぶ新たな堤防（広村堤防）は、中世からの波除石垣の背後に築かれ、法面にははぜの木が、その手前には防潮林として松並木が植えられた。海岸に防浪の景観を形づくった堤防は、1946年の昭和南海地震津波の際には被害を抑えることに寄与している（図6-31）。

しかしより重要な点は、150年以上前に築かれた堤防の社会的意味が、梧陵の功績とともに地域の中で長く記憶されていることであろう。毎年11月には、梧陵の功績をしのびつつ地域の安全を願い堤防に盛り土を施す「津浪祭」が、110年以上の時を超えて続けられているほか、近年は、松明を片手に安政大津波の際の避難を再現する「稲むらの火祭り」も行われている。

広川の人々の防災意識は、先人の遺産である堤防がいかに生み出され、受け継がれているかを確認する中で培われている。人工的な防浪構造物の限界が認識されている現在、津波防災の本質を見失わないためにも、様々な知恵が詰まった地域防災の物語を、実空間の中から紡ぎ出し、経験とともに鍛えていかねばならない。

図 6-32　西宮・関西学院大学と甲山を望む学園花通り
大学の時計塔と後景の甲山をアイストップとする軸線の両側には、地域住民の手で桜並木が植えられ、80年以上前に生み出された象徴的景観が大切に受け継がれている。

図 6-33　由布院駅前からの由布岳の眺め
由布院の駅は、盆地で大きな弧を描く線路が由布岳に最も近づく地点に設けられ、山容を正面に見据えるように駅前通りが延びる。郷土の拠り所となってきた由布岳への眺めは、駅に降り立った来訪者を温かく迎え入れる。

2・4　「地」が孕む時間

◆揺るがぬ山容

　国土の7割が山地である日本列島において、多くの都市は山々に抱かれた立地の中で発達してきた。山は古くから信仰の対象であり、幾多の伝承の舞台となるとともに、日々の気象のバロメーターとなってきた。深い森は水源を涵養し、木材や山の幸を育み、風土の要となってきた。

　地域の風景の中で欠くことのできない山は、人々の郷土意識や心象風景に、深く根を下ろしている。郷土が誇る名山に対し、地域名に「富士」を付す呼称が広まったのも、その一つのあらわれとも言えよう。盛岡で青年期を過ごした宮沢賢治は、岩手山を身近に感じながら、理想郷イーハトーブへの創造力を培ったと言われる。生活地の姿は大きく様変わりしても、背後に構える山容は、都市や地域に安定した風格を与え続ける。そこに、山への眺望を尊重すべき理由がある。

　身近な山を空間形成の手がかりとする手法は、近世の江戸などに見られる「山アテ」をはじめ、各地に多くの事例を見出せる。六甲山系の東端に位置し、西宮市内の多くの場所から望むことのできる甲山は、古くからの霊場を擁するとともに、近代以降の開発においても地域性の源泉となってきた。昭和初期に開発された「甲陽園」「甲東園」「甲風園」などの住宅地は、文字どおり甲山を拠り所として一帯に根を下ろし、東山麓に築かれた関西学院大学のキャンパス計画では、シンボルとなる時計台の背後に甲山を取り込み、ゲート空間の軸線が演出される（図6-32）。古来の記憶を宿しながら四季の表情を見せる山容は、これらの地域空間が成熟へと向かう歩みを、通奏低音の響きのような安定感をもって支え続ける。

　山は現代においても、悠久のまちづくりのモチーフである。由布院の駅に降り立つと、まず目に入るのが、正面に悠然と聳え立つ由布岳の姿である。由布院盆地の至る所で豊富に湧き出す温泉は、活火山である由布岳の恵みであり、盆地には古くからの山岳信仰を伝える社寺が点在する。駅前から続く道は「由布見通り」と名づけられているが、盆地のどこからでも享受できるこの山への眺めこそ、この地に生まれ育ち、暮らしを営む人々が心の拠り所としてきたものであった。

　由布岳に抱かれた自然豊かな盆地の佇まいは、「空間」「静けさ」「緑」に根ざした由布院のまちづくりの源泉として再発見され、地域の人々によって磨き上げられることで、そうした風土に共感する多くの来訪者をもたらすこととなった。由布岳への眺めは、この土地本来の価値が人々に認識され続ける限り、その象徴として大切に受け継がれていくだろう（図6-33）。

図6-34　静岡県三島市・中郷温水池
三島の景観を特徴づける湧水の水辺と富士山への眺望を兼ね備えたこの場所は、1990年代に遊歩道や自然護岸が整備されるとともに、三島市景観条例による眺望地点にも指定され、市民の憩いの場となっている。

図6-35　岸和田・久米田寺と久米田池
大阪府内最大の面積を有する久米田池は、水に恵まれなかったこの土地で一大事業を敢行した行基の物語とともに、地域の原点を伝える存在として大切に受け継がれている。

◆時を湛える水面

　盆地のまちを覆う深い霧は、川に寄り添う都市の原風景を、私たちに気づかせてくれる。水との関わりが、人々の生活の根源にあり続けたことの帰結として、水辺には、そこで暮らしてきた人々の幾重もの物語が蓄積している。都市の営みを支えてきた水辺の存在を、日常生活の中で実感できる程度に可視化することは、自然への畏敬の念と、過去の知恵や教訓を継承するうえでも重要である。

　「せせらぎの街」としてまちづくりを行っている三島市では、そのシンボル的存在である源兵衛川をはじめ、富士山の伏流水がまちじゅうを巡る。三島でも1960年代以降、湧水の減少と環境の悪化が進んでいたが、やがて市民を主体とした環境保全・再生活動の舞台となった。90年代以降、市民・企業・行政の連携による「グランドワーク」手法を用いた多くのプロジェクトを始動させ、行政もこれを支援する形で「街中がせせらぎ事業」を実施するなど、水辺を発現されるまちづくりに取り組んできた。

　水の恵みを取り込んで築かれた先人の遺産への気づきが、これらの活動の原点にある。富士山の湧水をたたえる楽寿園内の小浜ヶ池、白滝公園や菰池などに見られる湧水は天然の遺産であるが、小浜ヶ池から流れ出る川は、その名の由来となった室町時代の豪族・寺尾源兵衛が周辺の村々を灌漑するために開削したものである。

　1953年には、冷たい湧水を太陽光で温めて稲作に利用するため、源兵衛川の南端に中郷温水池が整備された。比較的新しいこの温水池も市民による保全活動の舞台となっているが、その先には水の源である富士山を望むことができ、水を通じた悠久の大地とのつながりを象徴する場となっている（図6-34）。

　水辺には古くから多くの人の手が加わっているが、稲作の本格化とともに、土地の灌漑のために築造されてきたのがため池である。特に雨量の少ない瀬戸内海沿岸で発達し、今も兵庫、大阪、香川などでは多くのため池を見ることができる。中には成り立ちが奈良時代に遡るものもあり、周囲の土地利用が移り変わる中で、少しずつ形を変えながらも継承され、地域の景観を特徴づける重要な要素となっている。

　岸和田市八木地区の久米田池は、8世紀に行基が築造したと伝えられ、その西側には、「隆池院」の号を持つ久米田寺が控える。この寺は久米田池の維持管理のために同時期に建立されたものであり、池を望む位置に壮麗な伽藍が建ち並ぶ。現在も農業用水の供給源となり、養魚も行われる池の周囲は風致地区にも指定され、市民に親しまれている。毎年10月には、池を開削した行基に感謝し、周辺地区の13台の地車が久米田寺に参拝する「行基参り」が行われるが、次々と曳かれて行く地車の背景をなす池の水面は、千年以上に及ぶ地域の歩みを表象する存在となっている（図6-35）。

図 6-37　芦屋川と芦屋公園の松並木
阪神間の住宅都市として知られる芦屋では、明治後期の阪神電車の開通により、白砂青松の風景に恵まれた海岸付近が別荘地として見出されて以降、クロマツの風致を取り込んだ浜手の住宅地形成が進んだ。大正期に芦屋川遊園地として開かれた芦屋公園は、かつて海岸に広がっていた松林の風景を伝えている。

図 6-36　住宅地に囲まれた世田谷区・等々力渓谷
武蔵野の原野の中に形成された等々力渓谷は、周囲が郊外住宅地へと変容する中で、かつての風景や植生を伝える貴重な自然緑地として浮かび上がっている。

図 6-38　小金井・野川第一調整池に創出されたため池
野川では第一・第二調整池を中心に2006年から自然再生事業が着手され、田んぼ・湿地・ため池などの創出による自然生態系の保全・再生が図られつつある。

◆「地」を受け継ぎ、復する思想

　生活地を取り巻く自然環境を、地域の立脚点として重んじる思想を、私たちは古くから有してきた。聖域化された禁伐林や神社の森は、その典型的なものであろう。それらは本来、自然現象や災害から都市や集落を守り、生業を育むといった、生活との切実な関係のもとに存在していたはずである。それらはいつしか、欠くことのできないその土地のアイデンティティとして、風景の中に定着することとなった。

　都市化が進む地域における自然環境は、地形的条件から、開発の残余として消極的な形で受け継がれる場合も多い（図6-36）。このような市街地拡大の波にさらされる中で、地域の身近な自然風景を保護する思想は、我が国の近代都市計画の草創期において風致地区という形で具現化し、各地に普及することとなる。都市を取り巻く風致を保全することは、かつて一帯に広がっていた風景、都市の基底にある風土のあり様を、後世に伝えることでもある（図6-37）。

　近年は、都市化の中で失われた、本来の自然の姿を取り戻す取り組みも見られるようになった。東京西郊を流れる野川は、武蔵野台地の縁をなす国分寺崖線からの豊富な湧水を集めながら、周辺に広がっていた農村を潤していた。戦後の都市化の中で、治水のための護岸改修が進められ、一時

は生活排水が流れ込む都市河川と化した。近年は水質の改善が進むとともに、市民を中心に「ハケ」と呼ばれる崖線の自然を守る取り組みが進められ、多自然工法による河川整備と、そこから水を引き込んだ調節池におけるビオトープの創出、田んぼの復元、それらの保全活動により、多様な生き物を育む風景が再生しつつある（図6-38）。

都市の海岸線に残された希少な干潟の再生も試みられるようになっている。江戸川河口の埋立地に取り囲まれるように残された三番瀬は、その象徴的な存在である。臨海部の埋め立てが進み、江戸前漁場の最後の砦となった浅瀬の海域では、保全・再生に向けて舵が切られ、市民と専門家、行政を巻き込みながら取り組みが進められている。

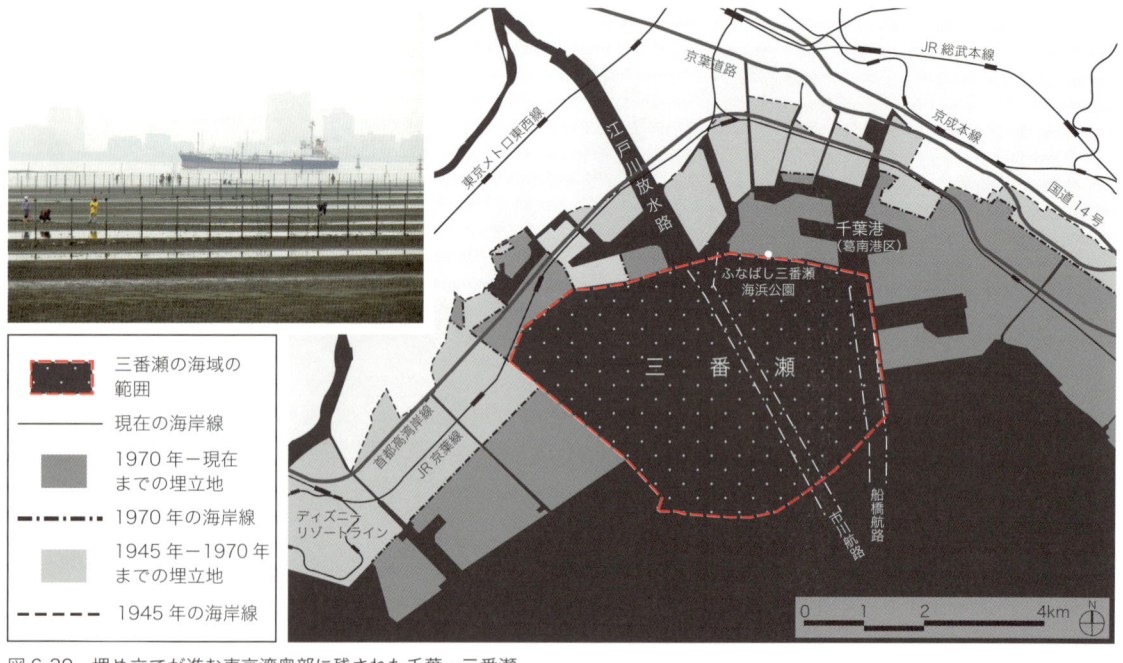

図6-39　埋め立てが進む東京湾奥部に残された千葉・三番瀬
かつて豊かな漁場を育んだ東京湾の干潟は、1960年以降の工業化の進展と埋立地造成により9割以上が失われている。貴重な干潟となった三番瀬では、90年代から千葉県を中心に保全再生が計画され、生物多様性や漁場の回復、親水性の確保などを実現するための取り組みが進められている。

図6-40　大槌・吉里吉里の海岸風景
近世に豪商・網元として活躍した前川善兵衛の根拠地として知られる岩手県大槌町吉里吉里地区では、漁村として形成された空間基盤の上に、海とのつながりを示す祭礼や郷土芸能、独特の方言など、豊かな地域性を湛えた生活文化が育まれてきた。千年に一度と言われる2011年の大津波は、海寄りに築かれた人為の空間を押し流したが、今も緩やかに弧を描く浜辺に出ると、リアス式の半島に囲まれた船越湾と、海からのランドマークとなる鯨山を北西に望むことができる。持続的な生活の復興が進められる中で、この地の風土の原点にある海岸線と山並みの風景を、豊かな自然環境とともに未来へ受け継ぐための知恵と技術が求められている。

極度に人工化が進む東京湾にありながら、豊かな魚介類を育み、水鳥を呼び寄せる干潟の光景からは、多様な生命の躍動に満ちたかつての海辺の時間と、人間生活との関係性を再構築する予兆を見出すことができる（図6-39）。

　近代以降、目覚ましく発展してきたかに見える都市空間の構築技術も、悠久の大地の営みの前には極めて無力であることをあらためて我々に知らしめたのが、東日本大震災であった。大津波により、海岸に進出した市街地や港湾施設が悉く破壊されたことは、自然界からの大きな警告であった。

　生活空間を持続的に確保するうえで、自然との共生を図り、関係性を意識化するための都市の領域のあり方を構想せねばならない。海との境界領域は、自然との共生を考えるうえでの一つの象徴である（図6-40）。浜辺や低湿地といった本来の環境を保全・再生しつつ、安定した生活の場を築くための技術と方法を磨く必要がある。同様に、近年の集中豪雨がもたらす大規模な土砂災害は、都市や集落と山との接合のあり様が、自然災害の様相と深く結びついていることを伝えている。太古から続く大地の営みの上に、人々は可能な限り安定した居住環境を実現しようと試みてきた。しかし自然の不可抗力を過小評価した空間構築は、生活域の持続性を担保しない。谷地や渓流、急傾斜地などの空間の危うさを鋭敏に察知してきた先人の感性を学び取り、生存の基盤としての自然と共生する術と心構えを、現代を生きる我々も真摯に身につける必要がある。都市空間の次なる構想力は、歴史に裏打ちされた自然環境との応答のもとに見出されるはずである。

索引

A～Z
- BankART1929 115
- road 18
- street 18
- urbanisme 17
- urbanización 17

あ
- アイストップ 34, 62
- 藍染川 75
- 相倉集落 161
- 青葉通り 62
- 青葉山 50
- 青山 124
- 青山通り 59
- アクティビティ 24, 103
- 阿佐ヶ谷 63
- 阿佐ヶ谷七夕まつり 137
- 阿佐ヶ谷中杉通り 63
- 浅草 96
- 浅草公園本通り 94, 95
- 浅草三社祭 137
- 浅草浅間神社 37
- 浅草通り 79
- 浅草六区 70, 71
- 旭川 71
- 朝日通 153
- 旭橋 71
- 芦屋（市） 171
- 飛鳥山 158
- 足助 47, 93
- 足助川 92
- 足羽山 35
- アムステルダム 15
- アメリカ 17
- 荒川 53
- 荒木町 42
- 荒玉水道 59
- アルベルティ 19, 21
- 阿波踊り 89

い
- 飯田（市） 165, 166
- 井荻村 65
- 異界 42, 43, 52
- 居久根 129
- 池上本門寺 119
- 石狩川 71
- 石川栄耀 38, 156
- 出水麓 54
- 出雲平野 129
- 伊勢神宮 117
- 井田川 31
- 市堀川 51
- 一色惣則集落 128
- 出雲大社 47, 48
- 意図 11, 12, 13, 14, 15, 16, 18, 19, 21, 22, 25, 99
- 稲荷坂 39
- 今井（町） 52, 73, 100, 101
- イメージアビリティ 35
- 伊予鉄道 75
- イルデフォンソ・セルダ 17
- 岩手山 169
- 石見銀山 124

う
- ヴィスタ 33, 34, 88, 105, 106, 123
- 上田篤 16
- 上町台地 48
- ヴォイド 109
- 宇迦橋 48
- 浮世絵 26
- 牛朱別川 71
- 宇田川 132
- 卯達 97
- 卯辰山 35, 73
- 内子 92
- 宇都宮 105
- 宇部 125
- 裏通り 117

え
- エッジ 44
- 江戸 40, 50, 67, 70, 104
- 江戸川 172
- 江戸五色不動 116
- 江戸城 15, 104
- 江戸名所図会 41
- 榎地区（新宿） 103
- 江の島神社 41
- 荏原神社 22
- 遠近法 19

お
- 近江八景 25, 26
- 青梅街道 63
- 大川 48
- 大國魂神社 159
- 大坂 48
- 大阪 38, 49, 102, 153, 160, 162
- 大阪造幣局 160
- 太田川 166, 167
- 大田区 119
- 大谷石 54
- 大塚阿波踊り 138
- 大塚天祖神社 79, 80
- 大津市坂本 155
- 大槌 144
- 大槌町 168
- オーテ 53
- 大手前通り（姫路） 60, 61
- 大手町 119
- 大通公園（札幌） 77, 104
- 大友堀 104
- 大森町 124
- 大谷 125
- 大谷石 125
- 大山街道 133
- おかげ横丁（おはらい町） 117
- 岡崎 106
- 岡本哲志 46
- 荻ノ島（集落） 141, 142
- オギュスタン・ベルグ 28
- 御師住宅 123
- 御師集落 122, 123
- 小田急線豪徳寺駅 95, 96
- 小田付 117
- 小田原城 148, 149, 150
- 落合 45
- お茶の水 50
- 御茶ノ水橋 50
- 男坂 117
- 音羽 34
- 尾根 41
- 尾根道 15, 16, 38, 56, 57
- 小野川 69, 70, 144, 145
- おはらい町おかげ横丁 117
- 小布施 115
- 表参道 112, 113, 114, 140, 141, 142, 153, 153
- 表参道ヒルズ 42
- 表通り 117
- 主屋 82
- 女坂 117

か

海岸線	29
街区	17, 19, 65, 111
海清寺	157
開拓都市	101
街道	21, 75, 105, 126
偕楽園	32
街路	16, 17, 18, 20, 23, 24, 55, 57, 59, 62, 65, 66, 69, 70, 71, 72, 75, 76, 89, 94, 95, 100, 115, 146, 147, 158
街路形成	18
街路樹	158, 160
街路網	33, 57, 58
花街	17, 18, 42, 96
各務原市川島町	53
鍵型交差点	73, 74
学園花通り	169
角館	29
神楽坂	42, 84, 156
鹿児島	54, 61, 62, 153
橿原今井	52, 73, 100, 101
春日通り	56
合掌造り	161
勝山	97
桂川	28
加藤政洋	18
香取街道	69, 70
金沢	35, 72, 75, 77, 89, 90, 97, 113, 157
金山町	98
川端	128
歌舞伎町	147
甲山	169
窯垣の小径	98
鎌倉	110, 117
亀田街道	46
亀田半島	46
鴨川	90, 91
川越	83, 165
川島町（各務原市）	53
雁木	92, 154
環濠集落	73, 100, 101
神田	94, 96
神田川	34, 45, 50, 56, 66
神田神保町	63, 71, 94, 95
神田祭	137, 138
関内	120
観音裏	96

き

紀伊大島	53
企業城下町	102, 124
基軸	103
岸和田（市）	170
季節	25
木曽川	53
喜多方	117, 165
北方・法力集落	130
北区	161
北品川	22
北山	29
吉祥寺	94
木戸	19
絹の道	124
紀の川	47
城崎温泉	110
キャットストリート	63, 115
木屋町	77
旧石川県庁舎	157
旧大阪株式取引所	162
旧津金学校	161
旧道	62, 63
旧淀川	160
丘陵	35, 51
行基	170
京都	18, 20, 28, 29, 41, 64, 90, 102, 121
行人坂	41
京橋	65, 66
清澄公園	118
清澄庭園	118
清水坂	41
清水寺	41
吉里吉里	144, 168, 172
銀座	65, 66, 94, 117
銀座中央通り	66
銀座和光	88
金城町石畳道	156

く

空間構造	19
草津温泉	108
郡上八幡	128
九段坂	15
国立	112, 113
国見町	127
窪地	35
窪み	42
球磨川	155
熊本	111
久米田池	170
クランク	73
グリッド	17, 18, 64, 65, 66, 67, 71, 104
グリッドパタン	17
呉羽山	35
黒石	92

け

境外参道	78, 79, 80
景勝地	25
外宮	117
結界	45, 46
結節点	69
ケビン・リンチ	44
建築材料	20
建築プロトタイプ	21
源兵衛川	170

こ

個	20
小荒井	117
小石川後楽園	56
高遠	19
高円寺	89, 138, 139
高円寺阿波おどり	137
公園通り	135, 136
麹町台地	15
神代小路	128
構図	18
洪積台地	32
構想力	11, 14, 23, 26, 27, 36, 56, 89, 131, 151
高地	40
耕地整理	64, 66, 69, 161, 163
行動	23
後楽園	56
香林坊	75
小金井（市）	171
五箇山	161
護国寺	34, 56
小清水町	65
金刀比羅宮	106
湖南省	25
小日向台地	34
小布施坂	39
こみせ	92
コモンウェルス・アベニュー	153
ごんぼ積み	53

さ

祭礼	24
佐賀	75
堺	52
境橋	22
坂道	15, 35, 42, 45, 46
坂本（大津市）	155
桜川	32
桜島	62
桜新町	161

桟敷	89	
桟敷窓	90	
札幌	18, 104	
札幌大通公園	77, 104	
叉路	69, 70, 71, 102	
佐原	69, 70, 144, 145	
三遠法	19	
参詣道	47, 48	
参道	78, 106	
産寧坂	41	
三番瀬	172	

し

地	28
シークエンス	57, 75, 78
時間	25
四季	25
志木市宗岡地区	53
敷地単位	17
式年遷宮	117
四季の道	75
軸線	22, 23, 59, 65, 66, 103, 104, 105, 106, 121, 122, 123
四神相応	34
自然堤防	15
自然発生	11, 12, 13
地蔵通り	63
下町	44
下谷神社	79
市庁舎前通り	61
視点場	41
寺内町	52, 73, 100
品川区	22
品川宿	22, 23, 105, 117
品川神社	22
品川橋	22, 23, 105
信濃川	37
不忍通り	48, 56, 63
不忍池	75
磁場	23, 24
芝大神宮	78, 80
渋温泉	110
渋谷	42, 102, 132, 133, 134, 135
渋谷川	134
渋谷区渋谷駅前	70
渋谷センター街	71
市壁	16
島集落	46
下北沢	85
石神井公園	117
シャンゼリゼ通り	153
修辞	14, 21

修辞学	19
十二社	43
集落の教え100	14
縮景	38
祝祭	23, 24
宿坂	39
宿場町	21, 22, 72, 87, 102, 105
城下町	18, 32, 33, 49, 51, 73, 74, 75, 101, 102, 105, 108, 109, 115, 128, 131, 148, 157, 162
庄川	161
荘川町	106
床几	92
小京都	28, 121
勝興寺	163
瀟湘八景	25, 26
定禅寺通り	153, 166
浄土思想	121, 122
湘南海岸	75
城南文化村	114
称念寺	100
条坊制	64
条里制	17
植民都市	17
白川街道	106
白川郷	106, 161
シルクロード	59
城山	33
深遠	19
新河岸川	53
震災復興橋梁	116
震災復興小学校	165
新宿（区）	40, 43, 45, 94, 119, 147
新宿・榎地区	102, 103
新宿区早稲田鶴巻地区	66
新宿MOA街	147
新道	62, 63
新日和山	37
神保町（神田）	63, 71, 94, 95
シンボル	59, 61
シンボルロード	63
新町川	49, 50
新町橋	50
シンメトリー	106
神門通り	47, 48
新吉原	67, 68

す

図	28
水道道路	59
水利システム	126
スカイライン	18

須賀町	40, 41
巣鴨	63
スクランブル交差点	133, 136
洲崎遊郭	52
図子	77
すずらん通り	66, 71
須玉町（北杜市）	161
スペイン坂	42, 135, 136
隅切り	89
隅田川	48, 116
駿河台	71
駿河台下	70
駿府城	148

せ

聖域	47
生活風景	14
静態的	23
勢溜	47
聖徳記念絵画館	59
関宿	87
世田谷区	95, 161, 171
舌状台地	56
瀬戸（市）	98
瀬戸内国際芸術祭	116
瀬戸内海	29, 116
千川上水	57
善光寺（長野）	33, 104
善光寺平	33
善光寺中央通り	59, 60
全国京都会議	28
戦災復興事業	62
戦災復興	88, 89
戦災復興区画整理	66
戦災復興計画	104
戦災復興土地区画整理	105
扇状地	46
仙酔島	85, 86
泉水路	127
浅草寺	37, 71
洗足池	119
仙台（市）	50, 62, 137, 153, 165, 166
全体	20, 23
全体像	21
千駄木	45, 119
禅寺橋	32
船場	48
千波湖	32
善福寺公園	117
禅林街	51

そ

総曲輪	51
雑司ヶ谷	119
雑司ヶ谷台地	34
創成川	104
象の鼻	101
造幣局（大阪）	100
総湯	108
ソウル北村	20

た

大学通り	112, 113
代官山	115
代官山ヒルサイドテラス	115
対称性	122
台地	31, 32, 33, 34, 40, 41, 44, 45, 56
大地	15
谷地	35
対潮楼	85, 86
台東区浅草六区	70, 71
対比	116, 117, 118
大丸有地区	120
大文字	29
高岡	162, 163
高島市針江集落	128
高屋敷	54
高柳町荻ノ島	141, 142
高山	29, 105, 106, 107, 115, 116, 117, 123, 124, 128, 130
高山祭	24, 110
山車	24
竹原	97
田付川	117
竪町商店街	113
立山連峰	35
谷	34
谷筋	41
谷道	15, 16, 56
多摩川	59
丹下健三	166
単体建築物	21

ち

地形	29, 30, 40
茶屋街	73
中央通り（銀座）	66
中華街（横浜）	67, 68, 110, 121
忠敬橋	69, 70
中心性	23
忠別川	71
中馬街道	59, 92
超界隈	119, 120

眺関亭	87
長勝寺構	51, 52
眺望	15
千代田通り	71

つ

築地松	129
突き当たり	73
月島	78
筑波山	15, 104
辻	69, 70
ツボ	107, 110, 111
鶴巻南公園	66
津和野	29

て

ディアゴナル通り	153
T字路	58
庭園	83, 84
低地	40, 45
出島	52, 100, 101
手取川	46
天守	32, 33
天保山	38

と

東海道	22, 23
堂形のしいのき	157
東急線山下駅	95, 96
東京	15, 37, 38, 40, 42, 50, 54, 59, 64, 79, 80, 89, 102, 109, 113, 116, 119, 132, 133, 137, 140, 153, 155, 158, 163
道玄坂	42, 133, 135
道後温泉	108
透視図法	19
堂島川	49
同潤会アパート	159
動態的	23
洞庭湖	25
道頓堀川	48
道路網	13
十勝平野	130
常盤通り	71
常盤ロータリー	71
徳島	49, 50
土佐堀川	49
都市型建築	19
都市型住宅	20
都市計画	17
都市建設	17
都市軸	104
都市施設	23

都市図	18
都市像	21
都市デザイン	13, 14, 73
都市のイメージ	44
豊島園	114
都城	17, 29
土地区画整理	64
土地区画整理事業	88, 89, 108
土地利用	12
等々力渓谷	171
砺波平野	129
利根川	15, 53
土間	91, 92
富岡八幡宮	118, 119
鞆の浦	29, 30, 85, 86, 91, 154
富山	35, 106, 108
戸山公園	37
富田林	52

な

内宮	117
直島	97
中新井川	66
中井	45, 46
長岡安平	104
那珂川	32, 49
長崎	52
中郷温水池	170
中標津町	130
中洲	49, 52
中杉通り	64
中山道	63, 163, 164
中庭	19, 20
中庭型住宅	19
中野	94
長野	34
中之島	48, 49, 153, 162
長野善光寺	33, 104
中村地区（練馬区）	66
中目黒八幡神社	71
なぎさのテラス	152
名古屋	77
名古屋久屋大通	62, 77
七十二候	152
ナポリ通り	61
並木道	152, 153, 159
奈良	18
奈良井宿	72
南禅寺三門前	156

に

| 新潟 | 36, 37, 89, 90 |

新潟まつり	89
新居浜	102, 125
西荻窪	69
西荻窪井荻耕地整理地区	69
西が丘	161
西片町	163, 164
西ヶ原一里塚	158
錦市場	153
西宮（市）	157, 169
西山	29
二十七曲がり	106
二十四節気	152
日光	106
日光御成道	158
日本大通り	101, 146, 147
丹生川町	130

ね

根津	45, 48, 119
根津神社	48
練馬区中村地区	66

の

納涼床	90, 91
野川	171
のぞき坂	39
暖簾	97

は

パールセンター商店街	63
博多	49
白山	35
白山上（文京区）	70
白山通り	56, 63
博物誌	14
函館	101
函館湾	46
箱根山	37, 38
橋詰め	70
八王子	59, 124
ハチ公前広場	133
八景	25, 26
馬場大門	158
原宿	114, 117, 140
原広司	14
パリ	153
針江集落（高島町）	128
播磨坂	76
バルセロナ	17, 153

ひ

| 比叡山 | 152, 155 |

稗田	51
東茶屋街	72, 73, 89, 90
東日本大震災	126, 168, 173
東山	29
東横堀川	48
曳山	24
樋口忠彦	33
微地形	51, 53
微高地	16, 46, 47, 51
久屋大通公園（名古屋）	62, 77
聖橋	50
ビスタ	18
飛騨高山	105, 112, 113
飛騨古川	97
微地形	16
微低地	16
人吉	155
日無坂	39
日野	90
日比谷	156
日比谷濠	123
姫路	61, 75
姫路大手前通り	60, 61
林叢	129
ひょうたん島	49
火除地	72
日和山	36, 37
平泉	121
平野郷	100
広川町	168
弘前	51
広島	62, 166
広島平和記念公園	104
広瀬川	50
広場	16
広見	72, 73
広村堤防	168
琵琶湖	26, 128, 152, 155, 156

ふ

風景	26
風景画	26
風景観	25
風水思想	121
ブールバール	16
深川公園	119
深川不動尊	119
福井	35
福岡	49, 52
複軸構造	63
伏木	163
富士山	15, 41, 104, 122, 123, 156, 170

富士塚	37
富士通り	37
富士見坂	38, 39
富士吉田	122, 123
藤原京	29, 101, 110
藤原宮	110
二荒山神社	105
札の辻	17
府中	158
麓	54
フラクタル	122, 132
フランク・ロイド・ライト	125
古川	134
文京区	12, 119
文京区白山上	70
分節化	19, 23
文法	14

へ

平安京	29, 100, 101, 102
平遠	19
平城京	101
併置	117
平地	33
平和大通り	62, 166
平和記念公園	166
別子銅山	125
へび道	48, 63

ほ

方位性	21
坊条制	17
法善寺横丁	73
防風林	65, 129, 130
北杜市須玉町	161
星越山田社宅	102
ボストン	153
北国街道	77
本郷	56, 109
本郷菊坂（町）	62, 63
本郷5丁目	13
本郷通り	56, 158
盆地	28, 29

ま

前島	29
槇文彦	16, 115
幕張ベイタウン	102, 104
馬込文士村	119
枡形	22
町家	82, 83, 89, 91, 112
松浦	129

松江	155	
松代	127	
松の馬場	47, 48	
松山城	33	
真鶴	29, 30	
間歩	124	
丸の内	119, 123	

み

ミクロコスモス	16, 28, 29
三崎町	71
三島（市）	170
水掛不動尊前	73
水沢江刺	129
水島	111
水屋	53
禊川	91
見たて	26
水塚	53
水戸	32
御堂筋	153
水戸城	32
港町	29, 31, 36, 49
みなとみらい21地区	120
南品川	22
美濃	97
三宅坂	15, 25
宮崎県庁	159
宮沢賢治	169
宮益坂	133, 135
妙正寺川	45
港崎遊郭	101

む

向丘	15
武蔵野	15
武蔵野台地	64, 117, 171
策の池	42, 43
室戸	53

め

明治神宮	140, 153
明治神宮表参道	159
明治神宮外苑	59
明治通り	63, 115
名所図	18
明暦の大火	66
女木島	53, 130
目黒	41
目黒川	22, 23, 105, 117
目白	119
目白崖線	45

目白通り	38, 39
目抜き通り	16, 103

も

元町商店街	113
モニュメント	59, 69
物語	21
森川町	71
門	19
門前町	33, 48, 102, 104, 140, 155
聞名寺	31, 32

や

八尾町	31
安川通り	117
靖国通り	63, 71
谷地	40, 41, 42, 44, 48
松山城	33
谷戸	16
谷中	45, 48, 77, 119, 155
谷中へび道	62
谷根千	119, 120
山アテ	169
山形	103
山口	29
山中温泉	108
山の手	40, 44
山の辺道	15
山町筋	162

ゆ

夕焼けだんだん	155
有楽町	119, 123
遊里	52
湯立坂	75, 76
温泉津	124
由布院駅	169
由布岳	169
由布見通り	169

よ

用水路	57
横浜	101, 113, 115, 120, 124, 146
横浜公園	101
横浜中華街	67, 68, 110, 121
横道	57
吉野川	49
吉原	67
淀川	48
淀橋浄水場	43
米沢	74, 75

ら

洛中洛外図	18
ランドスケープ・リテラシー	27
ランドマーク	33, 58, 103, 106

り

リアス式海岸	143
六義園	83, 84
領域	46
両国橋	48, 50
料亭	84
緑園都市駅	114

る

類比	116, 117, 118
ル・コルビュジェ	17

ろ

路地	77, 78
六甲山	169

わ

Y字構造	132, 136
若葉	40, 41
和歌山	51
早稲田	119
早稲田鶴巻（地区、町）	66, 67, 88, 89

初出一覧

1）連載「都市空間の構想力　空間文化の博物学」

第1回（『季刊まちづくり』13号、2006年12月）
- 都市空間の構想力・序説　──西村幸夫
- まちを歩きながら、まちをほどく　本郷台地の都市空間　──中島直人
- 森川町─叉路がまちの領域をつかみとる　──野原卓
- 台町・本妙寺跡─みちの形が漸進の履歴を刻む　──永瀬節治
- 菊坂町─まちが地形をかたどり、編み込む　──鈴木智香子・坂内良明
- 西片町─公園がまちの空間的秩序を生み出す　──岡村祐
- 東片町─半閉じの街路が「一団地」を守り抜く　──中島直人
- 空間文化の博物学からの出発　──中島直人

第2回（『季刊まちづくり』14号、2007年3月）
- 都市立地の構想は大地形のなかで具象化され都市空間の細部意匠は微地形のなかで花開く　──西村幸夫
- 坂の連なりが一体の地域を浮かび上がらせる　──野原卓・坂内良明
- 谷あいと高台が相俟って体を成す　──中島直人・岡村祐
- 両岸を分かつ渓谷が地域を束ねる　──永瀬節治・中島伸

第3回（『季刊まちづくり』15号、2007年6月）
- 街路の形態が界隈を捉える　──西村幸夫
- まちへと伸びる参道が景を成し、界隈の個性を説く　──岡村祐
- 揺れながら並走する街路が都市に厚みを与える　──坂内良明・中島直人
- 不整形の叉路が界隈の力を集める　──後藤健太郎・永瀬節治

第4回（『季刊まちづくり』16号、2007年9月）
- 街路ネットワークの「意図」をシークエンスとして捉える　──西村幸夫
- 街路分割がグリッドパタンを方向付け、街の性格を決定づける　──中島伸・野原卓
- 与条件との調整が均質なグリッドに動きを与える　──中島伸・野原卓
- 不規則な道の網目が界隈に多様な表情を織り込む　──永瀬節治・後藤健太郎

第5回（『季刊まちづくり』17号、2007年12月）
- 対比の構図の先にあるもの　──西村幸夫
- 都市空間の類比、対比が人々の体験の内を充たす　──中島直人
- まちの連結・分節が一筋の街道を彩る　──中島伸・吉田拓
- 隣り合う開放領域が、まちの営為を包容する　──永瀬節治・後藤健太郎

第6回（『季刊まちづくり』18号、2008年3月）
- 個と全体　対立か相似か、物語を介したその先の邂逅か　──西村幸夫
- 一つの箱に収まらない建築が都市を廊下として色付ける　──中島直人
- 個を超えた呼応が複製を街並みに変える　──野原卓・中島伸
- 通り抜け可能な建築が動線を手繰り寄せ、都市に参加する　──後藤健太郎・江口久美

第7回（『季刊まちづくり』19号、2008年6月）
- 時間の中の都市・容器としての都市　都市の動態をひとつの空間のなかで表現する　──西村幸夫
- 時空を彩る桜が、都市の営みと広がりに開花する　──永瀬節治
- 都市祝祭が街路空間を舞台へと転じさせる　──田中暁子・中島伸
- まちと一線を画した駅が都市の情景を大きく掴み取る　──後藤健太郎・中島直人

最終回（『季刊まちづくり』20号、2008年9月）
- 一瞬を永遠化する都市空間を求めて　情景が意味を伝え、形が時間を表現する　──西村幸夫
- 光と影が都市空間に移ろいを映し込む　──野原卓
- 断片の情景が光の中に立ち現れ、時間の流れに消えていく　──中島伸・田中暁子
- 移ろい繁茂する草木の景が、都市の多様な時間を照らし出す　──江口久美・永瀬節治
- 移ろいゆく一瞬の夕照がまちに生け捕られる　──中島直人

2）特別企画「続・都市空間の構想力」
（『季刊まちづくり』31号、2011年6月）
・ふたたび都市空間の構想力を問う ── 西村幸夫
・第1章　大地に構える ── 中島直人・永瀬節治
・第2章　街路を配する ── 中島伸
・第3章　細部に依る ── 中島直人
・第4章　全体を統べる ── 野原卓
・第5章　ものごとを動かす ── 窪田亜矢
・第6章　時を刻む ── 永瀬節治

協力者一覧

1）編集担当
金　銀眞：東京大学先端科学技術研究センター特任研究員
楊　恵亘：東京大学先端科学技術研究センター協力研究員

2）現地調査・図版作成担当
阿部正隆、江口久美、江島知義、大熊瑞樹、岡村祐、柄澤薫冬、神原康介、菊地原徹郎、金銀眞、後藤健太郎、櫻庭敬子、鈴木智香子、鈴木亮平、髙見亮介、竹本千里、田中暁子、丁周麿、土信田浩之、中島和也、永野真義、パンノイ・ナッタポン、西川亮、西村祐人、西村裕美、萩原拓也、坂内良明、傅舒蘭、藤井高広、前川綾音、松井大輔、村本健三、安川千歌子、矢吹剣一、楊恵亘、吉田健一郎、吉田拓、李美沙、六田康裕

あとがき─都市の作品としての都市デザイナーへ

中島直人

　この都市は誰の作品だろうか。本書を貫くのは、「都市は誰かの作品ではない」が、あえて言えば「都市は様々な時代の様々な人々の意図、企図の蓄積が生み出す共同作品である」という見方であった。したがって私たちの眼に映る都市空間は多様な物語に満ちている。都市デザインは、そうした都市空間の物語を丁寧に読み解き、その続きを描く行為に他ならない。都市デザイナーには、共同作品の作者の一人として他の作者の意図や企図にどう応答したのかが常に問われている。本書はその応答のためのヒント、特に都市空間が発するメッセージを聞き逃さずに感得するための視点を、「都市空間の構想力」という概念を用いて説明してきた。とはいえ、あくまで東京大学都市デザイン研究室がご縁を頂いた都市、まちで見出された現象を整理したに過ぎない。読者の方々一人ひとりが、本書を閉じた後に、それぞれの都市を見つめ直すところから、全てははじまることになる。その結果として見出されるそれぞれの都市ならではの構想力は、その見出されるプロセスも含めて、個々の都市空間、建築空間を情感豊かなものにしてくれるはずだ。志のある建築家やランドスケープアーキテクト、都市計画家には、本書で図解してきた都市空間の構想力を、各自の建築やランドスケープ、都市の計画や設計の際の手がかりとして直接活かしてほしい。同時に、より多くの人に、都市空間の構想力自体を都市から見出すプロセスに参画してほしい。

　しかし、一方で「都市は誰の作品か」ではなく、「都市デザイナーは誰の作品か」と問うことの方が、この構想力の本質に迫るように思える。本書を通じて私たちなりに導き出した答えは「都市デザイナーは都市の作品である」ということである。私たちは人生のどこかの時点で「都市」に憧れ、魅了されて都市デザイナーを志し、人生を通じて生活者として様々な「都市」で長い時間を過ごし、訪問者として（そして専門家として）多様性に満ちた「都市」に大きな好奇心と問題意識を持って向き合う中で、どのような都市空間があり得るのか、いや、どのような都市空間があるべきなのかを構想する力を育んできた。私たちが「都市空間の構想力」と呼ぶものは、実際は私たちなりの都市の見方のことであるが、それは都市自体から与えられてきたものではないだろうか。私たち自身が都市に育まれてきたのである。「都市空間の構想力」とは、都市デザイナーを生み出す力のことでもある。都市デザイナーは、都市は誰かの作品ではないということに留まらず、自分自身が都市の作品の一つであるということを自覚してはじめて、都市に対して謙虚になれる。そして、「都市は様々な時代の様々な人々の意図、企図の蓄積が生み出す共同作品である」という見方が、本当に自分のものになるのである。

　私たちは本書を通じて、私たちを育ててくれた情感豊かな都市空間への感謝を表現したつもりである。そして、これからもこの眼の前に広がる都市空間が、都市に憧れ、魅せられた都市デザイナーを次々と生み出す母胎であってほしいと願っているし、そのための努力を惜しみたくないと考えている。

執筆者紹介（掲載順）

東京大学都市デザイン研究室　◇編

西村幸夫教授をはじめとする6名の常勤教員スタッフと40名を超える大学院生を中心に、国内外で都市デザインの研究と実践に取り組んでいる。1962年に東京大学工学部都市工学科の創設にともなって新設された都市計画第二講座、通称、都市設計講座にルーツを持つ。歴代の研究室主宰者は、丹下健三、大谷幸夫、渡邉定夫の各教授。1997年、研究と実践の領域の広がりを反映させて、都市デザイン研究室に改称した。現在、全国各地で自治体や地域・市民の方々と協働しながら、都市デザイン、まちづくりのプロジェクトを展開している。これまでに優に100を超える数の学術関係の受賞、設計競技の受賞実績がある。主にアジア各国からの留学生たちを含む多くの卒業生が、国内外の都市デザインの現場の第一線で活躍している。

西村幸夫（にしむら・ゆきお）　◇序章

1952年福岡県生まれ。東京大学工学部都市工学科卒業、同大学院修了。明治大学助手、東京大学助教授・教授を経て、現在東京大学先端科学技術研究センター所長。この間、マサチューセッツ工科大学及びコロンビア大学客員研究員、フランス社会科学高等研究院客員教授などを歴任。著書に『都市保全計画』（東京大学出版会）、『環境保全と景観創造』『西村幸夫風景論ノート』『西村幸夫都市論ノート』（以上、鹿島出版会）、『町並みまちづくり物語』（古今書院）など。共編著に『都市の風景計画』『日本の風景計画』『都市美』『路地からのまちづくり』『証言・まちづくり』『証言・町並み保存』『風景の思想』（以上、学芸出版社）、『まちづくりを学ぶ』（有斐閣）、『まちの見方・調べ方』『まちづくり学』（以上、朝倉書店）など。

中島直人（なかじま・なおと）　◇1章1、2節、3章

1976年東京都生まれ。東京大学工学部都市工学科卒業、同工学系研究科都市工学専攻修士課程修了。同専攻助手・助教、慶應義塾大学環境情報学部専任講師・准教授を経て、現在、東京大学大学院工学系研究科准教授。著書に『都市美運動　シヴィックアートの都市計画史』（東京大学出版会）、共著に『都市計画家石川栄耀　都市探求の軌跡』（鹿島出版会）、『建築家大高正人の仕事』（エクスナレッジ）など。

永瀬節治（ながせ・せつじ）　◇1章3節、6章2節

1981年島根県生まれ。東北大学工学部建築学科卒業、同大学院都市・建築学専攻博士前期課程修了、東京大学大学院工学系研究科都市工学専攻博士課程修了。東京大学先端科学技術研究センター助教等を経て、現在、和歌山大学観光学部准教授。主な論文に「昭和戦前期における橿原神宮を中心とした空間整備事業に関する研究」など。

中島伸（なかじま・しん）　◇2章

1980年東京都生まれ。筑波大学第三学群社会工学類卒業、東京大学大学院工学系研究科都市工学専攻博士課程修了。練馬まちづくりセンター専門研究員、東京大学大学院工学系研究科助教を経て、現在、東京都市大学都市生活学部専任講師。主な論文に「戦災復興土地区画整理事業による街区設計と空間形成の実態に関する研究」など。

野原卓（のはら・たく）　◇4章

1975年東京都生まれ。東京大学工学部都市工学科卒業、同大学院工学系研究科都市工学専攻修了。㈱久米設計、東京大学大学院助手及び特任助手、同先端科学技術研究センター助教を経て、現在、横浜国立大学大学院都市イノベーション研究院准教授。岩手県洋野町、福島県喜多方市、神奈川県横浜市、東京都大田区等にて都市デザイン実践活動に関わる。共著に『世界のSSD100 都市持続再生のツボ』（彰国社）など。

窪田亜矢（くぼた・あや）　◇5章

1968年東京都生まれ。東京大学工学部都市工学科卒業、同大学院修了、コロンビア大学大学院歴史的環境保全専攻修士課程修了。㈱アルテップにて都市設計業務に従事、工学院大学建築都市デザイン学科講師・助教授、東京大学都市デザイン研究室准教授などを経て、2014年より東京大学工学部都市工学科地域デザイン研究室・工学系研究科復興デザイン研究体特任教授（現職）。著書に『界隈が活きるニューヨークのまちづくり』（学芸出版社）など。

阿部大輔（あべ・だいすけ）　◇6章1節

1975年米国ハワイ州ホノルル生まれ。早稲田大学土木工学科卒業、東京大学大学院工学系研究科都市工学専攻修士課程・博士課程修了。政策研究大学院大学、東京大学大学院建築学専攻特任助教を経て、現在、龍谷大学政策学部准教授。著書に『バルセロナ旧市街の再生戦略』（学芸出版社）、共編著に『地域空間の包容力と社会的持続性』（日本経済評論社）、『持続可能な都市再生のかたち』（日本評論社）など。

（略歴は2018年1月20日現在のものです）

図説　都市空間の構想力

2015年　9月15日　第1版第1刷発行
2018年　1月20日　第1版第3刷発行

編　者	東京大学都市デザイン研究室
著　者	西村幸夫・中島直人・永瀬節治
	中島伸・野原卓・窪田亜矢
	阿部大輔
発行者	前田裕資
発行所	株式会社　学芸出版社
	京都市下京区木津屋橋通西洞院東入
	〒600-8216　電話　075-343-0811
	http://www.gakugei-pub.jp/
	E-mail info@gakugei-pub.jp
印刷・製本	シナノパブリッシングプレス
装　丁	上野かおる
編集協力	村角洋一デザイン事務所

© Urban Design Lab, The University of Tokyo 2015　　ISBN978-4-7615-3220-8
Printed in Japan

JCOPY　〈㈳出版者著作権管理機構委託出版物〉
本書の無断複写は著作権法上での例外を除き禁じられています。
複写される場合は、そのつど事前に、㈳出版者著作権管理機構（電話 03-3513-6969、FAX 03-3513-6979、e-mail: info@jcopy. or. jp）の許諾を得てください。
本書を代行業者等の第三者に依頼してスキャンやデジタル化することは、たとえ個人や家庭内での利用でも著作権法違反です。